王道考研系列

2014 年计算机组成原理联考复习指导

Review Guide of Computer Organization and Architecture Entrance Exam

王道论坛　组编

电子工业出版社
Publishing House of Electronics Industry
北京·BEIJING

内 容 简 介

《2014年计算机组成原理联考复习指导》严格按照最新计算机考研大纲的计算机组成原理部分，对大纲所涉及的知识点进行集中梳理，力求内容精炼、重点突出、深入浅出。本书精选名校历年考研真题，并给出详细的解题思路，力求达到讲练结合、灵活掌握、举一反三的功效。创新的"书本＋在线"的学习方式，网上答疑，通过本书可大大提高考生的复习效果，达到事半功倍的复习效率。

本书可作为考生参加计算机专业研究生入学考试的备考复习用书，也可作为计算机专业的学生学习计算机组成原理课程的辅导用书。

图书在版编目（CIP）数据

2014年计算机组成原理联考复习指导/王道论坛组编. —北京：电子工业出版社，2013.7

（王道考研系列）

ISBN 978-7-121-20528-6

I. ①2⋯ II. ①王⋯ III. ①计算机组成原理－研究生－入学考试－自学参考资料 IV. ①TP301

中国版本图书馆 CIP 数据核字（2013）第 110648 号

策划编辑：谭海平
责任编辑：郝黎明　　文字编辑：裴　杰
印　　刷：三河市鑫金马印装有限公司
装　　订：三河市鑫金马印装有限公司
出版发行：电子工业出版社
　　　　　北京市海淀区万寿路 173 信箱　邮编　100036
开　　本：787×1 092　1/16　印张：18.25　字数：467.2 千字
印　　次：2013 年 7 月第 1 次印刷
定　　价：39.00 元

凡所购买电子工业出版社图书有缺损问题，请向购买书店调换。若书店售缺，请与本社发行部联系，联系及邮购电话：（010）88254888。

质量投诉请发邮件至 zlts@phei.com.cn，盗版侵权举报请发邮件至 dbqq@phei.com.cn。

服务热线：（010）88258888。

序　言

当前，随着我国经济和科技高速发展，特别是计算机科学突飞猛进的发展，对计算机相关人才，尤其是中高端人才的需求也将不断增长。硕士研究生入学考试可视为人生的第二次大考试，它是改变命运、实现自我理想的又一次机会，而计算机专业一直是高校考研的热门专业之一。

自计算机专业研究生入学考试实行统一命题以来，初试科目包含了最重要的四门基础课程（数据结构、计算机组成原理、操作系统、计算机网络），很多学生普遍反映找不到方向，复习也无从下手。倘若有一本能够指导考生如何复习的好书，必将对考生的帮助匪浅。我的学生风华他们策划和编写了这一系列的计算机专业考研辅导书，重点突出，层次分明。他们结合了自身的复习经验、理解深度以及对大纲把握程度的体会，对考生而言是很有启发和指导意义的。

计算机这门学科，任何机械式的死记硬背都是收效甚微的。在全面深入复习之后，首先对诸多知识点分清主次，并结合做题，灵活运用所掌握的知识点，再选择一些高质量的模拟试题来检测自己理解和掌握的程度，查漏补缺。这符合我执教 40 余年来一直坚持"教材—习题集—试题库"的教学体系。

从风华他们策划并组建编写团队到初稿成形，直至最后定稿，我能体会到风华和他的团队确实倾注了大量的精力。这套书的出版一定会受到广大考研学生的欢迎，它会使你在考研的路上得到强有力的帮助。

2013 年 5 月

前　言

2011 年，由王道论坛（www.cskaoyan.com）组织名校高分选手，编写了 4 本单科辅导书。单科书是基于王道之前作品的二代作品，不论是编排方式，还是内容质量都较前一版本的王道书有了较大的提升。这套书也参考了同类优秀的教材和辅导书，更是结合了高分选手们自己的复习经验。无论是对考点的讲解，还是对习题的选择和解析，都结合了他们对专业课复习的独特见解。"王道考研系列"单科书，一共 4 本：

- 《2014 年数据结构联考复习指导》
- 《2014 年计算机组成原理联考复习指导》
- 《2014 年操作系统联考复习指导》
- 《2014 年计算机网络联考复习指导》

2012 版的单科书由于是第一年出版，时间较为仓促，小错误相对较多，给读者的复习带来了一些不便。近 2 年，我们不仅修正了发现的全部错误，还对考点讲解做出了尽可能的优化，也重新审视了论坛交流帖，针对大家提出的疑问对本书做出了针对性的优化；此外还重新筛选了部分习题，尤其是对习题的解析做出了更好的改进。

对于报考名校的考生，尤其是跨专业的考生来说，普遍会认为计算机专业课范围广、难度大、考题灵活，因此考取高分的难度也大。而对于一个想继续在计算机专业领域深造的考生来说，认真学习和扎实掌握这 4 门计算机专业中最基础的专业课，是最基本的前提。

当然，深入掌握专业课内容没有捷径可言，考生也不应怀有任何侥幸心理，扎扎实实打好基础、踏踏实实做题巩固，最后灵活致用才是高分的保障。我们只希望这套书能够指导大家复习考研，但学习还是得靠自己，高分不是建立在任何空中楼阁之上的。

"王道考研系列"的特色是"书本+在线"，你在复习中遇到的任何困难，都可以在王道论坛上发帖，论坛的热心道友，以及辅导员都会积极参与并与你交流。你的参与就是对我们最大的鼓舞，任何一个建议，我们都会认真考虑，也会针对大家的意见对本书进行修订。

我们虽然尽最大努力来保证本书质量，但由于编写的时间仓促，以及编者的水平有限，书中如有错误或任何不当之处，望广大读者指正，我们将及时改正。

目前已有越来越多的名校采用上机的形式，来考查考生的动手编程能力。为了方便大家复习机试，王道组织高手编写了《机试指南》，并搭建了编程平台——九度 OJ（ac.jobdu.com），收集了全国各大高校的复试上机真题，希望能给考生复习上机提供强有力的支持。

予人玫瑰，手有余香，王道论坛伴你一路同行！

风华漫舞
2013 年 5 月

致 2014 版读者

——王道单科使用方法的道友建议

我是二战考生，2012 年第一次考研成绩 333 分（专业代码：408，成绩 81 分），痛定思痛后决心再战。潜心复习了半年后终于以 392 分（专业代码：408，成绩 124 分）考入上海交通大学计算机科学与工程系，这半年里我的专业课成绩提高了 43 分，成了提分主力。从不达线到比较满意的成绩；从闷头乱撞到有了自己明确的复习思路，我想这也是为什么风华哥从诸多高分选手中选我给大家介绍经验的一个原因吧。

整个专业课的复习是围绕王道材料展开的，从一遍、两遍、三遍看单科书的积累提升，到做 8 套模拟题时的强化巩固，再到看思路分析时的醍醐灌顶。王道书能两次押中原题固然有运气成分，但这也从侧面说明他们的编写思路和选题方向与真题很接近。

下面说说我的具体复习过程：

每天划给专业课的时间是 3～4 小时。第一遍细看课本，看完一章做一章单科书（红笔标注错题），这一遍共持续 2 个月。第二遍主攻单科书（红笔标注重难点），辅看课本。第二遍看单科书和课本的速度快了很多，但感觉收获更多，常有温故知新的感觉，理解更深刻（风华注，建议这里再速看第三遍，特别针对错题和重难点。模拟题完后再跳看第四遍）。

以上是打基础阶段，注意单科书和课本我仔细精读了两遍，弄懂每个知识点和习题。大概 11 月上旬开始做模拟题和思路分析，期间遇到不熟悉的地方不断回头查阅单科书和课本。8 套模拟题的考点覆盖得很全面，所以大家做题时如果忘记了某个知识点，千万不要慌张，赶紧回去看这个知识盲点，最后的模拟就是查漏补缺。模拟题一定要严格按考试时间去做（14:00～17:00），注意应试技巧，做完试题后再回头研究错题。算法题的最优解法不太好想，如果实在没思路，建议直接"暴力"解决，结果正确也能有 10 分，总比苦拼出 15 分来而将后面比较好拿分的题耽误了好（这是我第一年的切身教训！）。最后剩了几天看标注的错题，第三遍跳看单科书，考前一夜浏览完网络，踏实地睡着了……

考完专业课，走出考场终于长舒一口气，考试情况也胸中有数。回想这半年的复习，耐住了寂寞和诱惑，雨雪风霜从未间断跑去自习，考研这一人生一站终归没有辜负我的用心良苦。佛教徒说世间万物生来平等，都要落入春华秋实的代谢中去，辩证唯物主义认为事物作为过程存在，凡是存在的终归要结束，你不去为活得多姿多彩拼搏，真到了和青春说再见时你是否会可惜虚枉了青春？风华哥说过我们都是有梦的"屌丝"，我们正在逆袭，你呢？

感谢风华大哥的信任，给我这个机会分享专业课复习经验给大家，作为一个铁杆道友在王道受益匪浅，也借此机会回报王道论坛。祝大家金榜题名！

ccg1990@SJTU

目　　录

计算机系统概述

【考纲内容】

（一）计算机发展历程

（二）计算机系统层次结构

1. 计算机硬件的基本组成

2. 计算机软件的分类

3. 计算机的工作过程

（三）计算机性能指标

吞吐量、响应时间，CPU 时钟周期、主频、CPI、CPU 执行时间，MIPS、MFLOPS。

【考题分布】

年　　份	单选题/分	综合题/分	考查内容
2009 年	1 题×2	0	冯·诺依曼计算机基本特点与指令执行过程
2010 年	1 题×2	√①	计算机性能指标；MAR 与地址空间、MDR 与字长的关系
2011 年	1 题×2	0	计算机的性能指标的定义
2012 年	1 题×2	√	CPU 执行时间的相关计算；MIPS 的计算
2013 年	1 题×2	√	CPU 执行时间的相关计算；MIPS 的计算

　　本章是组成原理的概述，易对有关概念或性能指标出选择题，也可能综合后续章节的内容出有关性能分析的综合题。掌握本章的基本概念，是学好后续章节的基础。部分知识点在初学时理解不甚深刻也无需担忧，相信随着后续章节的学习一定会有更为深入的理解。

1.1　计算机发展历程

1.1.1　计算机硬件的发展

1. 计算机的四代变化

　　从 1946 年世界上第一台电子数字计算机 ENIAC（Electronic Numerical Integrator And Computer）问世以来，计算机的发展已经经历了四代。

　　（1）第一代计算机（1946—1957 年）——电子管时代

　　特点：逻辑元件采用电子管；使用机器语言进行编程；主存用延迟线或磁鼓存储信息，

---

① 打 "√" 表示有综合应用题部分涉及本章的知识点。

容量极小；体积庞大，成本高；运算速度较低，一般只有每秒几千到几万次。

（2）第二代计算机（1958—1964 年）——晶体管时代

特点：逻辑元件采用晶体管；运算速度提高到每秒几万到几十万次；主存使用磁芯存储器；软件开始使用高级语言，如 FORTRAN，有了操作系统的雏形。

（3）第三代计算机（1965—1971 年）——中小规模集成电路时代

特点：逻辑元件采用中小规模集成电路；半导体存储器开始取代磁芯存储器；高级语言发展迅速，操作系统也进一步发展，开始有了分时操作系统。

（4）第四代计算机（1972—现在）——超大规模集成电路时代

特点：逻辑元件采用大规模集成电路和超大规模集成电路，并产生了微处理器；诸如并行、流水线、高速缓存和虚拟存储器等概念用在了此代计算机中。

2．计算机元件的更新换代

1）摩尔定律。当价格不变时，集成电路上可容纳的晶体管数目，约每隔 18 个月便会增加一倍，性能也将提升一倍。也就是说我们现在和 18 个月后花同样的钱买到 CPU，后者的性能是前者的两倍。这一定律揭示了信息技术进步的速度。

2）半导体存储器的发展。1970 年，仙童公司生产出第一个较大容量的半导体存储器，至今，半导体存储器经历了 11 代：单芯片 1KB、4KB、16KB、64KB、256KB、1MB、4MB、16MB、64MB、256MB 和现在的 1GB。

3）微处理器的发展。自 1971 年 Intel 公司开发出第一个微处理器 Intel 4004 至今，微处理器经历了 Intel 8008（8 位）、Intel 8080（8 位）、Intel 8086（16 位）、Intel 8088（16 位）、Intel 80286（16 位）、Intel 80386（32 位）、Intel 80486（32 位）、Pentium（32 位）、Pentium pro（64 位）、Pentium Ⅱ（64 位）、Pentium Ⅲ（64 位）、Pentium 4（64 位）等。

1.1.2　计算机软件的发展

计算机软件技术的蓬勃发展，也为计算机系统的发展做出了很大的贡献。

计算机语言的发展经历了面向机器的机器语言和汇编语言、面向问题的高级语言。其中高级语言的发展真正促进了软件的发展，它经历了从科学计算和工程计算的 FORTRAN、结构化程序设计 PASCAL 到面向对象的 C++和适应网络环境的 Java。

与此同时，直接影响计算机系统性能提升的各种系统软件也有了长足的发展，特别是微机的操作系统，从 DOS 发展到目前的视窗与网络操作系统（代表分别为 Windows 与 UNIX）。

1.1.3　计算机的分类与发展方向

电子计算机可分为电子模拟计算机和电子数字计算机。

数字计算机又可按用途可分为专用计算机和通用计算机。这是根据计算机的效率、速度、价格以及运行的经济性和适应性来划分的。

通用计算机又分为巨型机、大型机、中型机、小型机、微型机和单片机 6 类，它们的体积、功耗、性能、数据存储量、指令系统的复杂程度和价格依次递减。

此外，计算机按指令和数据流还可分为：

1）单指令流和单数据流系统（SISD），也即传统冯·诺依曼体系结构。

2）单指令流和多数据流系统（SIMD），包括阵列处理器和向量处理器系统。

3）多指令流和单数据流系统（MISD），这种计算机实际上不存在。

4）多指令流和多数据流系统（MIMD），包括多处理器和多计算机系统。

计算机的发展趋势正向着"两极"分化。一极是微型计算机向更微型化、网络化、高性能、多用途方向发展；另一极则是巨型机向更巨型化、超高速、并行处理、智能化方向发展。

1.1.4　本节习题精选

一、单项选择题

1. 电子计算机的发展已经经历了 4 代，这 4 代计算机的主要元件分别是（　　）。

　　A. 电子管、晶体管、中小规模集成电路、激光器件

　　B. 晶体管、中小规模集成电路、激光器件、光介质

　　C. 电子管、晶体管、中小规模集成电路、大规模集成电路

　　D. 电子管、数码管、中小规模集成电路、激光器件

2. 微型计算机的发展以（　　）技术为标志。

　　A. 操作系统　　　　B. 微处理器　　　　C. 磁盘　　　　D. 软件

3. 可以在计算机中直接执行的语言和用助记符编写的语言分别是（　　）。

　　Ⅰ. 机器语言　Ⅱ. 汇编语言　Ⅲ. 高级语言　Ⅳ. 操作系统原语　Ⅴ. 正则语言

　　A. Ⅱ、Ⅲ　　　　B. Ⅱ、Ⅳ　　　　C. Ⅰ、Ⅱ　　　　D. Ⅰ、Ⅴ

4. 只有当程序执行时才将源程序翻译成机器语言，并且一次只能翻译一行语句，边翻译边执行的是（　　）程序，把汇编语言源程序转变为机器语言程序的过程是（　　）。

　　Ⅰ. 编译　Ⅱ. 目标　Ⅲ. 汇编　Ⅳ. 解释

　　A. Ⅰ、Ⅱ　　　　B. Ⅳ、Ⅱ　　　　C. Ⅳ、Ⅰ　　　　D. Ⅳ、Ⅲ

5. 到目前为止，计算机中所有的信息仍以二进制方式表示的理由是（　　）。

　　A. 节约元件　　　　　　　　　　　　B. 运算速度快

　　C. 由物理器件的性能决定　　　　　　D. 信息处理方便

1.1.5　答案与解析

一、单项选择题

1. C

此题也可以根据元件的先进程度的升序得出答案。

2. B

微型计算机的发展是以微处理器的技术为标志的。

3. C

机器语言是计算机唯一可以直接执行的语言，汇编语言用助记符编写，以便记忆。而正则语言是编译原理中符合正则文法的语言。

4. D

解释程序的特点是翻译一句执行一句，边翻译边执行；由高级语言转化为汇编语言的过程叫做编译，把汇编语言源程序翻译成机器语言程序的过程称为汇编。

5. C

二进制只有 1 和 0 两个数字，刚好和逻辑电路里的高、低电平对应，实现起来比较方便且简单可靠，故由物理器件的性能决定。

1.2 计算机系统层次结构

1.2.1 计算机系统的组成

硬件系统和软件系统共同构成了一个完整的计算机系统。硬件是指有形的物理设备，是计算机系统中实际物理装置的总称。软件则是指在硬件上运行的程序和相关的数据及文档。

一个计算机系统性能的好坏，很大程度上是由软件的效率和作用来表征的，而软件性能的发挥又离不开硬件的支持。对于某一功能来说，其既可以用软件实现，也可以用硬件实现，则称为**软硬件在逻辑上是等效的**。在设计计算机系统时，要进行软硬件的功能分配。通常来说，一个功能若使用较为频繁而且用硬件实现的成本理想的话，使用硬件解决可以提高效率。而用软件实现可以提高灵活性，但是效率往往不如硬件实现高。

1.2.2 计算机硬件的基本组成

1. 早期的冯·诺依曼机

冯·诺依曼在研究 EDVAC 机时提出了"存储程序"的概念，"存储程序"的思想奠定了现代计算机的基本结构，以此概念为基础的各类计算机通称为冯·诺依曼机，其特点如下。

1）计算机硬件系统由运算器、存储器、控制器、输入设备和输出设备 5 大部件组成。

2）指令和数据以同等地位存于存储器内，并可按地址寻访。

3）指令和数据均用二进制代码表示。

4）指令由操作码和地址码组成，操作码用来表示操作的性质，地址码用来表示操作数在存储器中的位置。

5）指令在存储器内按顺序存放。通常，指令是顺序执行的，在特定条件下，可根据运算结果或根据设定的条件改变执行顺序。

6）早期的冯·诺依曼机以运算器为中心，输入/输出设备通过运算器与存储器传送数据。

典型的冯·诺依曼计算机结构如图 1-1 所示。

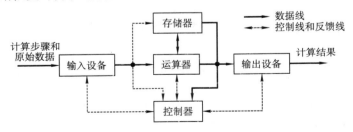

图 1-1 典型的冯·诺依曼计算机结构

注意："存储程序"的概念是指将指令以代码的形式事先输入到计算机主存储器中，然后按其在存储器中的首地址执行程序的第一条指令，以后就按照该程序的规定顺序执行其他指令，直至程序执行结束。

2．现代计算机的组织结构

在微处理器问世之前，运算器和控制器分离，而且存储器的容量很小，故而设计成以运算器为中心，其他部件都通过运算器完成信息的传递，如图 1-2 所示。

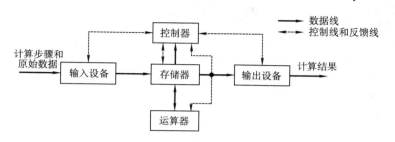

图 1-2　以存储器为中心的计算机结构

而随着微电子技术的进步，同时计算机需要处理、加工的信息量也与日俱增，大量 I/O 设备的速度和 CPU 的速度差距悬殊，故而以运算器为中心的结构不能够满足计算机发展的要求。现代计算机已经发展为以存储器为中心，使 I/O 操作尽可能地绕过 CPU，直接在 I/O 设备和存储器之间完成，以提高系统的整体运行效率，其结构如图 1-2 所示。

目前绝大多数现代计算机仍遵循冯·诺依曼的存储程序的设计思想。

3．计算机的功能部件

传统冯·诺依曼计算机和现代计算机的结构虽然有所不同，但功能部件是一致的，它们的功能部件包括：

（1）输入设备

输入设备的主要功能是将程序和数据以机器所能识别和接受的信息形式输入到计算机。最常用也是最基本的输入设备是键盘，此外还有鼠标、扫描仪、摄像机等。

（2）输出设备

输出设备的任务是将计算机处理的结果以人们所能接受的形式或其他系统所要求的信息形式输出。

最常用、最基本的输出设备是显示器、打印机。计算机的输入、输出设备（简称 I/O 设备）是计算机与外界联系的桥梁，是计算机中不可缺少的一个重要组成部分。

（3）存储器

存储器是计算机的存储部件，用来存放程序和数据。

存储器分为主存储器（简称主存，也称内存储器）和辅助存储器（简称辅存，也称外存储器）。CPU 能够直接访问的存储器是主存储器。辅助存储器用于帮助主存储器记忆更多的信息，辅助存储器中的信息必须调入主存后，才能为 CPU 所访问。

主存储器由许多**存储单元**组成，每个存储单元包含若干个**存储元件**，每个元件存储一位二进制代码"0"或"1"。故而存储单元可存储一串二进制代码，称这串代码为**存储字**，这串代码的位数称为**存储字长**，存储字长可以是一个字节（8bit）或者是字节的偶数倍。

主存储器的工作方式是**按存储单元的地址**进行存取的，这种存取方式称为按地址存取方

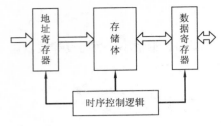

式（相联存储器是按内容访问的）。

主存储器的最基本组成如图 1-3 所示。存储体存放二进制信息，**地址寄存器（MAR）** 存放访存地址，经过地址译码后找到所选的存储单元。**数据寄存器（MDR）** 是主存和其他部件的中介机构，用于暂存要从存储器中读或者写的信息，时序控制逻辑用于产生存储器操作所需的各种时序信号。

图 1-3 主存储器逻辑图

MAR 的位数 对应存储单元的个数，如 MAR 为 10 位则有 $2^{10} = 1024$ 个存储单元，记为 1K。**MDR 的位数** 和存储字长相等。

（4）运算器

运算器是计算机的执行部件，用于对数据进行加工处理，完成算术运算和逻辑运算。算术运算是如加、减、乘、除的按照算术运算规则进行的运算，逻辑运算则是如与、或、非、异或、比较、移位等运算。

运算器的核心是算术逻辑单元 ALU（Arithmetic and Logical Unit）。运算器包含若干通用寄存器，用于暂存操作数和中间结果，如累加器（ACC）、乘商寄存器（MQ）、操作数寄存器（X）、变址寄存器（IX）、基址寄存器（BR）等，其中前 3 个寄存器是必须有的。

运算器内还有程序状态寄存器（PSW），保留各类运算指令或测试指令的结果的各类状态信息，以表征系统运行状态。

（5）控制器

控制器是计算机的指挥中心，由其"指挥"各部件自动协调地进行工作。控制器由程序计数器（PC）、指令寄存器（IR）、控制单元（CU）组成。

PC 用来存放当前欲执行指令的地址，可以自动+1 以形成下一条指令的地址，它与主存的 MAR 之间有一条直接通路。

IR 用来存放当前的指令，其内容来自主存的 MDR。指令中的操作码 OP(IR)送至 CU，用以分析指令并发出各种微操作命令序列，而地址码 Ad(IR)送往 MAR 来取操作数。

如图 1-4 所示为一个更细化的计算机组成框图。现代计算机一般是将运算器和控制器集成到同一个芯片上，合称为中央处理器，简称 CPU。CPU 和主存储器共同构成主机，而计算机中除去主机的其他硬件装置（如 I/O）统称为外部设备（简称外设）。也就是说，外设主要包括外存和 I/O 设备。

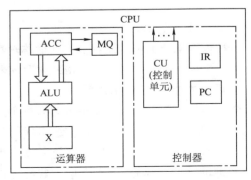
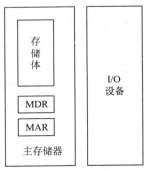

图 1-4 细化的计算机组成框图

1.2.3　计算机软件的分类

1．系统软件和应用软件

软件按其功能分类可以分为系统软件和应用软件。

系统软件是一组保证计算机系统高效、正确运行的基础软件，通常作为系统资源提供给用户使用。主要有操作系统（OS）、数据库管理系统（DBMS）、语言处理程序、分布式软件系统、网络软件系统、标准库程序、服务性程序等。

应用软件是指用户为解决某个应用领域中的各类问题而编制的程序，如各种科学计算类程序、工程设计类程序、数据统计与处理程序等。

注意：数据库管理系统（DBMS）和数据库系统（DBS）是有区别的，DBMS 是位于用户和操作系统之间的一层数据管理软件，是系统软件，而 DBS 是指计算机系统中引入数据库后的系统，一般由数据库、数据库管理系统、数据库管理员（DBA）和应用系统构成。

2．三个级别的语言

1）机器语言。又称为二进制代码语言，需要编程人员记忆每一条指令的二进制编码。机器语言是计算机唯一可以直接识别和执行的语言。

2）汇编语言。汇编语言用英文单词或其缩写代替二进制的指令代码，更容易为人们记忆和理解。汇编语言的程序必须经过一个称为汇编程序的系统软件的翻译，将其转换为计算机的机器语言后，才能在计算机的硬件系统上执行。

3）高级语言。高级语言（如 C、C++、Java 等）更多地是为了方便程序设计人员写出解决问题的处理方案和解题过程的程序。通常高级语言需要经过编译程序编译成汇编语言程序，然后经过汇编操作得到机器语言程序，或者直接由高级语言程序翻译成机器语言程序。

1.2.4　计算机的工作过程

计算机的工作过程分为以下几个步骤。

1）把程序和数据装入到主存储器中。

2）从程序的起始地址运行程序。

3）用程序的首地址从存储器中取出第一条指令，经过译码、执行步骤等控制计算机各功能部件协同运行，完成这条指令功能，并计算下一条指令的地址。

4）用新得到的指令地址继续读出第二条指令并执行，直到程序结束为止；每一条指令都是在取指、译码和执行的循环过程中完成的。

下面以取数指令（即将指令地址码指示的存储单元中的操作数取出后送至运算器的 ACC 中）为例，其信息流程如下：

取指令：PC→MAR→M→MDR→IR

分析指令：OP(IR)→CU

执行指令：Ad(IR)→MAR→M→MDR→ACC

此外，每取完一条指令，还必须为取下条指令作准备，形成下一条指令的地址，即(PC)+

1→PC。

注意：(PC)指程序计数器 PC 中存放的内容。PC→MAR 应理解为(PC)→MAR，即程序计数器中的值经数据通路送到 MAR，也即表示数据通路时括号可省略（因为只是表示数据流经的途径，而不强调数据本身的流动）。但是运算时括号不能省略，即(PC)+1→PC 不能写为 PC+1→PC。当题目中(PC)→MAR 的括号没有省略时，考生最好也不要省略。

1.2.5 计算机系统的多级层次结构

现代计算机是一个硬件与软件组成的综合体。由于面对的应用范围越来越广，所以必须有复杂的系统软件和硬件的支持。由于软件、硬件的设计者和使用者都从不同的角度，以及各种不同的语言对待同一个计算机系统，因此，他们各自看到的计算机系统的属性及对计算机系统提出的要求也就不一样。

计算机系统的多级层次结构，就是针对上述情况，根据从各种角度所看到的机器之间的有机联系，分清彼此之间的界面，明确各自的功能，以便构成合理、高效的计算机系统。

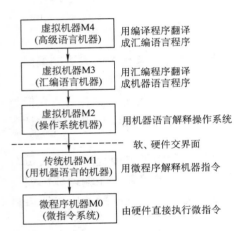

图 1-5 计算机系统的多级层次结构

关于计算机系统层次结构的分层方式，目前尚无统一的标准，这里采用如图 1-5 所示的层次结构。

第 1 级是微程序机器层，这是一个实在的硬件层，它由机器硬件直接执行微指令。

第 2 级是传统机器语言层，它也是一个实际的机器层，由微程序解释机器指令系统。

第 3 级是操作系统层，它由操作系统程序实现。操作系统程序是由机器指令和广义指令组成的，这些广义指令是为了扩展机器功能而设置的，它是由操作系统定义和解释的软件指令，所以这一层也称为混合层。

第 4 级是汇编语言层，它为用户提供一种符号化的语言，借此可编写汇编语言源程序。这一层由汇编程序支持和执行。

第 5 级是高级语言层，它是面向用户的，为方便用户编写应用程序而设置的。该层由各种高级语言编译程序支持和执行。

在高级语言层之上，还可以有应用层，由解决实际问题和应用问题的处理程序组成，如文字处理软件、数据库软件、多媒体处理软件和办公自动化软件等。

通常把没有配备软件的纯硬件系统称为"裸机"。第 3 层～第 5 层称为虚拟机，简单来说，就是软件实现的机器。虚拟机只对该层的观察者存在，这里的分层和计算机网络的分层类似，对于某层的观察者来说，只能通过该层次的语言来了解和使用计算机，至于下层是如何工作就不必关心了。

层次之间的关系紧密，下层是上层的基础，上层是下层的扩展。随着超大规模集成电路技术的不断发展，部分软件功能将由硬件来实现，因而软硬件交界面的划分也不是绝对的。

本门课程主要讨论传统机器 M1 和微程序机器 M0 的组成原理及设计思想。

1.2.6   本节习题精选

一、单项选择题

1. 完整的计算机系统应包括（   ）。
   - A. 运算器、存储器、控制器
   - B. 外部设备和主机
   - C. 主机和应用程序
   - D. 配套的硬件设备和软件系统

2. 冯·诺依曼机的基本工作方式是（   ）。
   - A. 控制流驱动方式
   - B. 多指令多数据流方式
   - C. 微程序控制方式
   - D. 数据流驱动方式

3. 下列（   ）是冯·诺依曼机工作方式的基本特点。
   - A. 多指令流单数据流
   - B. 按地址访问并顺序执行指令
   - C. 堆栈操作
   - D. 存储器按内容选择地址

4. 【2009 年计算机联考真题】

   冯·诺依曼计算机中指令和数据均以二进制形式存放在存储器中，CPU 区分它们的依据是（   ）。
   - A. 指令操作码的译码结果
   - B. 指令和数据的寻址方式
   - C. 指令周期的不同阶段
   - D. 指令和数据所在的存储单元

5. 以下说法错误的是（   ）。
   - A. 硬盘是外部设备
   - B. 软件的功能与硬件的功能在逻辑上是等效的
   - C. 硬件实现的功能一般比软件实现具有更高的执行速度
   - D. 软件的功能不能用硬件取代

6. 存放欲执行指令的寄存器是（   ）。
   - A. MAR
   - B. PC
   - C. MDR
   - D. IR

7. 在 CPU 中，跟踪下一条要执行的指令的地址的寄存器是（   ）。
   - A. PC
   - B. MAR
   - C. MDR
   - D. IR

8. CPU 不包括（   ）。
   - A. 地址寄存器
   - B. 指令寄存器（IR）
   - C. 地址译码器
   - D. 通用寄存器

9. 在运算器中，不包含（   ）。
   - A. 状态寄存器
   - B. 数据总线
   - C. ALU
   - D. 地址寄存器

10. 下列关于 CPU 存取速度的比较中，正确的是（   ）。
    - A. Cache>内存>寄存器
    - B. Cache>寄存器>内存
    - C. 寄存器>Cache>内存
    - D. 寄存器>内存>Cache

11. 一个 8 位的计算机系统以 16 位来表示地址，则该计算机系统有（   ）个地址空间。
    - A. 256
    - B. 65535
    - C. 65536
    - D. 131072

12. （   ）是程序运行时的存储位置，包括所需的数据。
    - A. 数据通路
    - B. 主存
    - C. 硬盘
    - D. 操作系统

13．下列（　　）属于应用软件。

  A．操作系统　　　　B．编译程序　　　　C．连接程序　D．文本处理

14．关于编译程序和解释程序，下面说法错误的是（　　）。

  A．编译程序和解释程序的作用都是将高级语言程序转换成机器语言程序

  B．编译程序编译时间较长，运行速度较快

  C．解释程序方法较简单，运行速度也较快

  D．解释程序将源程序翻译成机器语言，并且翻译一条以后，立即执行这条语句

15．下列叙述中正确的是（　　）。

  A．寄存器的设置对汇编语言是透明的

  B．实际应用程序的测试结果能够全面代表计算机的性能

  C．系列机的基本特性是指令系统向后兼容

  D．软件和硬件在逻辑功能上是等价的

16．指令流通常是（　　）。

  A．从主存流向控制器　　　　　　　　　　B．从控制器流向主存

  C．从控制器流向控制器　　　　　　　　　D．从主存流向主存

17．在 CPU 的组成中，不包括（　　）。

  A．运算器　　　　B．存储器　　　　C．控制器　　　D．寄存器

18．下列（　　）不属于系统程序。

  A．数据库系统　　　　　　　　　B．操作系统

  C．编译程序　　　　　　　　　　D．以上 3 种都属于系统程序

19．关于相联存储器，下列说法正确的是（　　）。

  A．只可以按地址寻址　　　　　　　　　　B．只可以按内容寻址

  C．既可以按地址寻址又可以按内容寻址　　D．以上说法均不完善

20．计算机系统的层次结构可以分为 6 层，其层次之间的依存关系是（　　）。

  A．上下层之间相互无关

  B．上层实现对下层的功能扩展，而下层是实现上层的基础

  C．上层实现对下层的扩展作用，而下层对上层有限制作用

  D．上层和下层的关系是相互依存、不可分割的

二、综合应用题

1．什么是存储程序原理？按此原理，计算机应具有哪几大功能？

1.2.7　答案与解析

一、单项选择题

1．D

A 是计算机主机的组成部分，而 B、C 只涉及计算机系统的部分内容，都不完整。

2．A

早期的冯·诺依曼机以运算器为中心，且是单处理机，B 是多处理机。冯·诺依曼机最根本的特征是采用"存储程序"原理，基本工作方式是控制流驱动方式。

3．B

A 是不存在的机器，B 是对"存储程序"的阐述，故正确。C 是与题干无关的选项。D 是相连存储器的特点。

4．C

虽然指令和数据都是以二进制形式存放在存储器中，但 CPU 可以根据指令周期的不同阶段来区分是指令还是数据，通常在取指阶段取出的是指令，在执行阶段取出的是数据。本题容易误选 A，需要清楚的是，CPU 只有在确定取出的是指令之后，才会将其操作码送去译码，因此，不可能依据译码的结果来区分指令和数据。

5．D

软件和硬件具有逻辑上的等效性，硬件实现具有更高的执行速度，软件实现具有更好的灵活性，通常对执行频繁、硬件实现代价不是很高的功能由硬件实现。故选 D。

6．D

IR 存放当前欲执行的指令，PC 存放下一条指令的地址，不要将它们混淆。此外，MAR 用来存放欲访问的存储单元地址，MDR 存放从存储单元取来的数据。

7．A

在 CPU 中，程序计数器 PC 用来跟踪下一条要执行的指令在主存储器中的地址。

8．C

地址译码器是主存的构成部分，不属于 CPU。地址寄存器虽然一般属于主存，但是现代计算机中绝大多数 CPU 内集成了地址寄存器。

9．D

运算器的核心部分是算术逻辑运算单元（ALU）。地址寄存器位于 CPU 内，但并没有集成在运算器与控制器中。地址寄存器用来保存当前 CPU 所访问的内存单元的地址。由于内存和 CPU 之间存在着操作速度上的差别，所以必须使用地址寄存器来保持地址信息，直到内存的读/写操作完成为止。

10．C

寄存器在 CPU 内部，速度最快。Cache 采用高速的 SRAM 制作，而内存常用 DRAM 制作，其速度较 Cache 慢。本题也可根据存储器层次结构的速度关系得出答案。

11．C

8 位计算机表明计算机字长为 8 位，即一次可以处理 8 位的数据，而 16 位表示地址码的长度，故而该机器有 $2^{16}=65536$ 个地址空间。

12．B

计算机只能从主存中取指令与操作数，不能直接与外存交换数据。

13．D

操作系统属于大型系统软件；编译程序属于语言处理程序；连接程序属于服务性程序，故选 D。

14．C

编译程序是先完整编译后运行的程序，如 C、C++等；解释程序是一句一句翻译且边翻译边执行的程序，如 JavaScript、Python 等。由于解释程序要边翻译成机器语言边执行，故而一般速度较编译程序慢。为增加对该过程的理解，附 C 语言编译链接的过程：

源程序(.c) $\xrightarrow{\text{C编译器}}$ 汇编源程序 $\xrightarrow{\text{汇编程序}}$ 目标程序 $\xrightarrow{\text{链接程序}}$ 可执行程序

15. C

寄存器的设置对汇编语言不透明，汇编程序员要对寄存器进行直接操作。全面代表计算机性能的是实际软件的运行情况。软件和硬件在逻辑上是等效的，但不是等价的。向后兼容指的是时间上向后兼容，即新机器兼容使用以前机器的指令系统。

16. A

指令是存放在主存中的，在主存中取出指令后送入控制器进行分析并发出各种操作序列。因此指令流是从主存流向控制器的。。

17. B

CPU 由运算器和控制器两个部件组成，而运算器和控制器中都含有寄存器。而存储器是一个独立的部件。

18. A

数据库系统是指在计算机系统中引入数据库后的系统，一般由数据库、数据库管理系统、应用系统、数据库管理员构成，其中数据库管理系统是系统程序。

19. C

相联存储器既可以按地址寻址又可以按内容（通常是某些字段）寻址，为与传统存储器区别，又称为按内容寻址的存储器。

20. B

在计算机多层次结构中，上下层是可以分割的，且上层是下层的功能实现。此外，上层在下层的基础上实现了更加丰富的功能，仅有下层而没有上层也是可以的。

二、综合应用题

1. 解答：

存储程序是指将指令以代码的形式事先输入到计算机主存储器中，然后按其在存储器中的首地址执行程序的第一条指令，以后就按照该程序的规定顺序执行其他指令，直至程序执行结束。

计算机按照此原理应该具有 5 大功能：数据传送功能、数据存储功能、数据处理功能、操作控制功能、操作判断功能。

1.3　计算机的性能指标

1.3.1　计算机的主要性能指标

1. 机器字长

机器字长是指计算机进行一次整数运算（即定点整数运算）所能处理的二进制数据的位数，通常与 CPU 的寄存器位数、加法器有关。所以机器字长一般等于内部寄存器的大小，字长越长，数的表示范围越大，计算精度就越高。计算机字长通常都选定为字节（Byte，8位）的整数倍，通常是 2、4、8 倍。不同的计算机，字长可以不相同。

注意：机器字长、指令字长和存储字长的关系（见本章疑难点 4）。

2．数据通路带宽

数据通路带宽是指数据总线一次所能并行传送信息的位数。这里所说的数据通路宽度是指外部数据总线的宽度，它与 CPU 内部的数据总线宽度（内部寄存器的大小）有可能不同。

注意：各个子系统通过数据总线连接形成的数据传送路径称为数据通路。

3．主存容量

主存容量是指主存储器所能存储信息的最大容量，通常以字节来衡量，也可以用字数×字长（如 512K×16 位）来表示存储容量。其中，MAR 的位数反映了存储单元的个数，MAR 的位数反映了可寻址范围的最大值（而不一定是实际存储器的存储容量）。

例如，MAR 为 16 位，表示 $2^{16}=65536$，即此存储体内有 65536 个存储单元（可称作 64K 内存，1K=1024），若 MDR 为 32 位，表示存储容量为 64K×32 位。

4．运算速度

（1）吞吐量和响应时间

- **吞吐量**：指系统在单位时间内处理请求的数量。它取决于信息能多快地输入内存，CPU 能多快地取指令，数据能多快地从内存取出或存入，以及所得结果能多快地从内存送给一台外部设备。这些步骤中的每一步都关系到主存，因此，系统吞吐量主要取决于主存的存取周期。
- **响应时间**：指从用户向计算机发送一个请求，到系统对该请求做出响应并获得它所需要的结果的等待时间。通常包括 CPU 时间（运行一个程序所花费的时间）与等待时间（用于磁盘访问、存储器访问、I/O 操作、操作系统开销等时间）。

（2）主频和 CPU 时钟周期

- **CPU 时钟周期**：通常为节拍脉冲或 T 周期，即主频的倒数，它是 CPU 中最小的时间单位，每个动作至少需要一个时钟周期。
- **主频（CPU 时钟频率）**：机器内部主时钟的频率，它是衡量机器速度的重要参数。主频的倒数是 CPU 时钟周期。对于同一个型号的计算机，其主频越高，完成指令的一个执行步骤所用的时间越短，执行指令的速度越快。

注意：CPU 时钟周期=1/主频，主频通常以 MHz（兆赫兹）为单位，1Hz 表示每秒 1 次。

（3）CPI（Clock cycle Per Instruction），即执行一条指令所需的时钟周期数。

（4）CPU 执行时间，指运行一个程序所花费的时间。

CPU 执行时间=CPU 时钟周期数/主频=(指令条数×CPI)/主频

上式表明，CPU 的性能（CPU 执行时间）取决于三个要素：①主频（时钟频率）；②每条指令执行所用的时钟周期数（CPI）；③指令条数。

（5）MIPS 和 MFLOPS

- **MIPS**（Million Instructions Per Second），即每秒执行多少百万条指令。

$$MIPS=指令条数/(执行时间×10^6)=主频/CPI$$

- **MFLOPS**（Million Floating-point Operations Per Second），即每秒执行多少百万次浮点运算。MFLOPS=浮点操作次数/(执行时间×10^6)。

1.3.2 几个专业术语的概念

1) **系列机**。具有基本相同的体系结构，使用相同的基本指令系统的多个不同型号的计算机组成的一个产品系列。

2) **兼容**。指计算机软件或硬件的通用性，即使用或运行在某个型号的计算机系统中的硬件、软件也能应用于另外一个型号的计算机系统时，则称这两台计算机在硬件或软件上存在兼容性。

3) **软件可移植性**。指把使用在某个系列计算机中的软件直接或进行很少修改就能运行在另外一个系列计算机中的可能性。

4) **固件**。将程序固定在 ROM 中组成的部件称为固件。固件是一种具有软件特性的硬件，固件的性能指标介于硬件与软件之间，吸收了软、硬件各自的优点，其执行速度快于软件，灵活性优于硬件，是软、硬件结合的产物。例如，目前操作系统已实现了部分固化（把软件永恒地存储于只读存储器中）。

1.3.3 本节习题精选

一、单项选择题

1.【2010 年计算机联考真题】

下列选项中，能缩短程序执行时间的措施是（　　）。

Ⅰ. 提高 CPU 时钟频率　　Ⅱ. 优化数据通路结构　　Ⅲ. 对程序进行编译优化

    A. 仅Ⅰ和Ⅱ　　　　　　　　　　　　　B. 仅Ⅰ和Ⅲ

    C. 仅Ⅱ和Ⅲ　　　　　　　　　　　　　D. Ⅰ、Ⅱ、Ⅲ

2.【2011 年计算机联考真题】

下列选项中，描述浮点数操作速度指标的是（　　）。

    A. MIPS　　　　　B. CPI　　　　　C. IPC　　　　　D. MFLOPS

3.【2012 年计算机联考真题】

假定基准程序 A 在某计算机上的运行时间为 100 秒，其中 90 秒为 CPU 时间，其余为 I/O 时间。若 CPU 速度提高 50%，I/O 速度不变，则运行基准程序 A 所耗费的时间是（　　）。

    A. 55 秒　　　　　B. 60 秒　　　　　C. 65 秒　　　　D. 70 秒

4. 关于 CPU 主频、CPI、MIPS、MFLOPS，说法正确的是（　　）。

    A. CPU 主频是指 CPU 系统执行指令的频率，CPI 是执行一条指令平均使用的频率

    B. CPI 是执行一条指令平均使用 CPU 时钟的个数，MIPS 描述一条 CPU 指令平均使用 CPU 时钟数

    C. MIPS 是描述 CPU 执行指令的频率，MFLOPS 是计算机系统的浮点数指令

    D. CPU 主频指 CPU 使用的时钟脉冲频率，CPI 是执行一条指令平均使用 CPU 时钟数

5. 存储字长是指（　　）。

    A. 存放在一个存储单元中的二进制代码组合

    B. 存放在一个存储单元中的二进制代码位数

    C. 存储单元的个数

D．机器指令的位数

6．以下说法错误的是（　　）。

A．计算机的机器字长是指数据运算的基本单位

B．寄存器由触发器构成

C．计算机中一个字的长度都是 32 位

D．磁盘可以永久性存放数据和程序

7．下列关于机器字长、指令字长和存储字长的说法中，正确的是（　　）。

Ⅰ．三者在数值上总是相等的　　Ⅱ．三者在数值上可能不等

Ⅲ．存储字长是存放在一个存储单元中的二进制代码位数

Ⅳ．数据字长就是 MDR 的位数

A．Ⅰ、Ⅲ　　　　　　B．Ⅰ、Ⅳ　　　　　C．Ⅱ、Ⅲ　　　D．Ⅱ、Ⅳ

8．32 位微机是指该计算机所用 CPU（　　）。

A．具有 32 位寄存器　　　　　　　　B．能同时处理 32 位的二进制数

C．具有 32 个寄存器　　　　　　　　D．能处理 32 个字符

9．用于科学计算的计算机中，标志系统性能的主要参数是（　　）。

A．主时钟频率　　　　　　　　　　　B．主存容量

C．MFLOPS　　　　　　　　　　　　 D．MIPS

10．若一台计算机的机器字长为 4 字节，则表明该机器（　　）。

A．能处理的数值最大为 4 位十进制数

B．能处理的数值最多为 4 位二进制数

C．在 CPU 中能够作为一个整体处理 32 位的二进制代码

D．在 CPU 中运算的结果最大为 2^{32}

11．在 CPU 的寄存器中，（　　）对用户是完全透明的。

A．程序计数器　　　　　　　　　　　B．指令寄存器

C．状态寄存器　　　　　　　　　　　D．通用寄存器

12．计算机操作的最小单位时间是（　　）。

A．时钟周期　　　　　　　　　　　　B．指令周期

C．CPU 周期　　　　　　　　　　　　D．中断周期

13．CPU 的 CPI 与下列哪个因素无关？（　　）

A．时钟频率　　　　　　　　　　　　B．系统结构

C．指令集　　　　　　　　　　　　　D．计算机组织

14．从用户观点看，评价计算机系统性能的综合参数是（　　）。

A．指令系统　　　　　　　　　　　　B．吞吐率

C．主存容量　　　　　　　　　　　　D．主频率

15．当前设计高性能计算机的重要技术途径是（　　）。

A．提高 CPU 主频　　　　　　　　　 B．扩大主存容量

C．采用非冯·诺依曼　　　　　　　　D．采用并行处理技术

16．下列关于"兼容"的叙述，正确的是（　　）。

A．指计算机软件与硬件之间的通用性，通常在同一系列不同型号的计算机间存在

B．指计算机软件或硬件的通用性，即它们在任何计算机间可以通用

C．指计算机软件或硬件的通用性，通常在同一系列不同型号的计算机间通用

D．指软件在不同系列计算机中可以通用，而硬件不能通用

17．下列说法正确的是（　　　）。

Ⅰ．在微型计算机的广泛应用中，会计电算化属于科学计算方面的应用

Ⅱ．决定计算机计算精度的主要技术是计算机的字长

Ⅲ．计算机"运算速度"指标的含义是每秒钟能执行多少条操作系统的命令

Ⅳ．利用大规模集成电路技术把计算机的运算部件和控制部件做在一块集成电路芯片上，这样的一块芯片叫单片机

A．Ⅰ、Ⅲ　　　　B．Ⅱ、Ⅳ　　　　C．Ⅱ　　　　D．Ⅰ、Ⅲ、Ⅳ

二、综合应用题

1．设主存储器容量为 64K×32 位，并且指令字长、存储字长、机器字长三者相等。写出如图 1-4 所示各寄存器的位数，并指出哪些寄存器之间有信息通路。

2．用一台 40MHz 的处理器执行标准测试程序，它所包含的混合指令数和响应所需的时钟周期见表 1-1。求有效的 CPI、MIPS 速率和程序的执行时间（I 为程序的指令条数）。

表 1-1　测试程序包含的混合指令数及响应所需的时钟周期

指令类型	CPI	指令混合比
算术和逻辑	1	60%
高速缓存命中的访存	2	18%
转移	4	12%
高速缓存失效的访存	8	10%

表 1-2　每条指令所占的比例及 CPI 数

指令类型	指令所占比例	CPI
算术逻辑指令	43%	1
Load 指令	21%	2
Store 指令	12%	2
转移指令	24%	2

3．微机 A 和 B 是采用不同主频的 CPU 芯片，片内逻辑电路完全相同。

1）若 A 机的 CPU 主频为 8MHz，B 机为 12MHz，则 A 机的 CPU 时钟周期为多少？

2）若 A 机的平均指令执行速度为 0.4MIPS，那么 A 机的平均指令周期为多少？

3）B 机的平均指令执行速度为多少？

4．某台计算机只有 Load/Store 指令能对存储器进行读/写操作，其他指令只对寄存器进行操作。根据程序跟踪试验结果，已知每条指令所占的比例及 CPI 数，见表 1-2。

求上述情况的平均 CPI。

假设程序由 M 条指令组成。算术逻辑运算中 25%的指令的两个操作数中的一个已在寄存器中，另一个必须在算术逻辑指令执行前用 Load 指令从存储器中取到寄存器中。因此有人建议增加另一种算术逻辑指令，其特点是一个操作数取自寄存器，另一个操作数取自存储器，即寄存器—存储器类型，假设这种指令的 CPI 等于 2。同时，转移指令的 CPI 变为 3。求新指令系统的平均 CPI。

1.3.4　答案与解析

一、单项选择题

1．D

CPU 时钟频率（主频）越高，完成指令的一个执行步骤所用的时间就越短，执行指令

的速度越快，Ⅰ正确。数据通路的功能是实现 CPU 内部的运算器和寄存器以及寄存器之间的数据交换，优化数据通路结构，可以有效提高计算机系统的吞吐量，从而加快程序的执行，Ⅱ正确。计算机程序需要先转化成机器指令序列才能最终得到执行，通过对程序进行编译优化可以得到更优的指令序列，从而使得程序的执行时间也越短，Ⅲ正确。

2．D

MIPS 是每秒执行多少百万条指令，适用于衡量标量机的性能。CPI 是平均每条指令的时钟周期数。IPC 是 CPI 的倒数，即每个时钟周期执行的指令数。MFLOPS 是每秒执行多少百万条浮点数运算，用来描述浮点数运算速度，适用于衡量向量机的性能。

3．D

程序 A 的运行时间为 100 秒，除去 CPU 时间 90 秒，剩余 10 秒为 I/O 时间。CPU 提速后运行基准程序 A 所耗费的时间是 T=90/1.5+10=70 秒。

误区：CPU 速度提高 50%，则 CPU 时间减少一半，而误选 A。

4．D

5．B

存储体由许多存储单元组成，每个存储单元又包含若干个存储元件，每个存储元件能寄存一位二进制代码 "0" 或 "1"。可见，一个存储单元可存储一串二进制代码，称这串二进制代码为一个**存储字**，这串二进制代码的位数称为**存储字长**。

6．C

计算机中一个字的长度可以是 16、32、64 位等，一般是 8 的整数倍，不一定都是 32 位。

7．C

机器字长、指令字长和存储字长，三者在数值上可以相等也可以不相等，视不同机器而定。一个存储单元中的二进制代码的位数称为存储字长。存储字长等于 MDR 的位数，而数据字长是数据总线一次能并行传送信息的位数，它可以不等于 MDR 的位数。

8．B

计算机的位数，即机器字长，也就是计算机一次能处理的二进制数的长度。此外应注意，操作系统的位数是操作系统可寻址的位数，与机器字长是不一样的。一般情况下可以通过寄存器的位数来判断机器字长。

9．C

MFLOPS 是指每秒执行多少百万次浮点运算，该参数用来描述计算机的浮点运算性能，而用于科学计算的计算机主要就是评估浮点运算的性能。

10．C

机器字长是计算机内部一次可以处理的二进制数的位数，故该计算机一次可处理 4*8=32 位的二进制代码。

11．B

汇编程序员可以通过指定待执行指令的地址来设置 PC 的值，状态寄存器、通用寄存器只有为汇编程序员可见，才能实现编程，而 IR、MAR、MDR 是 CPU 的内部工作寄存器，对程序员均不可见。

12．A

时钟周期即 CPU 频率的倒数，是最基本的时间单位，其余选项均大于时钟周期。另外，

CPU 周期又称机器周期，由多个时钟周期组成。

13．A

CPI 是执行一条指令所需的时钟周期数，系统结构、指令集、计算机组织都会影响 CPI，而时钟频率并不会影响到 CPI，但可以加快指令的执行速度。如执行一条指令需要 10 个时钟周期，则一台主频为 1GHz 的 CPU，执行这条指令要比一台主频为 100MHz 的 CPU 快。

14．B

主频、主存容量和指令系统（间接影响 CPI）并不是综合性能的体现。吞吐率指系统在单位时间内处理请求的数量，是评价计算机系统性能的综合参数。

15．D

提高 CPU 主频、扩大主存容量对性能的提升是有限度的。采用并行技术是实现高性能计算的重要途径，现今超级计算机均采用多处理器来增强并行处理能力。

16．C

兼容指计算机软件或硬件的通用性，故 A、D 错。B 中，它们在任何计算机间可以通用，错误。C 中，兼容通常在同一系列不同型号的计算机，正确。

17．C

会计电算化属于计算机数据处理方面的应用，Ⅰ错误。Ⅱ显然正确。计算机"运算速度"指标的含义是每秒钟能执行多少条指令，Ⅲ错误。这样集成的芯片称为 CPU，Ⅳ错误。

二、综合应用题

1．解答：

由主存容量为 64K×32 位，因 2^{16}=64K，则地址总线宽度为 16 位，32 位表示数据总线宽度，故 MAR 为 16 位，PC 为 16 位，MDR 为 32 位。

因指令字长=存储字长=机器字长

则 IR、ACC、MQ、X 均为 32 位

寄存器之间的信息通路有：

$$PC \rightarrow MAR$$
$$Ad(IR) \rightarrow MAR$$
$$MDR \rightarrow IR$$
取数：$MDR \rightarrow ACC$，存数：$ACC \rightarrow MDR$
$$MDR \rightarrow X$$

2．解答：

CPI 即执行一条指令所需的时钟周期数。本标准测试程序共包含 4 种指令，那么 CPI 就是这 4 种指令的数学期望。即

$$CPI=1×60\%+2×18\%+4×12\%+8×10\%=2.24$$

MIPS 即每秒执行百万条指令数。已知处理器时钟频率为 40MHz，即每秒包含 40M 个时钟周期，故

$$MIPS=40/CPI=40/2.24=17.9$$

程序的执行时间 T=CPI×T_IC×I，其中 T_IC 是一个 CPU 时钟的时间长度，是 CPU 时钟频率 f 的倒数。故

$$T=\text{CPI}\times T\_\text{IC}\times I=\text{CPI}\times(1/f)\times I=5.6\times10^{-8}\times I\ \text{秒}$$

本题中的 I 对于解题应该没什么用，程序的执行时间应该是指令的期望即 CPI 乘以时钟的时间长度：$T=\text{CPI}\times T\_\text{IC}$.

3．解答：

1）A 机的 CPU 主频为 8MHz，所以 A 机的 CPU 时钟周期=1/8MHz=0.125μs。

2）A 机的平均指令周期=1/0.4MIPS=2.5μs。

3）A 机平均每条指令的时钟周期数=2.5μs/0.125μs=20。

因微机 A 和 B 片内逻辑电路完全相同，所以 B 机平均每条指令的时钟周期数也为 20。

由于 B 机的 CPU 主频为 12MHz，所以 B 机的 CPU 时钟周期=1/12MHz=1/12μs。

B 机的平均指令周期=20×(1/12)=5/3μs。

B 机的平均指令执行速度=1/(5/3)μs=0.6MIPS。

另解：B 机的平均指令执行速度=A 机的平均指令执行速度×(12/8)=0.4MIPS×(12/8)=0.6MIPS。

4．解答：

① 本处理机共包含 4 种指令，那么 CPI 就是这 4 种指令的数学期望。即：
$$\text{CPI}=1\times43\%+2\times21\%+2\times12\%+2\times24\%=1.57$$

② 设原指令总数为 M，由于新增的算术操作有取操作数的功能，替代了 Load 的功能，所以新指令总数为
$$M+(0.25*0.43M)-(0.25*0.43M)-(0.25*0.43M)=0.8925M$$

增加另一种算术逻辑指令后，每种指令所占的比例及 CPI 数，见下表：

指 令 类 型	指令所占比例	CPI
算术逻辑指令	(0.43M−0.43M×0.25)/0.8925M=0.3613	1
算术逻辑指令（新）	(0.43M×0.25)/0.8925M=0.1204	2
Load 指令	(0.21M−0.43M×0.25)/0.8925M=0.1148	2
Store 指令	0.12M/0.8925M=0.1348	2
转移指令	0.24M/0.8925M=0.2689	3

所以：CPI'=1×0.3613+2×0.1204+2×0.1148+2×0.1348+3×0.2689=1.9076。

1.4　常见问题和易混淆知识点

1．同一个功能既可以由软件实现也可以由硬件实现吗？

软件和硬件是两种完全不同的形态，硬件是实体，是物质基础；软件是一种信息，看不见、摸不到。但是在逻辑功能上，软件和硬件是等效的。因此，在计算机系统中，许多功能既可以由硬件直接实现，也可以在硬件的配合下由软件实现。

例如，乘法运算既可以用专门的乘法器（主要由加法器和移位器组成）实现，也可以用乘法子程序（主要由加法指令和移位指令等组成）来实现。

2．翻译程序、汇编程序、编译程序、解释程序的区别和联系？

翻译程序是指把高级语言源程序翻译成机器语言程序（目标代码）的软件。

翻译程序有两种：一种是**编译程序**，它将高级语言源程序一次全部翻译成目标程序，每次执行程序时，只要执行目标程序，因此，只要源程序不变，就无须重新翻译。另一种是**解释程序**，它将源程序的一条语句翻译成对应的机器目标代码，并立即执行，然后翻译下一条源程序语句并执行，直至所有源程序语句全部被翻译并执行完。所以解释程序的执行过程是翻译一句执行一句，并且不会生成目标程序。

汇编程序也是一种语言翻译程序，它把汇编语言源程序翻译为机器语言程序。汇编语言是一种面向机器的低级语言，是机器语言的符号表示，与机器语言一一对应。

编译程序与汇编程序的区别：如果源语言是诸如 C、C++、Java 等"高级语言"，而目标语言是诸如汇编语言或机器语言之类的"低级语言"，这样的一个翻译程序称为编译程序。如果源语言是汇编语言，而目标语言是机器语言，这样的一个翻译程序称为汇编程序。

3．什么叫透明性？透明是指什么都能看见吗？

在计算机领域中，站在某一类用户的角度，如果感觉不到某个事物或属性的存在，即"看"不到某个事物或属性，则称为"对该用户而言，某个事物或属性是透明的"。这与日常生活中的"透明"概念（公开、看得见）正好相反。

例如，对于高级语言程序员来说，浮点数格式、乘法指令等这些指令的格式、数据如何在运算器中运算等都是透明的；而对于机器语言或汇编语言程序员来说，指令的格式、机器结构、数据格式等则不是透明的。

在 CPU 中，IR、MAR 和 MDR 对各类程序员都是透明的。

4．机器字长、指令字长、存储字长的区别和联系？

机器字长：计算机能直接处理的二进制数据的位数，机器字长一般等于内部寄存器的大小，它决定了计算机的运算精度。

指令字长：一个指令字中包含二进制代码的位数。

存储字长：一个存储单元存储二进制代码的长度。它们都必须是字节的整数倍。

指令字长一般都取存储字长的整数倍，如果指令字长等于存储字长的 2 倍，就需要 2 次访存来取出一条指令，因此，取指周期为机器周期的 2 倍，如果指令字长等于存储字长，则取指周期等于机器周期。

早期的计算机存储字长一般和机器的指令字长与数据字长相等，故访问一次主存便可以取出一条指令或一个数据。随着计算机的发展，指令字长可变，数据字长也可变，但它们必须都是字节的整数倍。

5．计算机体系结构和计算机组成的区别和联系？

计算机体系结构是指机器语言或汇编语言程序员所看得到的传统机器的属性，包括指令集、数据类型、存储器寻址技术等，大都属于抽象的属性。

计算机组成是指如何实现计算机体系结构所体现的属性，它包含许多对程序员来说是透明的硬件细节。例如，指令系统是属于结构的问题，但指令的实现，即如何取指令、分析指令、取操作数、如何运算等都属于组成的问题。因此，当两台机器指令系统相同时，只能认为它们具有相同的结构，至于这两台机器如何实现其指令，完全可以不同，即可以认为它们的组成方式是不同的。例如，一台机器是否具备乘法指令，是一个结构的问题，但实现乘法指令采用什么方式，则是一个组成的问题。

许多计算机厂商提供一系列体系结构相同的计算机，而它们的组成却有相当大的差别，即使是同一系列的不同型号机器，其性能和价格差异很大。例如，IBM System/370 结构就包含了多种价位和性能的机型。

第 2 章

数据的表示和运算

【考纲内容】

（一）数制与编码

进位计数制及其相互转换；真值和机器数

BCD 码；字符与字符串；校验码

（二）定点数的表示和运算

1．定点数的表示

无符号数的表示；有符号数的表示

2．定点数的运算

定点数的移位运算；原码定点数的加/减运算；补码定点数的加/减运算

定点数的乘/除运算；溢出概念和判别方法

（三）浮点数的表示和运算

1．浮点数的表示

IEEE754 标准

2．浮点数的加/减运算

（四）算术逻辑单元 ALU

1．串行加法器和并行加法器

2．算术逻辑单元 ALU 的功能和结构

【考题分布】

年 份	单选题/分	综合题/分	考 查 内 容
2009 年	2 题×2	0	C 语言中隐式类型转换；浮点加法运算
2010 年	2 题×2	0	定点数的运算及溢出判断；不同类型数的机内表示法及其强制转换
2011 年	1 题×2	1 题×11	IEEE754 浮点数的表示；C 语言中 unsigned int 和 int 的表示、及其类型转换原理、补码加法运算的实现原理及溢出判断
2012 年	3 题×2	0	C 语言中 unsigned int 和 unsigned short 的转换；IEEE 754 单精度浮点数的范围；字符串的小端存储、C 语言中 int、char 和 short 的表示
2013 年	3 题×2	0	补码运算；IEEE 754 单精度浮点数的真值；海明码校验位的位数判断

　　本章内容较为繁杂，由于计算机中数的表示和运算方法与人们日常生活中的表示和运算方法是不同的，因此理解也较为困难。综观最近几年的真题，不难发现，unsigned、short、int、long、float、double 等在 C 语言中的表示、运算、溢出判断、隐式类型转换、强制类型转换，IEEE754 浮点数的表示，以及浮点数的运算都是联考考查的重点，需要牢固掌握。

2.1　数制与编码

2.1.1　进位计数制及其相互转换

1．进位计数法

进位计数法是一种计数的方法。常用的进位计数法有十进制数、二进制数、十六进制数、八进制数等。十进制数是人们在日常生活中最常使用的，而在计算机中通常用二进制数、八进制数和十六进制数。

在进位计数法中，每个数位所用到的不同数码的个数称为**基数**。十进制的基数为 10（0～9），每个数位计满 10 就向高位进位，即"逢十进一"。

十进制数 101，其个位的 1 显然与百位的 1 所表示的数值是不同的。每个数码所表示的数值等于该数码本身乘以一个与它所在数位有关的常数，这个常数称为**位权**。一个进位数的数值大小就是它的各位数码按权相加。

一个 r 进制数（$K_n K_{n-1} \cdots K_0 K_{-1} \cdots K_{-m}$）的数值可表示为

$$K_n r^n + K_{n-1} r^{n-1} + \cdots + K_0 r^0 + K_{-1} r^{-1} + \cdots + K_{-m} r^{-m} = \sum_{i=n}^{-m} K_i r^i$$

式中，r 是基数；r^i 是第 i 位的位权（整数位最低位规定为第 0 位）；K_i 的取值可以是 0，1，$\cdots$，$r-1$ 共 r 个数码中的任意一个。

（1）二进制数

计算机中用得最多的是基数为 2 的计数制，即二进制。二进制只有 0 和 1 两种数字符号，计数"逢二进一"。它的任意数位的权为 2^i，i 为所在位数。

（2）八进制数

八进制作为二进制的一种书写形式，其基数为 8，有 0～7 共 8 个不同的数字符号，计数"逢八进一"。因为 $r=8=2^3$，所以只要把二进制中的 3 位数码编为一组就是一位八进制数码，两者之间的转换极为方便。

（3）十六进制数

十六进制也是二进制的一种常用的书写形式，其基数为 16，"逢十六进一"。每个数位可取 0～9、A、B、C、D、E、F 中的任意一个，其中 A、B、C、D、E、F 分别表示 10～15。因为 $r=16=2^4$，故 4 位二进制数码与 1 位十六进制数码相对应。

2．不同进制数之间的相互转换

（1）二进制转换为八进制和十六进制

对于一个二进制混合数（既包含整数部分，又包含小数部分），在转换时应以小数点为界。其整数部分，从小数点开始往左数，将一串二进制数分为 3 位（八进制）一组或 4 位（十六进制）一组，在数的最左边可根据需要加"0"补齐；对于小数部分，从小数点开始往右数，也将一串二进制数分为 3 位一组或 4 位一组，在数的最右边也可根据需要加"0"补齐。最终使总的位数成为 3 或 4 的整数倍，然后分别用对应的八进制或十六进制数取代。

【**例 2-1**】　将二进制数 1111000010.01101 分别转换为八进制数和十六进制数。

高位补 0，凑足三位　　　　　　　　分界点　　　低位补 0，凑足三位

001　111　000　010　. 011　010

所以，对应的八进制数为$(1702.32)_8=(1111000010.01101)_2$

高位补 0，凑足四位　　　　　　　　分界点　　　低位补 0，凑足四位

0011　1100　0010　. 0110　1000
 3　　 C　　 2　　　 6　　 8

所以，对应的十六进制数为$(3C2.68)_{16}=(1111000010.01101)_2$

同样，由八进制或十六进制转换成二进制，只需将每一位改为 3 位或者 4 位二进制数即可（必要时去掉整数最高位或者小数最低位的 0）。八进制和十六进制之间的转换也能方便地实现，十六进制转换为八进制（或八进制转换为十六进制）时，先将十六进制（八进制）转换为二进制，然后由二进制转换为八进制（十六进制）较为方便。

（2）任意进制转换为十进制

将任意进制的数各位数码与它们的权值相乘，再把乘积相加，就得到了一个十进制数。这种方法称为按权展开相加法。

例如，$(11011.1)_2=1\times2^4+1\times2^3+0\times2^2+1\times2^1+1\times2^0+1\times2^{-1}=27.5$。

（3）十进制转换为任意进制

一个十进制数转换为任意进制数，常采用基数乘除法。这种转换方法对十进制数的整数部分和小数部分将分别进行处理，对于整数部分用除基取余法；对于小数部分用乘基取整法，最后将整数部分与小数部分的转换结果拼接起来。

除基取余法（整数部分的转换）：整数部分除基取余，最先取得的余数为数的最低位，最后取得的余数为数的最高位（即除基取余，先余为低，后余为高），商为 0 时结束。

【例 2-2】　将十进制数 123.6875 转换成二进制数。

整数部分：

```
      除基   取余
  2 | 1 2 3    1    最低位
  2 |  6 1     1
  2 |  3 0     0
  2 |  1 5     1
    2 |  7     1
    2 |  3     1
    2 |  1     1    最高位
         0
```

故整数部分 $123=(1111011)_2$

乘基取整法（小数部分的转换）：小数部分乘基取整，最先取得的整数为数的最高位，最后取得的整数为数的最低位（即乘基取整，先整为高，后整为低），乘积为 0（或满足精度要求）时结束。

小数部分：

```
           乘基    取整
         0.6875
        ×     2
         1.3750    1    最高位
         0.3750
        ×     2
         0.7500    0
        ×     2
         1.5000    1
         0.5000
        ×     2
         1.0000    1    最低位
         ......
```

故小数部分 $0.6875=(0.1011)_2$。

所以，$123.6875=(1111011.1011)_2$。

注意：关于十进制转换为任意进制为何采用除基取余法和乘基取整法，以及取的数放置位置的原理。请结合第 1 节中 r 进制数的数值表示的公式思考，而不应是死记硬背。

2.1.2　真值和机器数

在日常生活中，通常用正、负号来分别表示正数（正号可省略）、负数，如+15、−8 等。这种带"+"或"−"符号的数称为**真值**。真值是机器数所代表的实际值。

在计算机中，通常采用数的符号和数值一起编码的方法来表示数据。常用的有原码、补码和反码表示法。这几种表示法都将数据的符号数字化，通常用"0"表示"正"，用"1"表示"负"。如 0,101（这里的逗号","实际上并不存在，仅为区分符号位与数值位）表示+5。这种把符号"数字化"的数称为**机器数**。

2.1.3　BCD 码

二进制编码的十进制数（Binary-Coded Decimal，BCD）通常采用 4 位二进制数来表示一位十进制数中的 0～9 这 10 个数码。这种编码方法使二进制和十进制之间的转换得以快速进行。但 4 位二进制数可以组合出 16 种代码，故必有 6 种状态为冗余状态。

下面列举几种常用的 BCD 码。

1）**8421 码**（最常用）：它是一种有权码，设其各位的数值为 b_3、b_2、b_1、b_0，则权值从高到低依次为 8、4、2、1，则它表示的十进制数为 $D=8b_3+4b_2+2b_1+1b_0$。如 8→1000；9→1001。

如果两个 8421 码相加之和小于或等于 $(1001)_2$，即 $(9)_{10}$，则不需要修正；如果相加之和大于或等于 $(1010)_2$，即 $(10)_{10}$，则要加 6 修正（从 1010 到 1111 这 6 个为无效码，当运算结果落于这个区间时，需要将运算结果加上 6），并向高位进位，进位可以在首次相加或修正时产生。

```
                    4+9=13           9+7=16
                     0100             1001
1+8=9              + 1001           + 0111
 0001               1101            10000
+1000             + 0110    修正    + 0110    修正
 1001              10011    进位     10110    进位
不需要修正
```

2）**余 3 码**：它是一种无权码，是在 8421 码的基础上加上 $(0011)_2$ 形成的，因每个数都多余"3"，故称为余 3 码。如 8→1011；9→1100。

3）**2421 码**：它也是一种有权码，权值由高到低分别为 2、4、2、1，特点是大于等于 5 的 4 位二进制数中最高位为 1，小于 5 的最高位为 0。如 5→1011 而不是 0101。

2.1.4　字符与字符串

由于计算机内部只能识别和处理二进制代码，所以字符都必须按照一定的规则用一组二进制编码来表示。

1. 字符编码 ASCII 码

目前，国际上普遍采用的一种字符系统是 7 位二进制编码的 ASCII 码（读音"阿斯柯"），可表示 10 个十进制数码、52 个英文大写字母和小写字母（A～Z，a～z）和一定数量的专用符号（如$、%、＋、=等），共 128 个字符。

在 ASCII 码中，编码值 0～31 为控制字符，用于通信控制或设备的功能控制；编码值 127 是 DEL 码；编码值 32 是空格 SP；编码值 32～126 共 95 个字符称为可印刷字符。

提示：0～9 的 ASCII 码值为 48(011 0000)～57(011 1001)，即去掉高 3 位，只保留低 4 位，则正好是二进制形式的 0～9。

2．汉字的表示和编码

在 1981 年的国家标准 GB 2312-80 中，每个编码用两个字节表示，收录了一级 3755 个、二级 3008 个汉字，各种符号 682 个，共计 7445 个。

目前最新的汉字编码是 2000 年公布的国家标准 GB 18030，收录了 27484 个汉字。编码标准采用 1B、2B 和 4B。

汉字的编码包括汉字的输入编码、汉字内码、汉字字形码三种，它们是计算机中用于输入、内部处理和输出三种用途的编码。区位码是国家标准局于 1981 年颁布的标准，用两个字节表示一个汉字，每个字节用七位码，它将汉字和图形符号排列在一个 94 行 94 列的二维代码表中。区位码是 4 位十进制数，前 2 位是区码，后 2 位是位码，所以称为区位码。

而国标码则是将十进制的区位码转换为十六进制数后，再在每个字节上加上 20H。国标码两个字节的最高位都是 0，ASCII 码的最高位也是 0。为了方便计算机区分中文字符和英文字符，将国标码两个字节的最高位都改为"1"，这就是汉字内码了。

区位码和国标码都是输入码，其和汉字内码的关系（十六进制）：

$$国标码=(区位码)_{16}+2020H$$
$$汉字内码=(国标码)_{16}+8080H$$

3．字符串的存放

字符串是指连续的一串字符，通常方式下，它们占用主存中连续的多个字节，每个字节存储一个字符。主存字由 2 或 4 个字节组成时，在同一个主存字中，既可按先存储低位字节、后存储高位字节的顺序（即从低位字节向高位字节顺序）存放字符串的内容（又称小端模式），也可按从先存储高位字节、后存储低位字节的顺序（即从高位字节向低位字节顺序）存放字符串的内容（又称大端模式）。

I	F	空	A
>	B	空	T
H	E	N	空
R	E	A	D
(	C	)	空

图 2-1　字符串的存放（大端模式）

这两种存放方式都是常用方式，不同计算机可以选用其中任何一种（甚至是同时采用）。例如，字符串：IF__A>B__THEN__READ(C)__，其从高位字节到低位字节依次存放在主存中，如图 2-1 所示。

其中主存单元长度（字长度）由 4 个字节组成。每个字节中存放相应字符的 ASCII 值，注意空格"__"也占一个字节的位置。因此，每个字节分别存放十进制的 73、70、32、65、62、66、32、84、72、69、78、32、82、69、65、68、40、67、41、32。

2.1.5　校验码

校验码是指能够发现或能够自动纠正错误的数据编码，也称为检错纠错编码。校验码的原理是通过增加一些冗余码，来检验或纠错编码。

通常某种编码都由许多码字构成，任意两个合法码字之间最少变化的二进制位数，称为**数据校验码的码距**[①]。对于码距不小于 2 的数据校验码，开始具有检错的能力。码距越大，检、纠错能力就越强，而且检错能力总是大于或等于纠错能力。

下面介绍 3 种常用的校验码。

1. 奇偶校验码

在原编码上加一个校验位，它的码距等于 2，可以检测出一位错误（或奇数位错误），但不能确定出错的位置，也不能够检测出偶数位错误，增加的冗余位称为奇偶校验位，如图 2-2 所示。

奇偶校验实现的方法：由若干位有效信息（如一个字节），再加上一个二进制位（校验位）组成校验码，如图 2-2 所示。校验位的取值（0 或 1）将使整个校验码中"1"的个数为奇数或偶数，所以有两种可供选择的校验规律。

图 2-2　奇偶校验码的格式

奇校验码：整个校验码（有效信息位和校验位）中"1"的个数为奇数。

偶校验码：整个校验码（有效信息位和校验位）中"1"的个数为偶数。

【**例 2-3**】　给出两个编码 1001101 和 1010111 的奇校验码和偶校验码。

设最高位为校验位，余 7 位是信息位，则对应的奇偶校验码为：

| 1001101 | 11001101（奇校验） | 01001101（偶校验） |
| 1010111 | 01010111（奇校验） | 11010111（偶校验） |

缺点：具有局限性，奇偶校验只能发现数据代码中奇数位出错情况，但不能纠正错误，常用于对存储器数据的检查或者传输数据的检查。

2. 海明（汉明）校验码

海明码是广泛采用的一种有效的校验码，它实际上是一种多重奇偶校验码。其实现原理是在有效信息位中加入几个校验位形成海明码，并把海明码的每一个二进制位分配到几个奇偶校验组中。当某一位出错后，就会引起有关的几个校验位的值发生变化，这不但可以发现错位，还能指出错位的位置，为自动纠错提供了依据。

根据纠错理论得

$$L-1=D+C \qquad 且\ D \geqslant C$$

即编码最小码距 L 越大，则其检测错误的位数 D 越大，纠正错误的位数 C 也越大，且纠错能力恒小于或等于检错能力。海明码就是根据这一理论提出的具有纠错能力的一种编码。

求海明码的步骤如下。

【**例 2-4**】　在 $n=4$、$k=3$ 时，求 1010 的海明码？

（1）确定海明码的位数

设 n 为有效信息的位数，k 为校验位的位数，则信息位 n 和校验位 k 应满足：

$$n+k \leqslant 2^k-1 \qquad （若要检测两位错，则需再增加 1 位校验位，即 k+1 位）$$

[①] 如 1100 和 1101 之间码距为 1，因为只有最低位翻转了。而 1001 和 0010 之间码距则为 3，因为只有 1 位没有变化

海明码位数为 $n+k=7 \leq 2^3-1$ 成立，则 n、k 有效。设信息位 $D_4D_3D_2D_1$（1010），共 4 位，校验位 $P_3P_2P_1$，共 3 位，对应的海明码为 $H_7H_6H_5H_4H_3H_2H_1$。

（2）确定校验位的分布

规定校验位 P_i 在海明位号为 2^{i-1} 的位置上，其余各位为信息位，因此：

P_1 的海明位号为 $2^{i-1}=2^0=1$，即 H_1 为 P_1。

P_2 的海明位号为 $2^{i-1}=2^1=2$，即 H_2 为 P_2。

P_3 的海明位号为 $2^{i-1}=2^2=4$，即 H_4 为 P_3。

将信息位按原来的顺序插入，则海明码各位的分布如下。

$$H_7 \quad H_6 \quad H_5 \quad H_4 \quad H_3 \quad H_2 \quad H_1$$
$$D_4 \quad D_3 \quad D_2 \quad P_3 \quad D_1 \quad P_2 \quad P_1$$

（3）分组，以形成校验关系

每个数据位用多个校验位进行校验，但要满足：被校验数据位的海明位号等于校验该数据位的各校验位海明位号之和。另外，校验位不需要再被校验。

		$P_1(H_1)$		$P_2(H_2)$		$P_3(H_4)$
D_1 放在 H_3 上，由 P_2P_1 校验：	3=	1	+	2		
D_2 放在 H_5 上，由 P_3P_1 校验：	5=	1	+			4
D_3 放在 H_6 上，由 P_3P_2 校验：	6=			2	+	4
D_4 放在 H_7 上，由 $P_3P_2P_1$ 校验：	7=	1	+	2	+	4
		第1组		第2组		第3组

（4）校验位取值

校验位 P_i 的值为第 i 组（由该校验位校验的数据位）所有位求异或。

根据 3）中的分组有：

$$P_1=D_1 \oplus D_2 \oplus D_4=0 \oplus 1 \oplus 1=0$$
$$P_2=D_1 \oplus D_3 \oplus D_4=0 \oplus 0 \oplus 1=1$$
$$P_3=D_2 \oplus D_3 \oplus D_4=1 \oplus 0 \oplus 1=0$$

所以，1010 对应的海明码为 101<u>0</u>0<u>10</u>（下画线为校验位，其他为信息位）

（5）海明码的校验原理

每个校验组分别利用校验位和参与形成该校验位的信息位进行奇偶校验检查，就构成了 k 个校验方程：

$$S_1=P_1 \oplus D_1 \oplus D_2 \oplus D_4$$
$$S_2=P_2 \oplus D_1 \oplus D_3 \oplus D_4$$
$$S_3=P_3 \oplus D_2 \oplus D_3 \oplus D_4$$

若 $S_3S_2S_1$ 的值为"000"，则说明无错；否则说明出错，而且这个数就是错误位的位号，如 $S_3S_2S_1=001$，说明第 1 位出错，即 H_1 出错，直接将该位取反就达到了纠错的目的。

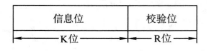

图 2-3　循环冗余校验码的格式

3. 循环冗余校验（CRC）码

CRC 的基本思想是：在 K 位信息码后再拼接 R 位的校验码，整个编码的长度为 N 位，因此，这种编码又称为（N，K）码，如图 2-3 所示。

CRC 码基于线性编码理论，在发送端，将要传送的 K 位二进制信息码左移 R 位，将它与生成多项式 $G(x)$ 做模 2 除法，生成一个 R 位校验码，并附在信息码后，构成一个新的二进制码（CRC 码），共 $(K+R)$ 位。在接收端，则利用生成多项式对接收到的编码做模 2 除法，以检测和确定出错的位置，如无错则整除，其中生成多项式是接收端和发送端的一个约定。

任意一个二进制数码都可以用一个系数仅为 "0" 或 "1" 的多项式与其对应。生成多项式 $G(x)$ 的最高幂次为 R，转换成对应的二进制数有 $R+1$ 位。例如，生成多项式 x^3+x^2+1 对应的二进制数为 1101，而二进制数 1011 对应的多项式为 x^3+x^1+1。下面用一个例子来介绍 CRC 的编码和检测过程。

【例 2-5】 设生成多项式为 $G(x)=x^3+x^2+1$，信息码为 101001，求对应的 CRC 码。

$R=$ 生成多项式最高幂次 $=3$，$K=$ 信息码长度 $=6$，$N=K+R=9$。

生成多项式 $G(x)$ 对应的二进制码为 1101。

（1）移位

将原信息码左移 R 位，低位补 0。

得到 101001000。

（2）相除

对移位后的信息码，用生成多项式进行模 2 除法，产生余数。

模 2 除法：模 2 加法和减法的结果相同，都是做异或运算，模 2 除法和算术除法类似，但每一位除（减）的结果不影响其他位，也就是不借位，步骤如下。过程如图 2-4 所示。

① 用除数对被除数最高几位做模 2 减（异或），不借位。

② 除数右移一位，若余数最高位为 1，商为 1，并对余数做模 2 减。若余数最高位为 0，商为 0，除数继续右移一位。

③ 循环直到余数位数小于除数时，该余数为最终余数。

模 2 除法过程如图 2-4 所示，得到的余数为 001，则报文 101001 编码后的报文（即 CRC 码）为 101001**001**（下画线为校验位）。

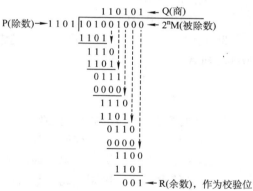

图 2-4　CRC 码的生成过程（模 2 取余）

（3）检错和纠错

接收端收到的 CRC 码，用生成多项式 $G(x)$ 做模 2 除法，若余数为 0，则码字无错。

若接收端收的 CRC 码为 $C_9C_8C_7C_6C_5C_4C_3C_2C_1=101001011$，将这个数据与 1101 进行模 2 除法，得到的余数为 010，则说明 C_2 出错，将 C_2 取反即可。

2.1.6　本节习题精选

一、单项选择题

1. 下列各种数制的数中，最小的数是（　　　）。
　　A. $(101001)_2$　　　　B. $(101001)_{BCD}$　　　　C. $(52)_8$　　　　D. $(233)_{16}$

2. 两个数 7E5H 和 4D3H 相加，得（　　）。

    A. BD8H　　　　　B. CD8H　　　　　C. CB8H　　　　　D. CC8H

3. 若十进制数为 137.5，则其八进制数为（　　）。

    A. 89.8　　　　　B. 211.4　　　　　C. 211.5　　　　　D. 1011111.101

4. 四位机器内的数值代码，则它所表示的十进制真值可能为（　　）。

    Ⅰ. 16　Ⅱ. −1　Ⅲ. −8　Ⅳ. 8

    A. Ⅰ、Ⅱ、Ⅲ　　　　　　　　　　B. Ⅱ、Ⅳ

    C. Ⅱ、Ⅲ、Ⅳ　　　　　　　　　　D. 只有Ⅳ

5. 一个 16 位无符号二进制数的表示范围是（　　）。

    A. 0～65536　　　　　　　　　　B. 0～65535

    C. −32768～32767　　　　　　　　D. −32768～32768

6. 下列说法有误的是（　　）。

    A. 任何二进制整数都可以用十进制表示

    B. 任何二进制小数都可以用十进制表示

    C. 任何十进制整数都可以用二进制表示

    D. 任何十进制小数都可以用二进制表示

7. 下列编码中，（　　）不是合法的 8421 码。

    A. 0111 1001　　　　　　　　　　B. 0000 0001

    C. 1010 0101　　　　　　　　　　D. 0001 1001

8. 已知计算机中用 8421 码表示十进制数，A 和 B 的编码表示分别为 0011 1000 和 0010 0011，则 A+B 的结果为（　　）。

    A. 0101 1011　　　　　　　　　　B. 0110 0001

    C. 0110 1011　　　　　　　　　　D. 0101 0001

9. 下列关于 ASCII 编码，正确的描述是（　　）。

    A. 使用 8 位二进制代码，最右边一位为 1

    B. 使用 8 位二进制代码，最左边一位为 0

    C. 使用 8 位二进制代码，最右边一位是 0

    D. 使用 8 位二进制代码，最左边一位是 1

10. 在一个按字节编址的计算机中，若数据在存储器中以小端方案存放。假定 int 行变量 i 的地址为 08000000H，i 的机器数为 01234567H，地址 08000000H 单元的内容是（　　）。

    A. 01H　　　　B. 23H　　　　C. 45H　　　　D. 67H

11. 以下关于校验码的叙述中，正确的是（　　）。

    Ⅰ. 校验码的码距必须大于 2

    Ⅱ. 校验码的码距越大，检、纠错能力越强

    Ⅲ. 增加奇偶校验位的位数，可以提高奇偶校验的正确性

    Ⅳ. 采用奇偶校验可检测出一位数据错误的位置并加以纠正

    Ⅴ. 采用海明校验可检测出一位数据错误的位置并加以纠正

    Ⅵ. CRC 码是通过除法运算来建立数据和校验位之间的约定关系的

    A. Ⅰ、Ⅲ、Ⅴ　　　　　　　　　　B. Ⅱ、Ⅳ、Ⅵ

C．Ⅰ、Ⅴ、Ⅵ　　　　　　　　　　　D．Ⅱ、Ⅴ、Ⅵ

12．设在网络中传送采用偶校验的 ASCII 码，当收到的数据位为 10101001 时，可以断定（　　）。

  A．未出错

  B．出现偶数位错

  C．未出错或出现偶数位错

  D．出现奇数位错

13．下列校验码中，奇校验正确的有（　　）。

  A．110100111

  B．001000111

  C．010110011

  D．110100111

14．用 1 位奇偶校验能检测出 1 位主存错误的百分比为（　　）。

  A．0%　　　　　　B．100%　　　　　　C．50%　　　　　　　D．无法计算

15．已知大写英文字母"A"的 ASCII 码值为 41H，现字母"F"被存放在某个存储单元中，若采用偶校验（假设最高位作为校验位），则该存储单元中存放的十六进制数是（　　）。

  A．46H　　　　　　B．C6H　　　　　　C．47H　　　　　　　D．C7H

16．用海明码来发现并纠正 1 位错，信息位为 8 位，则检验位的位数为（　　）。

  A．1　　　　　　B．3　　　　　　C．4　　　　　　D．8

17．能发现两位错误并能纠正 1 位错的编码是（　　）。

  A．CRC 码

  B．海明码

  C．偶校验码

  D．奇校验码

18．在 CRC 中，接收端检测出某一位数据错误后，纠正的方法是（　　）。

  A．请求重发

  B．删除数据

  C．通过余数值自行纠正

  D．以上均可

19．在大量数据传送过程中，常用且有效的检验法是（　　）。

  A．海明码校验

  B．偶校验

  C．奇校验

  D．CRC

20．设待校验的数据为 D8～D1=10101011，若采用海明校验，其海明码为（　　）（设海明码具有一位纠错能力，P13 采用全校验）；若采用 CRC，且生成多项式为 10011，则其 CRC 码为（　　）。

  A．0 1010 0 101 1 1 11

  B．0 1000 0 111 1 1 11

  C．10101011 1010

  D．10101010 1011

二、综合应用题

1．求下列信息码的奇校验码和偶校验码（设校验位在最低位）。

  ① 1100111　② 1000110　③ 1010110

2．说明 CRC 码的纠错原理和方法。对 4 位有效信息（1100）求循环校验码，选择生成多项式（1011）。

2.1.7　答案与解析

一、单项选择题

1．B

A 为 29H，B 为 29D，C 写成二进制为 101010，即 2AH，显然最小的为 29D。注，没有特殊说明的情况下，可默认 BCD 码就是 8421 码。

2．C

在十六进制数的加减法中，逢十六进一，故而 7E5 H+4D3 H=CB8 H。

3．B

十进制转换成八进制，整数部分采用除基取余法：将整数除以 8，所得余数即为转换后的八进制数的个位数码，再将商除以 8，余数为八进制数十位上的数码，如此反复进行，直到商是 0 为止。小数部分采用乘基取整法：将小数乘以 8，所得积的整数部分即为八进制数十分位上的数码，再将此积的小数部分乘以 8，得到百分位上的数码，如此反复直到积是 1.0 为止。经转换得到的八进制数为 211.40。

4．D

题意已说明四位都是数值位，故不存在符号位，故而负数是无法表示出来的，Ⅱ、Ⅲ 错误，而四位的数值代码最多能表示 0～15（2^4-1），故 Ⅰ 错误。

5．B

一个 16 位无符号二进制数的表示范围是 0～$2^{16}-1$，即 0～65535。

6．D

选项 A、B、C 明显正确，二进制整数和十进制整数可以相互转换，仅仅是每一位的位权不同而已。而二进制的小数位只能表示 1/2、1/4、1/8…$1/2^n$，故而无法表示所有的十进制小数，D 错误。

7．C

在 8421 码中，1010～1111 是不能使用的，故选 C。

8．B

两个 8421 码相加之和大于或等于 1010 时，则要加 6 修正，并向高位进位，显然这是机内的做法。解答本题，只需先将 8421 码转换为对应的十进制数，分别为 38 和 23，然后相加得 61，再将 61 转换为 8421 码即可，61 对应的 8421 码为 0110 0001。

9．B

ASCII 码由 7 位二进制代码表示，从 0000000 到 1111111 共 128 种编码。但由于字节是计算机存储的基本单元，ASCII 码仍以一个字节存入一个 ASCII 字符，只是每个字节中多余的一位即最高位（最左边一位）在机内部保持为"0"。

10．D

小端方案是将最低有效字节存储在最小位置。在数 01234567H 中，最低有效字节为 67H。

11．D

任意两个码字之间最少变化的二进制位数称为码距，码距大于或等于 2 的数据校验码，开始具有检错的能力，Ⅰ 错误。码距越大，检、纠错能力就越强，Ⅱ 正确。奇偶校验码的码距等于 2，可以检测出一位错误（或奇数位错误），但不能确定出错的位置，也不能检测出偶数位错误；海明码的码距大于 2，故而不仅可以发现错误还能指出错误的位置。仅靠增加奇偶校验位的位数不能提高正确性，还要考虑码距，Ⅲ 错误。

扩展，具有检、纠错能力的数据校验码的实现原理：在编码中，除去合法码字以外，再加入一些非法的码字，当某个合法码字出现错误时，就变为非法码字。合理安排非法码字的数量和编码规则就能达到纠错的目的。

12．C

一位奇偶校验码只能发现奇数位错误。本题中，收到的数据中有偶数个 1，这样可能没有出错，也可能是出现了偶数位错误（奇偶校验码无法发现偶数位错）。

13．C

选项 A、B、D 中"1"的个数为偶数，仅有选项 C 中"1"的个数为奇数。

14．B

如果出现 1 位主存错误，则奇偶校验码一定能检测出。

15．B

英文字母在 ASCII 编码表中按顺序排列，因为"A"的 ASCII 码值为 41H，而"F"是第 6 号字母，故"F"的 ASCII 码值应为 46H=1000110B。标准的 ASCII 码为 7 位，在 7 位数前面增加 1 位校验位。"F"的 ASCII 码中 1 的个数有 3 个，按照偶校验规则，偶校验位为 1。存储单元中存放的是整个校验码，应为 11000110B=C6H。

16．C

在海明码中，为了达到检测和纠正 1 位错，则检验位的位数 k 应满足：$2^k \geq n+k+1$，其中 n 为信息位的位数，因 $2^4 \geq 8+4+1$，故需要 4 位。如果在纠正 1 位错的情况下还要能够发现 2 位错，则还需再增加 1 位检验位，即需满足 $2^{k-1}-1 \geq n+k$。

17．B

奇偶校验码都不能纠错；CRC 码可以发现并纠正信息串行读/写、存储或传送中出现的 1 位或多位错（与多项式的选取有关）；海明码能发现两位错误并纠正 1 位错。

18．D

CRC 可以纠正一位或多位错误（由多项式 $G(x)$ 决定），而实际传输中纠正方法可以按需求进行选择，在计算机网络中，这 3 种方法都是很常见的。

19．D

CRC 通常用于计算机网络的数据链路层，适合对大量数据的数据校验。

20．A、C

当采用海明校验时，海明码为 P13～P1：0 1010 0101 1111（下画线的为校验位），其中 P1=P3⊕P5⊕P7⊕P9⊕P11=1，P2=P3⊕P6⊕P7⊕P10⊕P11=1，P4=P5⊕P6⊕P7⊕P12=1，P8=P9⊕P10⊕P11⊕P12=0，P13 位为全校验位，因为 P12～P1 中 1 的个数为偶数个，故 P13=0；采用 CRC 时，将信息位左移 4 位，进行模 2 除，得余数为 1010，故 CRC 码为 10101011 1010。

二、综合应用题

1．解答：

奇、偶校验码的校验位取值（0 或 1）后，将使整个校验码中"1"的个数分别为奇数或偶数，则

① 奇校验码：11001110，偶校验码：11001111。

② 奇校验码：10001100，偶校验码：10001101。

③ 奇校验码：10101101，偶校验码：10101100。

2. 解答：

1）CRC 码的纠错原理和方法。

在 CRC 码中，选择适当的生成多项式 $G(X)$，在计算机二进制信息 $M(X)$ 的长度确定时，余数与 CRC 码出错位的对应关系是不变的，因此可以用余数作为判断出错位置的依据而纠正错码。CRC 码的检错方法如下：

在接收数据时，将接收的 CRC 码与 $G(X)$ 相除，若余数为 0，则表明数据正确；若余数不为 0，说明数据有错。如果 $G(X)$ 选择得好，余数还可以判断出错位的位置，从而实现纠错。

2）求题中的 CRC 码。

CRC 码是用多项式 $M(x) \cdot x^R$ 除以生成多项式 $G(x)$ 所得的余数作为校验码。

其中，$M(x) = x^3 + x^2 = 1100$，

将 $M(x)$ 左移 3 位：$M(x) \cdot x^R = M(x) \cdot x^3 = x^6 + x^5 = 1100000$；

又 $G(x) = x^3 + x + 1 = 1011$，

则 $M(x) \cdot x^3 / G(x) = 1100000 / 1011 = 1110 + 010 / 1011$（模 2 除法）。

故（1100）的循环校验码为 $M(x) \cdot x^3 + R(x) = 1100000 + 010 = 1100010$（模 2 加）。

2.2 定点数的表示与运算

2.2.1 定点数的表示

1. 无符号数和有符号数的表示

在计算机中参与运算的机器数有两大类：无符号数和有符号数。

1）**无符号数**。指整个机器字长的全部二进制位均为数值位，没有符号位，相当于数的绝对值。若机器字长为 8 位，则数的表示范围为 $0 \sim 2^8 - 1$，即 $0 \sim 255$。

2）**有符号数**。在机器中，数的"正"、"负"号是无法识别的，有符号数用"0"表示"正"号，用"1"表示"负"号，从而将符号也数值化，并通常约定二进制的最高位为符号位，即将符号位放在有效数字的前面，组成有符号数。

有符号数的机器表示有原码、补码、反码和移码。为了能正确区别真值和各种机器数，约定用 X 表示真值，用 $[X]_原$ 表示原码，$[X]_补$ 表示补码，$[X]_反$ 表示反码，$[X]_移$ 表示移码。

2. 机器数的定点表示

根据小数点的位置是否固定，在计算机中有两种数据格式：定点表示和浮点表示。本节仅介绍定点表示，浮点表示请参阅 2.3 节。

定点表示即约定机器数中的小数点位置是固定不变的，小数点不再使用"."表示，而是约定它的位置。理论上，小数点位置固定在哪一位都可以，但在计算机中通常采用两种简单的约定：将小数点的位置固定在数据的最高位之前，或者是固定在最低位之后。一般常称前者为定点小数，后者为定点整数。

（1）定点小数

定点小数是纯小数，约定小数点位置在符号位之后、有效数值部分最高位之前。若数据 X 的形式为 $X = x_0.x_1 x_2 \cdots x_n$（其中 x_0 为**符号位**，$x_1 \sim x_n$ 是数值的有效部分，也称为**尾数**，x_1 为

最高有效位），则在计算机中的表示形式如图 2-5 所示（设机器字长 $n+1$ 位）。

当 $x_0=0$，$x_1 \sim x_n$ 均为 1 时，X 为其所能表示的最大正数，真值等于 $1-2^{-n}$；

当 $x_0=1$，$x_1 \sim x_n$ 均为 1 时，X 为其（原码）所能表示的最小负数，真值等于 $-(1-2^{-n})$。

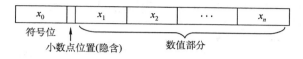

图 2-5　定点小数的格式

（2）定点整数

定点整数是纯整数，约定小数点位置在有效数值部分最低位之后。若数据 X 的形式为 $X=x_0x_1x_2\cdots x_n$（其中 x_0 为符号位，$x_1 \sim x_n$ 是尾数，x_n 为最低有效位），则在计算机中的表示形式如图 2-6 所示（设机器字长 $n+1$ 位）。

图 2-6　定点整数的格式

当 $x_0=0$，$x_1 \sim x_n$ 均为 1 时，X 为其所能表示的最大正数，真值等于 2^n-1；

当 $x_0=1$，$x_1 \sim x_n$ 均为 1 时，X 为其（原码）所能表示的最小负数，真值等于 $-(2^n-1)$。

3．原码、补码、反码、移码

（1）原码表示法

原码是一种比较简单、直观的机器数表示法，用机器数的最高位表示该数的符号，其余的各位表示数的绝对值。其定义如下。

- 纯小数的原码定义

$$[x]_{原} = \begin{cases} x & 1 > x \geq 0 \\ 1-x = 1+|x| & 0 \geq x > -1 \end{cases}$$ （$[x]_{原}$ 是原码机器数，x 是真值）

例如，$x_1=+0.1101$，$x_2=-0.1101$，字长为 8 位，则其原码表示为：

$[x_1]_{原}$=**0.1101000**，$[x_2]_{原}$=1-(-0.1101)=**1.1101000**，其中最高位是符号位。

更一般的，对于正小数 $x=+0.x_1x_2\cdots x_n$，有 $[x]_{原}=0.x_1x_2\cdots x_n$；对于负小数 $x=-0.x_1x_2\cdots x_n$，有 $[x]_{原}=1.x_1x_2\cdots x_n$。

若字长为 $n+1$，则原码小数的表示范围为 $-(1-2^{-n}) \leq x \leq 1-2^{-n}$（关于原点对称）。

- 纯整数的原码定义

$$[x]_{原} = \begin{cases} 0,x & 2^n > x \geq 0 \\ 2^n - x = 2^n+|x| & 0 \geq x > -2^n \end{cases}$$ （x 是真值，n 是整数位数）

例如，$x_1=+1110$，$x_2=-1110$，字长为 8 位，则其原码表示为：

$[x_1]_{原}$=**0,0001110**，$[x_2]_{原}$=2^7+1110=**1,0001110**，其中最高位是符号位。

若字长为 $n+1$，则原码整数的表示范围为 $-(2^n-1) \leq x \leq 2^n-1$（关于原点对称）。

注意：真值零的原码表示有正零和负零两种形式：$[+0]_{原}$=**00000**，$[-0]_{原}$=**10000**。

（2）补码表示法

原码表示法的加减法操作比较复杂，对于两个不同符号数的加法（或同符号数的减法），先要比较两个数的绝对值大小，然后绝对值大的数减去绝对值小的数，最后还要给结果选择合适的符号。而补码表示法中的加减法则统一采用加法操作实现。

- 纯小数的补码定义

$$[x]_{补} = \begin{cases} x & 1 > x \geqslant 0 \\ 2 + x = 2 - |x| & 0 > x \geqslant -1 \end{cases} \quad (\bmod 2)$$

例如，$x_1 = +0.1001$，$x_2 = -0.0110$，字长为 8 位，则其补码表示为：

$[x_1]_{补} = \mathbf{0.1001000}$，$[x_2]_{补} = 2 - 0.0110 = \mathbf{1.1010000}$。

更一般的，对于正数 $x = +0.x_1x_2 \cdots x_n$，有 $[x]_{补} = 0.x_1x_2 \cdots x_n$；对于负数 $x = -0.x_1x_2 \cdots x_n$，有 $[x]_{补} = 10.00 \cdots 0 - 0.x_1x_2 \cdots x_n (\bmod 2)$。

若字长为 $n+1$，则补码的表示范围为 $-1 \leqslant x \leqslant 1 - 2^{-n}$（比原码多表示 -1）。

- 纯整数的补码定义

$$[x]_{补} = \begin{cases} 0, x & 2^n > x \geqslant 0 \\ 2^{n+1} + x = 2^{n+1} - |x| & 0 \geqslant x \geqslant -2^n \end{cases} \quad (\bmod \ 2^{n+1})$$

例如，$x_1 = +1010$，$x_2 = -1101$，字长为 8 位，则其补码表示为：

$[x_1]_{补} = \mathbf{0,0001010}$，$[x_2]_{补} = 2^8 - 0,0001101 = \mathbf{1,1110011}$。

若字长为 $n+1$，则补码的表示范围为 $-2^n \leqslant x \leqslant 2^n - 1$（比原码多表示 -2^n）。

注意：真值零的补码表示是唯一的。即 $[+0]_{补} = [-0]_{补} = 0.0000$，由定义 $[-1]_{补} = 10.0000 - 1.0000 = 1.0000$，可见对于小数，补码比原码多表示一个 "$-1$"。类似的，对于整数，补码比原码多表示一个 "$-2^n$"。

- 由原码求补码、由补码求原码

对于正数，补码与原码的表示相同，$[x]_{补} = [x]_{原}$。

对于负数，原码符号位不变，数值部分按位取反，末位加 1（即所谓"取反加 1"），此规则同样适用于由 $[x]_{补}$ 求 $[x]_{原}$。

- 补码的算术移位

将 $[x]_{补}$ 的符号位与数值位一起右移一位并保持原符号位的值不变，可实现除法功能（除以 2）。

变形补码，又称模 4 补码，双符号位的补码小数，其定义为：

$$[x]_{补} = \begin{cases} x & 1 > x \geqslant 0 \\ 4 + x = 4 - |x| & 0 > x \geqslant -1 \end{cases} \quad (\bmod 4)$$

模 4 补码双符号位 00 表示正，11 表示负，被用在完成算术运算的 ALU 部件中。

（3）反码表示法

反码通常用来作为由原码求补码或者由补码求原码的中间过渡。

- 纯小数的反码定义

$$[x]_{反} = \begin{cases} x & 1 > x \geqslant 0 \\ (2 - 2^{-n}) + x & 0 \geqslant x > -1 \end{cases} \quad (\bmod \ 2 - 2^{-n})$$

例如，x_1=+0.0110，x_2=−0.0110，字长为 8 位，则其反码表示为：

$[x_1]_反$=**0**.0110000，$[x_2]_反$=1.1111111−0.0110000=**1**.1001111。

若字长为 n+1，则反码的表示范围为−(1−2^{-n})≤x≤1−2^{-n}（关于原点对称）。

注意：真值零的反码表示不唯一，负数的反码符号位为"1"，数值部分求反，$[+0]_反$=0.0000；$[−0]_反$=1.1111。

- 纯整数的反码定义

$$[x]_反=\begin{cases}0,x & 2^n>x\ge0 \\ (2^{n+1}-1)+x & 0\ge x>-2^n\end{cases}\quad(\bmod\ 2^{n+1}-1)$$

例如，x_1=+1011，x_2=−1011，字长为 8 位，则其反码表示为：

$[x_1]_反$=**0**,0001011，$[x_2]_反$=1,1111111−0,0001011=**1**,1110100。

若字长为 n+1，则反码的表示范围为−(2^n−1)≤x≤2^n−1（关于原点对称）。

对于真值、原码、补码、反码以及$[−x]_补$的转换规律如图 2-7 所示。

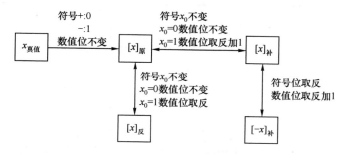

图 2-7　不同机器数之间的转换关系

（4）移码表示法

移码常用来表示浮点数的阶码。它只能表示整数。

移码就是在真值 X 上加上一个常数（偏置值），通常这个常数取 2^n，相当于 X 在数轴上向正方向偏移了若干单位，这就是"移码"一词的由来。移码定义为：

$$[x]_移=2^n+x\ （2^n>x\ge-2^n，其中机器字长为 n+1）$$

例如，当正数 x_1=+10101，x_2=−10101，字长为 8 位，则其移码表示为：

$$[x_1]_移=2^7+10101=1,0010101；[x_2]_移=2^7+(-10101)=0,1101011。$$

移码具有以下特点：

① 移码中零的表示唯一，$[+0]_移$=2^n+0=$[−0]_移$=2^n−0=**1**00…0（n 个 "0"）。

② 一个真值的移码和补码仅差一个符号位，$[x]_补$的符号位取反即得$[x]_移$（"1" 表示正，"0" 表示负，这与其他机器数的符号位取值正好相反），反之亦然。

③ 移码全 0 时，对应真值的最小值−2^n；移码全 1 时，对应真值的最大值 2^n−1。

④ 移码保持了数据原有的大小顺序，移码大真值就大，移码小真值就小。

2.2.2　定点数的运算

1. 定点数的移位运算

移位运算根据操作对象的不同分为算术移位和逻辑移位。对于有符号数的移位称为算术移位，逻辑移位的操作对象是逻辑代码，可以视为无符号数。

（1）算术移位

算术移位的对象是带符号数，在移位过程中符号位保持不变。

对于正数，由于$[x]_原=[x]_补=[x]_反=$真值，故移位后出现的空位均以 0 添之。对于负数，由于原码、补码、反码的表示形式不同，故当机器数移位时，对其空位的添补规则也不同。

注意：不论是正数还是负数，移位后其符号位均不变，且移位后都相当于对真值补 0，根据补码、反码的特性，所以在负数时填补代码有区别。

对于原码，左移一位若不产生溢出，相当于乘以 2（和十进制的左移一位相当于乘以 10 类似），右移一位，若不考虑因移出而舍去的末位尾数，相当于除以 2。

由表 2-1 可以得出如下结论。

表 2-1　不同机器数算术移位后的空位添补规则

	码　　制	添 补 代 码
正数	原码、补码、反码	0
负数	原码	0
	补码	左移添 0
		右移添 1
	反码	1

正数的原码、补码与反码都相同，故移位后出现的空位均以 0 添之。对于负数，由于原码、补码和反码的表示形式不同，故当机器数移位时，对其空位的添补规则也不同。

① 负数的原码数值部分与真值相同，故在移位时只要使符号位不变，其空位均添 0。

② 负数的反码各位除符号位外与负数的原码正好相反，故移位后所添的代码应与原码相反，即全部添 1。

③ 分析由原码得到补码的过程发现，当对其由低位向高位找到第一个"1"时，在此"1"左边的各位均与对应的反码相同，而在此"1"右边的各位（包括此"1"在内）均与对应的原码相同。故负数的补码左移时，因空位出现在低位，则添补的代码与原码相同，即添 0；右移时因空位出现在高位，则添补的代码应与反码相同，即添 1。

（2）逻辑移位

逻辑移位将操作数当做无符号数看待，移位规则：逻辑左移时，高位移丢，低位添 0；逻辑右移时，低位移丢，高位添 0。

注意：逻辑移位不管左移还是右移，都是添 0。

（3）循环移位

循环移位分为带进位标志位 CF 的循环移位（大循环）和不带进位标志位的循环移位（小循环），过程如图 2-8 所示。

循环移位的主要特点是移出的数位又被移入数据之中，而是否带进位则是看是否将进位标志位加入到循环位移中。例如，带进位位的循环左移（图 2-8d）就是数据位连同进位标志位一起左移，数据的最高位移入进位标志位 CF，而进位位则依次移入到数据的最低位。

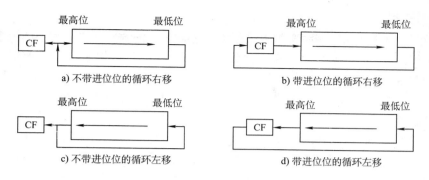

图 2-8　循环移位

循环移位操作特别适合将数据的低字节数据和高字节数据互换。

2．原码定点数的加/减法运算

设$[X]_原=x_s.x_1x_2\cdots x_n$和$[Y]_原=y_s.y_1y_2\cdots y_n$，在进行加减运算时规则如下。

加法规则：先判符号位，若相同，绝对值相加，结果符号位不变；若不同，则做减法，绝对值大的数减去绝对值小的数，结果符号位与绝对值大的数相同。

减法规则：两个原码表示的数相减，首先将减数符号取反，然后将被减数与符号取反后的减数按原码加法进行运算。

注意： 运算时注意机器字长，当左边位出现溢出时，将溢出位丢掉。

3．补码定点数加/减法运算

补码加减运算规则简单，易于实现，因此计算机系统中普遍采用补码加减运算。补码运算的特点如下（设机器字长为$n+1$）。

1）参与运算的两个操作数均用补码表示。

2）按二进制运算规则运算，逢二进一。

3）符号位与数值位按同样规则一起参与运算，符号位运算产生的进位要丢掉，结果的符号位由运算得出。

4）补码加减运算依据下面的公式进行。当参加运算的数是定点小数时，模$M=2$；当参加运算的数是定点整数时，模$M=2^{n+1}$。

$$[A+B]_补=[A]_补+[B]_补\qquad (\mathrm{mod}\ M)$$
$$[A-B]_补=[A]_补+[-B]_补\qquad (\mathrm{mod}\ M)$$

注意： mod M 运算是为了将溢出位丢掉。

即若做加法，则两数的补码直接相加；若做减法，则将被减数与减数的机器负数相加。

5）补码运算的结果亦为补码。

【例 2-6】 设机器字长为 8 位（含 1 位符号位），$A=15$，$B=24$，求$[A+B]_补$和$[A-B]_补$。
$A=+15=+0001111$，$B=+24=+0011000$。

则$[A]_补=00001111$，$[B]_补=00011000$。求得$[-B]_补=11101000$。

所以，$[A+B]_补=00001111+00011000=00100111$，其符号位为 0，对应真值为$+39$。

$[A-B]_补=[A]_补+[-B]_补=00001111+11101000=11110111$，其符号位为 1，对应真值为$-9$。

4．符号扩展

在计算机算术运算中，有时必须将采用给定位数表示的数转换成具有不同位数的某种表示形式。例如，某个程序需要将一个 8 位数与另外一个 32 位数相加，要想得到正确的结果，在将 8 位数与 32 位数相加之前，必须将 8 位数转换成 32 位数形式，这称为"符号扩展"。

正数的符号扩展非常简单，原有形式的符号位移动到新形式的符号位上，新表示形式的所有附加位都用 0 进行填充。

负数的符号扩展方法则根据机器数的不同而不同。原码表示负数的符号扩展方法与正数相同，只不过此时符号位为 1 而已。补码表示负数的符号扩展方法：原有形式的符号位移动到新形式的符号位上，新表示形式的所有附加位都用 1（对于整数）或 0（对于小数）进行填充。反码表示负数的符号扩展方法：原有形式的符号位移动到新形式的符号位上，新表示形式的所有附加位都用 1 进行填充。

5．溢出概念和判别方法

溢出是指运算结果超过了数的表示范围。通常，称大于机器所能表示的最大正数为上溢，小于机器所能表示的最小负数为下溢。定点小数的表示范围为 $|x|<1$，如图 2-9 所示。

仅当两个符号相同的数相加，或两个符号相异的数相减才可能产生溢出，如两个正数相

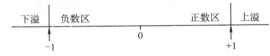

图 2-9　定点小数的表示范围

加，而结果的符号位却为 1（结果为负）；一个负数减去一个正数，结果的符号位却为 0（结果为正）。定点数加减运算出现溢出时，运算结果是错误的。

补码定点数加/减运算溢出判断的方法有 3 种。

（1）采用**一位符号位**

由于减法运算在机器中是用加法器实现的，因此无论是加法还是减法，只要参加操作的两个数符号相同，结果又与原操作数符号不同，则表示结果溢出。

设 A 的符号为 A_S，B 的符号为 B_S，运算结果的符号为 S_S，则溢出逻辑表达式为

$$V = A_S B_S \overline{S_S} + \overline{A_S} \, \overline{B_S} S_S$$

若 $V=0$，表示无溢出；若 $V=1$，表示有溢出。

（2）采用**双符号位**

双符号位法也称模 4 补码。运算结果的两个符号位相同，表示未溢出；运算结果的两个符号位 $S_{S1}S_{S2}$ 不同，表示溢出，此时最高位符号位代表真正的符号。

符号位 $S_{S1}S_{S2}$ 的各种情况如下。

① $S_{S1}S_{S2}=00$：表示结果为正数，无溢出；

② $S_{S1}S_{S2}=01$：表示结果正溢出；

③ $S_{S1}S_{S2}=10$：表示结果负溢出；

④ $S_{S1}S_{S2}=11$：表示结果为负数，无溢出。

则溢出逻辑判断表达式为 $V=S_{S1}\oplus S_{S2}$，若 $V=0$，表示无溢出；若 $V=1$，表示有溢出。

（3）采用**一位符号位**根据**数据位的进位情况**判断溢出

如果符号位的进位 C_S 与最高数位的进位 C_1 相同，则说明没有溢出，否则表示发生溢出。则溢出逻辑判断表达式为 $V=C_S\oplus C_1$，若 $V=0$，表示无溢出；$V=1$，表示有溢出。

6. 定点数的乘法运算

在计算机中，乘法运算由累加和右移操作实现。根据机器数的不同，可分为原码一位乘法和补码一位乘法。原码一位乘法的规则比补码一位乘法简单。

（1）原码一位乘法

原码一位乘法的特点是符号位与数值位是分开求的，乘积符号由两个数的符号位"异或"形成，而乘积的数值部分则是两个数的绝对值相乘之积。

设$[X]_原=x_s.x_1x_2\cdots x_n$，$[Y]_原=y_s.y_1y_2\cdots y_n$，则运算规则如下。

① 被乘数和乘数均取绝对值参加运算，符号位为 $x_s \oplus y_s$。

② 部分积的长度同被乘数，取 $n+1$ 位，以便存放乘法过程中绝对值大于或等于 1 的值，初值为 0。

③ 从乘数的最低位 y_n 开始判断：若 $y_n=1$，则部分积加上被乘数 $|x|$，然后右移一位；若 $y_n=0$，则部分积加上 0，然后右移一位。

④ 重复步骤③，判断 n 次。

由于乘积的数值部分是两数绝对值相乘的结果，故原码一位乘法运算过程中的右移操作均为**逻辑右移**。

注意：考虑到运算时可能出现绝对值大于 1 的情况（但此刻并不是溢出），所以部分积和被乘数取**双符号位**。

【例 2-7】 设机器字长为 5 位（含 1 位符号位，$n=4$），$x=-0.1101$，$y=0.1011$，采用原码一位乘法求 $x \cdot y$。

解答：$|x|=00.1101$，$|y|=00.1011$，原码一位乘法的求解过程如下。

```
        (高位部分积)              (低位部分积/乘数)      说明
            00.0000              1011 丢失位       起始情况
+|x|        00.1101                               C₄=1, 则+|x|
            00.1101
右移        00.0110    ----- 1101 1               右移部分积和乘数
+|x|        00.1101                               C₄=1, 则+|x|
            01.0011
右移        00.1001    ----- 1110 11              右移部分积和乘数
+0          00.0000                               C₄=0, 则+0
            00.1001
右移        00.0100    ----- 1111 011             右移部分积和乘数
+|x|        00.1101                               C₄=1, 则+|x|
            01.0001
右移        00.1000    ----- 1111 1011            右移部分积和乘数
                                                 乘数全部移出
        └─────────┘
        结果的绝对值部分
```

符号位 $P_s=x_s \oplus y_s=1 \oplus 0=1$，得 $x \cdot y=-0.10001111$。

（2）补码一位乘法（Booth 算法）

它是一种带符号数的乘法，采用相加和相减的操作，计算补码数据的乘积。

设$[X]_补=x_s.x_1x_2\cdots x_n$，$[Y]_补=y_s.y_1y_2\cdots y_n$，则运算规则如下。

① 符号位参与运算，运算的数均以补码表示。

② 被乘数一般取**双符号位**参与运算，部分积取双符号位，初值为 0，乘数可取单符号位。

③ 乘数末位增设附加位 y_{n+1}，且初值为 0。

④ 根据（y_n，y_{n+1}）的取值来确定操作，见表 2-2。

表 2-2　Booth 算法的移位规则

y_n（高位）	y_{n+1}（低位）	操　作
0	0	部分积右移一位
0	1	部分积加$[X]_{补}$，右移一位
1	0	部分积加$[-X]_{补}$，右移一位
1	1	部分积右移一位

⑤ 移位按**补码右移**规则进行。

⑥ 按照上述算法进行 $n+1$ 步操作，但第 $n+1$ 步不再移位（共进行 $n+1$ 次累加和 n 次右移），仅根据 y_n 与 y_{n+1} 的比较结果做相应的运算即可。

【**例 2-8**】 设机器字长为 5 位（含 1 位符号位，$n=4$），$x=-0.1101$，$y=0.1011$，采用 Booth 算法求 $x \cdot y$。

解答： $[x]_补=11.0011$，$[-x]_补=00.1101$，$[y]_补=0.1011$。Booth 算法的求解过程如下。

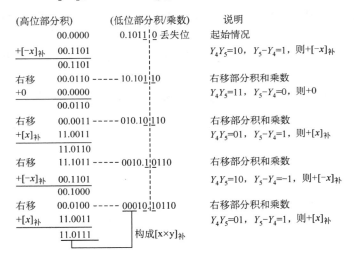

所以，$[x \cdot y]_补=1.01110001$，得 $x \cdot y=-0.10001111$。

（3）乘法运算总结见表 2-3。

表 2-3　乘法运算总结

乘法类型	符号位			累加次数	移位		
	参与运算	部分积	乘数		方向	次数	每位次数
原码一位乘法	否	2 位	0 位	n	右	n	1
补码 Booth 乘法	是	2 位	1 位	$n+1$	右	n	1

7. 定点数的除法运算

在计算机中，除法运算可转换成"累加—左移"（**逻辑左移**），根据机器数的不同，可分为原码除法和补码除法。

（1）原码除法运算（不恢复余数法）

原码除法主要采用原码不恢复余数法，也称为原码加减交替除法。特点是商符和商值是分开进行的，商符由两个操作数的符号位"异或"形成。求商值的规则如下。

设被除数$[X]_原=x_s.x_1x_2\cdots x_n$，除数$[Y]_原=y_s.y_1y_2\cdots y_n$，则

① 商的符号：$Q_s=x_s\oplus y_s$。

② 商的数值：$|Q|=|X|/|Y|$。

求$|Q|$的不恢复余数法运算规则如下。

① 符号位不参加运算。

② 先用被除数减去除数$(|X|-|Y|=|X|+(-|Y|)=|X|+[-|Y|]_补)$，当余数为正时，商上 1，余数和商左移一位，再减去除数；当余数为负时，商上 0，余数和商左移一位，再加上除数。

③ 当第 $n+1$ 步余数为负时，需加上$|Y|$得到第 $n+1$ 步正确的余数（余数与被除数同号）。

【例 2-9】 设机器字长为 5 位（含 1 位符号位，$n=4$），$x=0.1011$，$y=0.1101$，采用原码加减交替除法求 x/y。

解答：$|x|=0.1011$，$|y|=0.1101$，$[|y|]_补=0.1101$，$[-|y|]_补=1.0011$，原码不恢复余数除法的求解过程如下。

	被除数	商	说明
	0.1011	0.0000	起始情况
$+[-|y|]_补$	1.0011		$-|y|$即$+[-|y|]_补$
	1.1110	0.0000	部分余数为负,商上0
左移	1.1100 -------	0.0000	余数和商左移一位
$+[y]$	0.1101		$+|y|$
	0.1001	0.0001	部分余数为正,商上1
左移	1.0010 -------	0.0010	余数和商左移一位
$+[-|y|]_补$	1.0011		$-|y|$即$+[-|y|]_补$
	0.0101	0.0011	部分余数为正,商上1
左移	0.1010 -------	0.0110	余数和商左移一位
$+[-|y|]_补$	1.0011		$-|y|$即$+[-|y|]_补$
	1.1101	0.0110	部分余数为负,商上0
左移	1.1010 -------	0.1100	余数和商左移一位
$+[y]$	0.1101		$+|y|$
	0.0111	0.1101	部分余数为正,商上1
	↑	↑	
	余数	商	

故 $Q_s=x_s\oplus y_s=0\oplus0=0$，得 $x/y=+0.1101$ 余 0.0111×2^{-4}。

（2）补码除法运算（加减交替法）

补码一位除法的特点是符号位与数值位一起参加运算，商符自然形成。除法第一步根据被除数和除数的符号决定是做加法还是减法；上商的原则根据余数和除数的符号位共同决定，同号上商"1"，异号上商"0"；最后一步商恒置"1"。

加减交替法的规则如下。

① 符号位参加运算，除数与被除数均用补码表示，商和余数也用补码表示。

② 若被除数与除数同号，被除数减去除数；若被除数与除数异号，被除数加上除数。

③ 若余数与除数同号，商上 1，余数左移一位减去除数；若余数与除数异号，商上 0，余数左移一位加上除数。

④ 重复执行第③步操作 n 次。

⑤ 如果对商的精度没有特殊要求，一般采用"末位恒置1"法。

【例 2-10】 设机器字长为 5 位（含 1 位符号位，$n=4$），$x=0.1000$，$y=-0.1011$，采用补码加减交替法求 x/y。

解答： 采用两位符号表示，$[x]_原=00.1000$，则 $[x]_补=00.1000$。$[y]_原=11.1011$，则 $[y]_补=11.0101$，$[-y]_补=00.1011$。补码加减交替法的求解过程如下。

	被除数	商	说明
	00.1000	0.0000	起始情况
$+[y]_补$	11.0101		$[x]_补$、$[y]_补$异号，则$+[y]_补$
	11.1101	0.000**1**	部分余数与$[y]_补$同号，则商上1
左移	11.1010 -------- 0.00**1**0		左移一位
$+[-y]_补$	00.1011		$+[-y]_补$
	00.0101	0.001**0**	部分余数与$[y]_补$异号，则商上0
左移	00.1010 -------- 0.0**1**00		左移一位
$+[y]_补$	11.0101		$+[y]_补$
	11.1111	0.010**1**	部分余数与$[y]_补$同号，则商上1
左移	11.1110 -------- 0.**1**010		左移一位
$+[-y]_补$	00.1011		$+[-y]_补$
	00.1001	0.101**0**	部分余数与$[y]_补$异号，则商上0
左移	01.0010 -------- **1**.0100		左移一位
$+[y]_补$	11.0101		$+[y]_补$
	00.0111	1.010**1**	末位恒置1
	↑ 余数	↑ 商	

所以，得 $[x/y]_补=1.0101$，余 0.0111×2^{-4}。

（3）除法运算总结见表 2-4。

表 2-4　除法运算总结

乘 法 类 型	符号位参与运算	加减次数	移　位		说　　明
			方　向	次　数	
原码加减交替法	否	$N+1$ 或 $N+2$	左	N	若最终余数为负，需恢复余数
补码加减交替法	是	$N+1$	左	N	商末位恒置 1

2.2.3　本节习题精选

一、单项选择题

1.【2009 年计算机联考真题】

一个 C 语言程序在一台 32 位机器上运行。程序中定义了三个变量 x、y、z，其中 x 和 z 为 int 型，y 为 short 型。当 $x=127$、$y=-9$ 时，执行赋值语句 $z=x+y$ 后，x、y、z 的值分别是（　　）。

    A．x=0000007FH，y=FFF9H，z=00000076H

    B．x=0000007FH，y=FFF9H，z=FFFF0076H

    C．x=0000007FH，y=FFF7H，z=FFFF0076H

    D．x=0000007FH，y=FFF7H，z=00000076H

2．【2010 年计算机联考真题】

假定有 4 个整数用 8 位补码分别表示 r1=FEH、r2=F2H、r3=90H、r4=F8H，若将运算结果存放在一个 8 位寄存器中，则下列运算会发生溢出的是（　　）。

　　A．r1×r2　　　　　B．r2×r3　　　　　C．r1×r4　　　　　D．r2×r4

3．【2012 年计算机联考真题】

某计算机存储器按字节编址，采用小端方式存放数据。假定编译器规定 int 和 short 型长度分别为 32 位和 16 位，并且数据按边界对齐存储。某 C 语言程序段如下：

```
struct{
    int      a;
    char     b;
    short    c;
}record;
record.a=273;
```

若 record 变量的首地址为 0xC008，则地址 0xC008 中内容及 record.c 的地址分别为（　　）。

　　A．0x00、0xC00D　　B．0x00、0xC00E　　C．0x11、0xC00D　　D．0x11、0xC00E

4．【2012 年计算机联考真题】

假定编译器规定 int 和 short 类型长度分别为 32 位和 16 位，执行下列 C 语言语句

```
unsigned short x=65530;
unsigned int y=x;
```

得到 y 的机器数为（　　）。

　　A．0000 7FFAH　　　B．0000 FFFAH　　　C．FFFF 7FFAH　　　D．FFFF FFFAH

5．对真值 0 表示形式唯一的机器数是（　　）。

　　A．原码　　　　　　B．补码和移码　　　C．反码　　　　　　D．以上都不对

6．若$[X]_补$=0.1101010，则$[X]_原$=（　　）。

　　A．1.0010101　　　B．1.01110110　　　C．0.0010110　　　D．0.1101010

7．若$[X]_补$=1.1101010，则$[X]_原$=（　　）。

　　A．1.0010101　　　B．1.0010110　　　C．0.0010110　　　D．0.1101010

8．如果 X 为负数，由$[X]_补$求$[-X]_补$是将（　　）。

　　A．$[X]_补$各值保持不变

　　B．$[X]_补$符号位变反，其他各位不变

　　C．$[X]_补$除符号位外，各位变反，末位加 1

　　D．$[X]_补$连同符号位一起变反，末位加 1

9．8 位原码能表示的不同数据有（　　）。

　　A．15　　　　　　　B．16　　　　　　　C．255　　　　　　　D．256

10．定点小数反码$[X]_反=x_0.x_1\cdots x_n$表示的数值范围是（　　）。

　　A．$-1+2^{-n}<x\leqslant1-2^{-n}$　　　　　　B．$-1+2^{-n}\leqslant x<1-2^{-n}$

　　C．$-1+2^{-n}\leqslant x\leqslant1-2^{-n}$　　　　　　D．$-1+2^{-n}<x<1-2^{-n}$

11．一个 $n+1$ 位整数 x 原码的数值范围是（　　）。

　　A．$-2^n+1<x<2^n-1$　B．$-2^n+1\leqslant x<2^n-1$　C．$-2^n+1<x\leqslant2^n-1$　D．$-2^n+1\leqslant x\leqslant2^n-1$

12. 补码定点整数 0101 0101 左移两位后的值为（　　）。

    A. 0100 0111　　　　B. 0101 0100　　　　C. 0100 0110　　　　D. 0101 0101

13. 补码定点整数 1001 0101 右移 1 位后的值为（　　）。

    A. 0100 1010　　　　B. 01001010 1　　　　C. 1000 1010　　　　D. 1100 1010

14. 计算机内部的定点数大多用补码表示，以下是一些关于补码特点的叙述：

    Ⅰ. 零的表示是唯一的

    Ⅱ. 符号位可以和数值部分一起参加运算

    Ⅲ. 和其真值的对应关系简单、直观

    Ⅳ. 减法可用加法来实现

    在以上叙述中，（　　）是补码表示的特点。

    A. Ⅰ和Ⅱ　　　　B. Ⅰ和Ⅲ　　　　C. Ⅰ和Ⅱ和Ⅲ　　　　D. Ⅰ和Ⅱ和Ⅳ

15. n 位定点整数（有符号）表示的最大值是（　　）。

    A. 2^n　　　　B. 2^n-1　　　　C. 2^{n-1}　　　　D. $2^{n-1}-1$

16. 对于相同位数（设为 N 位，不考虑符号位）的二进制补码小数和十进制小数，二进制小数能表示的数的个数/十进制小数所能表示数的个数为（　　）。

    A. $(0.2)^N$　　　　B. $(0.2)^{N-1}$　　　　C. $(0.02)^N$　　　　D. $(0.02)^{N-1}$

17. 若定点整数 64 位，含一位符号位，采用补码表示，所能表示的绝对值最大负数为（　　）。

    A. -2^{64}　　　　B. $-(2^{64}-1)$　　　　C. -2^{63}　　　　D. $-(2^{63}-1)$

18. 5 位二进制定点小数，用补码表示时，最小负数是（　　）。

    A. 0.111　　　　B. 1.0001　　　　C. 1.111　　　　D. 1.0000

19. 下列关于补码和移码关系的叙述中，（　　）是不正确的。

    A. 相同位数的补码和移码表示具有相同的数据表示范围

    B. 零的补码和移码表示相同

    C. 同一个数的补码和移码表示，其数值部分相同，而符号相反

    D. 一般用移码表示浮点数的阶，而补码表示定点整数

20. 设$[x]_{补}=1.x_1x_2x_3x_4$，当满足（　　）时，$x<-1/2$ 成立。

    A. x_1 必须为 1，$x_2x_3x_4$ 至少有一个为 1

    B. x_1 必须为 1，$x_2x_3x_4$ 任意

    C. x_1 必须为 0，$x_2x_3x_4$ 至少有一个为 1

    D. x_1 必须为 0，$x_2x_3x_4$ 任意

21. 若$[x]_{补}=1, x_1x_2x_3x_4x_5x_6$，其中 x_i 取 0 或 1，若要 $x>-32$，应当满足（　　）。

    A. x_1 为 0，其他各位任意

    B. x_1 为 1，其他各位任意

    C. x_1 为 1，$x_2 \cdots x_6$ 中至少有一位为 1

    D. x_1 为 0，$x_2 \cdots x_6$ 中至少有一位为 1

22. 设 x 为整数，$[x]_{补}=1, x_1x_2x_3x_4x_5$，若要 $x<-16$，$x_1 \sim x_5$ 应满足的条件是（　　）。

    A. $x_1 \sim x_5$ 至少有一个为 1

    B. x_1 必须为 0，$x_2 \sim x_5$ 至少有一个为 1

    C. x_1 必须为 0，$x_2 \sim x_5$ 任意

    D. x_1 必须为 1，$x_2 \sim x_5$ 任意

23. 已知定点小数 X 的补码为 $1.x_1x_2x_3$，且 $X \leqslant -0.75$，则必有（　　　）。

    A. $x_1=1$，$x_2=0$，$x_3=1$ B. $x_1=1$

    C. $x_1=0$，且 x_2x_3 不全为 1   D. $x_1=0$，$x_2=0$，$x_3=0$

24. 一个 8 位寄存器内的数值为 11001010，进位标志寄存器 C 为 0，若将此 8 位寄存器循环左移（不带进位位）1 位，则该 8 位寄存器和标志寄存器内数值分别为（　　　）。

    A. 10010100　1   B. 10010101　0

    C. 10010101　1   D. 10010100　0

25. 设机器数字长 8 位（含 1 位符号位），若机器数 BAH 为原码，算术左移 1 位和算术右移 1 位分别得（　　　）。

    A. F4H, EDH   B. B4H, 6DH   C. F4H, 9DH   D. B5H, EDH

26. 若机器数 BAH 为补码，其余条件同 23 题，则有（　　　）

    A. F4H, DDH   B. B4H, 6DH   C. F4H, 9DH   D. B5H, EDH

27. 设 x 为真值，x^* 为其绝对值，满足 $[-x^*]_\text{补}=[-x]_\text{补}$，当且仅当（　　　）。

    A. x 任意   B. x 为正数   C. x 为负数   D. 以上说法都不对

28. 16 位补码 0x8FA0 扩展为 32 位应该是（　　　）。

    A. 0x0000 8FA0   B. 0xFFFF 8FA0

    C. 0xFFFF FFA0   D. 0x8000 8FA0

29. 在定点运算器中，无论采用双符号位还是单符号位，必须有（　　　）。

    A. 译码电路，它一般用"与非"门来实现

    B. 编码电路，它一般用"或非"门来实现

    C. 溢出判断电路，它一般用"异或"门来实现

    D. 移位电路，它一般用"与或非"门来实现

30. 下列说法中正确的是（　　　）。

    Ⅰ. 在计算机中，所表示的数有时会发生溢出，其根本原因是计算机的字长有限

    Ⅱ. 8421 码就是二进制数

    Ⅲ. 一个正数的补码和这个数的原码表示一样，而正数的反码是原码各位取反

    Ⅳ. 设有两个正的规格化浮点数：$N_1=2^m \times M_1$，$N_2=2^n \times M_2$，若 $m>n$，则有 $N_1>N_2$

    A. Ⅰ、Ⅱ   B. Ⅱ、Ⅲ   C. Ⅰ、Ⅲ、Ⅳ   D. Ⅰ、Ⅳ

31. 关于模 4 补码，下列说法正确的是（　　　）。

    A. 模 4 补码和模 2 补码不同，它更容易检查乘除运算中的溢出问题

    B. 每个模 4 补码存储时只需一个符号位

    C. 存储每个模 4 补码需要两个符号位

    D. 模 4 补码，在算术与逻辑部件中为一个符号位

32. 假定一个十进制数为 -66，按补码形式存放在一个 8 位寄存器中，该寄存器的内容用十六进制表示为（　　　）。

    A. C2H   B. BEH   C. BDH   D. 42H

33. 设机器数采用补码表示（含 1 位符号位），若寄存器内容为 9BH，则对应的十进制

数为（　　　）。

  A．-27   B．-97   C．-101   D．155

34．若寄存器内容为10000000，若它等于-0，则为（　　　）。

  A．原码   B．补码   C．反码   D．移码

35．若寄存器内容为11111111，若它等于+127，则为（　　　）。

  A．反码   B．补码   C．原码   D．移码

36．若寄存器内容为11111111，若它等于-1，则为（　　　）。

  A．原码   B．补码   C．反码   D．移码

37．若寄存器内容为00000000，若它等于-128，则为（　　　）。

  A．原码   B．补码   C．反码   D．移码

38．若二进制定点小数真值是-0.1101，机器表示为1.0010，则为（　　　）。

  A．原码   B．补码   C．反码   D．移码

39．下列为8位移码机器数$[x]_{移}$，当求$[-x]_{移}$时，（　　　）将会发生溢出。

  A．11111111 B．00000000 C．10000000 D．01111111

40．若采用双符号位，则两个正数相加产生溢出的特征时，双符号位为（　　　）。

  A．00   B．01   C．10   D．11

41．判断加减法溢出时，可采用判断进位的方式，如果符号位的进位为C_0，最高位的进位为C_1，产生溢出的条件是（　　　）。

  Ⅰ．C_0产生进位 Ⅱ．C_1产生进位

  Ⅲ．C_0、C_1都产生进位 Ⅳ．C_0、C_1都不产生进位

  Ⅴ．C_0产生进位，C_1不产生进位 Ⅵ．C_0不产生进位，C_1产生进位

  A．Ⅰ和Ⅱ B．Ⅲ   C．Ⅳ   D．Ⅴ和Ⅵ

42．在补码的加减法中，用两位符号位判断溢出，两位符号位$S_{S1}S_{S2}$=10时，表示（　　　）。

  A．结果为正数，无溢出   B．结果正溢出

  C．结果负溢出   D．结果为负数，无溢出

43．若$[X]_{补}=X_0.X_1X_2\cdots X_n$，其中$X_0$为符号位，$X_1$为最高数位。若（　　　），则当补码左移时，将会发生溢出。

  A．X_0=X$_1$ B．$X_0 \neq X_1$ C．X_1=0   D．X_1=1

44．原码乘法是（　　　）。

  A．先取操作数绝对值相乘，符号位单独处理

  B．用原码表示操作数，然后直接相乘

  C．被乘数用原码表示，乘数去绝对值，然后相乘

  D．乘数用原码表示，被乘数去绝对值，然后相乘

45．x、y为定点整数，其格式为1位符号位，n位数值位，若采用补码一位乘法实现乘法运算，则最多需要（　　　）次加法运算。

  A．n-1   B．n C．n+1   D．n+2

46．在原码一位乘法中，（　　　）。

  A．符号位参加运算

  B．符号位不参加运算

    C. 符号位参加运算，并根据运算结果改变结果中的符号位

    D. 符号位不参加运算，并根据运算结果确定结果中的符号

47. 原码乘法时，符号位单独处理乘积的方式是（   ）。

    A. 两个操作数符号相"与"   B. 两个操作数符号相"或"

    C. 两个操作数符号相"异或"   D. 两个操作数中绝对值较大数的符号

48. 实现 N 位（不包括符号位）补码一位乘时，乘积为（   ）位。

    A. N B. $N+1$ C. $2N$ D. $2N+1$

49. 在原码不恢复余数除法（又称原码加减交替法）的算法中，（   ）。

    A. 每步操作后，若不够减，则需恢复余数

    B. 若为负商，则恢复余数

    C. 整个算法过程中，从不恢复余数

    D. 仅当最后一步不够减时，才恢复一次余数

50. 下列关于补码除法说法正确的是（   ）。

    A. 补码不恢复除法中，够减商 0，不够减商 1

    B. 补码不恢复余数除法中，异号相除时，够减商 0，不够减商 1

    C. 补码不恢复除法中，够减商 1，不够减商 0

    D. 以上都不对

51. 在计算机中，通常用来表示主存地址的是（   ）。

    A. 移码   B. 补码   C. 原码   D. 无符号数

二、综合应用题

1. 已知 32 位寄存器 R1 中存放的变量 x 的机器码为 8000 0004H，请问：

1）当 x 是无符号整数时，x 的真值是多少？$x/2$ 的真值是多少？$x/2$ 存放在 R1 中的机器码是什么？$2x$ 的真值是多少？$2x$ 存放在 R1 中的机器码是什么？

2）当 x 是带符号整数（补码）时，x 的真值是多少？$x/2$ 的真值是多少？$x/2$ 存放在 R1 中的机器码是什么？$2x$ 的真值是多少？$2x$ 存放在 R1 中的机器码是什么？

2.【2011 年计算机联考真题】

假定在一个 8 位字长的计算机中运行如下 C 程序段：

```
unsigned int  x=134;
unsigned int  y=246;
int  m=x;
int  n=y;
unsigned int  z1=x-y;
unsigned int  z2=x+y;
int  k1=m-n;
int  k2=m+n;
```

若编译器编译时将 8 个 8 位寄存器 R1～R8 分别分配给变量 x、y、m、n、$z1$、$z2$、$k1$ 和 $k2$。请回答下列问题（提示：带符号整数用补码表示）。

1）执行上述程序段后，寄存器 R1、R5 和 R6 的内容分别是什么（用十六进制表示）？

2）执行上述程序段后，变量 m 和 $k1$ 的值分别是多少（用十进制表示）？

3）上述程序段涉及带符号整数加/减、无符号整数加/减运算，这四种运算能否利用同一

个加法器辅助电路实现？简述理由。

4）计算机内部如何判断带符号整数加/减运算的结果是否发生溢出？上述程序段中，哪些带符号整数运算语句的执行结果会发生溢出？

3．设$[X]_补$=0.1011、$[Y]_补$=1.1110，求$[X+Y]_补$和$[X-Y]_补$的值。

4．证明：在定点小数表示中，$[X]_补+[Y]_补=2+(X+Y)=[X+Y]_补$。

5．已知：$A=-1001$、$B=-0101$，求$[A+B]_补$。

6．设$x=+11/16$、$y=+3/16$，试用变形补码计算$x+y$。

7．假设有两个整数x和y，$x=-68$、$y=-80$，采用补码形式（含1位符号位）表示，x和y分别存放在寄存器A和B中。另外，还有两个寄存器C和D。A、B、C、D都是8位的寄存器。请回答下列问题（要求最终用十六进制表示二进制序列）：

1）寄存器A和B中的内容分别是什么？

2）x和y相加后的结果存放在寄存器C中，寄存器C中的内容是什么？

此时，溢出标志位OF是什么？符号标志位SF是什么？进位标志位CF是什么？

3）x和y相减后的结果存放在寄存器D中，寄存器D中的内容是什么？

此时，溢出标志位OF是什么？符号标志位SF是什么？进位标志位CF是什么？

2.2.4　答案与解析

一、单项选择题

1．D

结合题干及选项可知，int为32位，short为16位；又因C语言的数据在内存中为补码形式，故x、y的机器数写为0000007F、FFF7H。执行$z=x+y$时，由于x为int型，y为short型，故需将y的类型强制转换为int型，在机器中通过符号位扩展实现，由于y的符号位为1，故在y的前面添加16个1，即可将y强制转换为int型，其十六进制形式为FFFFFFF7H。然后执行加法，即0000007FH+FFFFFFF7H=00000076H，其中最高位的进位1自然丢弃。

注意：数据转换时应注意的问题有：

1）有符号数和无符号数之间的转换。例如，由signed型转化为等长unsigned型数据时，符号位成为数据的一部分，也就是说，负数转化为无符号数数值将发生变化。同理，由unsigned转化为signed时最高位作为符号位，也可能发生数值变化。

2）数据的截取与保留。当一个浮点数转化为整数时，浮点数的小数部分全部舍去，并按整数形式存储。但浮点数的整数部分不能超过整型数允许的最大范围。否则溢出。

3）数据转换中的精度丢失。四舍五入会丢失一些精度，截去小数也会丢失一些精度。此外，数据由long型转换为float或double型时，有可能在存储时不能准确地表示该长整数的有效数字，精度也会受到影响。

4）数据转换结果的不确定性。当较长的整数转换为较短的整数时，要将高位截去，例如，long型转换为short型，只将低16位送过去，这样就会产生很大的误差。浮点数降格时，如double型转换为float型，当数值超过了float型的表示范围时，所得到的结果将是不确定的。

对于此问题在常见问题与知识点的第2问中有另一角度的解析。

2. B

本题的真正意图是考查补码的表示范围，而不是补码的乘法运算。若采用补码乘法规则计算出 4 个选项，是费力不讨好的做法，而且极容易出错。8 位补码所能表示的整数范围为 $-128 \sim +127$。将 4 个数全部转换为十进制：$r1=-2$，$r2=-14$，$r3=-112$，$r4=-8$，得 $r2 \times r3=1568$，远超出了表示范围，发生溢出。

3. D

尽管 record 大小为 7 个字节（成员 a 有 4 个字节，成员 b 有 1 个字节，成员 c 有 2 个字节），由于数据按边界对齐方式存储，故 record 共占用 8 个字节。record.a 的十六进制表示为 0x00000111，由于采用小端方式存放数据，故地址 0xC008 中内容应为低字节 0x11；record.b 只占 1 个字节，后面的一个字节留空；record.c 占 2 个字节，故其地址为 0xC00E。

各字节的存储分配如下表所示。

地址	**0xC008**	**0xC009**	**0xC00A**	**0xC00B**
内容	record.a (0x11)	record.a (0x01)	record.a (0x00)	record.a (0x00)
地址	**0xC00C**	**0xC00D**	**0xC00E**	**0xC00F**
内容	record.b	–	record.c	record.c

4. B

将一个 16 位 unsigned short 转换成 32 位形式的 unsigned int，因为都是无符号数，新表示形式的高位用 0 填充。16 位无符号整数所能表示的最大值为 65535，其十六进制表示为 FFFFH，故 x 的十六进制表示为 FFFFH-5H=FFFAH，所以 y 的十六进制表示为 0000 FFFAH。

排除法：先直接排除 C、D，然后分析余下选项的特征。由于 A、B 的值相差几乎近 1 倍，可采用算出 0001 0000H（接近 B 且好算的数）的值，再推断出答案。

5. B

假设位数为 5 位（含 1 位符号位），$[+0]_原=00000$，$[-0]_原=10000$，$[+0]_反=00000$，$[-0]_反=11111$，$[+0]_补=[-0]_补=00000$，$[+0]_移=[-0]_移=10000$。可知，0 的补码和移码的表示是唯一的。

6. D

若 X 为正数，其原码、反码、补码相同。

7. B

若 X 为负数，则其补码转换成原码的规则是"符号位不变，数值位取反，末位加 1"，即，$[X]_原=0010101+1=0010110$。

8. D

不论 X 是正数还是负数，由 $[X]_补$ 求 $[-X]_补$ 的方法是连同符号位一起，每位取反，末位加 1。

9. C

8 个二进制位有 $2^8=256$ 种不同表示。原码中 0 有两种表示，故原码能表示的不同数据为 $2^8-1=255$。由于 0 在反码中也有两种表示，故如果题目改为反码答案也为 C。0 在补码与移码中只有一种表示，故题目如果改为补码或移码，则答案为 D。

10. C

$n+1$ 位小数反码的表示范围为 $-1+2^{-n} \leqslant x \leqslant 1-2^{-n}$。

11．D

$n+1$ 位整数原码的表示范围为 $-2^n+1 \leqslant x \leqslant 2^n-1$。

12．B

该数是一个正数（最高位为 0），按照算术补码移位规则，正数左右移位均添 0，且符号位不变，所以 0101 0101 左移 2 位后的值为 0101 0100。

13．D

该数是一个负数（最高位为 1），按照算术补码移位规则，负数右移添 1，负数左移添 0，所以 1001 0101 右移 1 位后的值为 1100 1010。

注意：算术移位过程中符号位不变，空位添补规则见表 2-1。

14．D

$[+0]_{补}[-0]_{补}$ 是相同的，所以Ⅰ正确。在进行补码定点数的加减运算时，符号作为数的一部分参加运算，所以Ⅱ正确，$[A]_{补}-[B]_{补}=[A]_{补}+[-B]_{补}$，即将减法采用加法实现，所以Ⅳ正确。实际上，补码和其真值的对应关系远不如原码和其真值的对应关系简单直观，所以Ⅲ错误。

15．D

n 位二进制有符号定点整数，数值位只有 n-1 位最高位为符号位，所以最大值为 $2^{n-1}-1$。

16．A

N 位的二进制小数可以表示的数的个数为 $1+2^0+2^1+\cdots+2^{N-1}=2^N$，而十进制小数能表示的数的个数为 10^N，二者的商为 $(0.2)^N$。这也是为何在计算机的运算中会出现误差情况的原因，这表明了仅仅有 $(0.2)^N$ 概率的十进制数可以精确地用二进制表示。

17．C

对于长度为 $n+1$（含一位符号位）定点整数 x，用补码表示时，$x_{绝对值最大负数}=-2^n$，这里 n=63。

18．D

5 位二进制定点小数，用补码表示时，最小负数表示为 1.0000。若真值为纯小数，它的补码形式为 $x_S.x_1x_2\cdots x_n$，其中 x_S 表示符号位。当 x_S=1，$x_1x_2\cdots x_n$ 均等于 0 时，X 为最小负数（绝对值最大的负数），其真值等于 -1。

19．B

以机器字长 5 位为例，$[0]_{补}$=00000，$[0]_{移}=2^4+0$=10000，$[0]_{补}\neq[0]_{移}$，表示不相同，但在补码或移码中的表示形式是唯一的。

20．D

$[x]_{补}$ 的符号位为 1，所以 x 是负数。$[-1/2]_{补}$ 为 1.1000，采用补码表示时，如果符号位相同，则数值位越大，码值越大。所以要使 $x<-1/2$ 成立，x_1 必须为 0，而 $x_2\sim x_4$ 任意。

另解：因为 $[-1]_{补}$ 为 1.0000，直接排除 A、B、C，只可能选 D。解答此类题时，应有意识地联想到几个特殊值的表示，以迅速得出答案、或检验答案的正确性。

21．C

$[x]_{补}$ 的符号位为 1，所以 x 一定是负数。绝对值越小，数值越大，所以，要满足 $x>-32$，则 x 的绝对值必须小于 32。因此，x_1 为 1，$x_2\cdots x_6$ 中至少有一位为 1，这样，各位取反末尾加 1 后，x_1 一定为 0，$x_2\cdots x_6$ 中至少有一位为 1，这使得 x 的绝对值保证小于 32。

解题技巧：当使用补码表示时，符号位相同，则数值位越大码值越大。

22．C

对补码进行按位取反末尾加 1 得到原码，那么−16 的原码为 1,10000，则小于−16 的原码中 $x_2 \sim x_5$ 至少有一个为 1，此时按位取反，末位加 1，有 x_1 必为 0，而 $x_2 \sim x_5$ 任意。

23．C

对于定点小数而言，当 $X \leqslant -0.75$，意味着 $-1 \leqslant X \leqslant -0.75$。

$X = (-0.75)_{10} = (-0.110)_2$，其补码表示为 1.010。

写出相应定点小数的补码表示形式：

$(1.000)_2 = (-1)_{10}$

$(1.001)_2 = (-0.875)_{10}$

$(1.010)_2 = (-0.75)_{10}$

发现规律：$x_1 = 0$，且 $x_2 x_3$ 不全为 1。

24．C

不带进位位的循环左移将最高位进入最低位和标志寄存器 C 位。

25．C

原码左、右移均补 0，且符号位不变（注意与补码移位的区别）。BAH=(1011 10 10)$_2$，算术左移 1 位得(1111 0100)$_2$=F4H，算术右移 1 位得(1001 1101)$_2$=9DH。

26．A

补码负数移位时，左移补 0，右移补 1。也即在负数情况下，左移和原码相同，右移和反码相同。算术左移 1 位得(1111 0100)$_2$=F4H，算术右移 1 位得(1101 1101)$_2$=DDH。

27．D

当 x 为 0 或者是正数时，满足 $[-x^*]_{补}=[-x]_{补}$，B 为充分条件，故 B 错误。而 x 为负数时，$-x$ 为正数，而 $-x^*$ 为负数，而补码的表示是唯一的，显然二者不等，故 C 错误。

28．B

16 位扩展为 32 位，符号位不变，附加位是符号位的扩展。这个数是一个负数，需用 1 来填补附加位。A 是一个正数，C 的数值位发生变化，D 用 0 来填充附加位，均不正确。

29．C

三种溢出判别方法，均须有溢出判别电路，可用"异或"门来实现。

30．D

Ⅰ 正确；8421 码是十进制数的编码，Ⅱ 错误；正数的原码、反码和补码都相同，Ⅲ 错误；因为是规格化正浮点数，所以 M_1、M_2 均为 0.1xx 形式，有 N_1 阶码至少比 N_2 大 1，所以 $N_1 > N_2$，Ⅳ 正确。

31．B

模 4 补码具有模 2 补码的全部优点且更易检查加减运算中的溢出问题，A 错误。需要注意的是，存储模 4 补码仅需一个符号位，因为任何一个正确的数值，模 4 补码的两个符号位总是相同的，B 正确。只在把两个模 4 补码的数送往 ALU 完成加减运算时，才把每个数的符号位的值同时送到 ALU 的双符号位中，即只在 ALU 中采用双符号位，C、D 错误。

32．B

$x = -66$ 用二进制表示，$[x]_{原} = 11000010$，则有 $[x]_{补} = 10111110 = BEH$。

33．C

9BH=(1001 1011)$_2$，最高位的 1 表示负数，故其真值=(11100101)$_2$=-(64+32+4+1)=-101。

34．A

其值等于-0，说明只能是原码或反码（因为补码和移码表示零时是唯一的）[-0]$_原$=10000000，[-0]$_反$=11111111。

35．D

这里寄存器长度为 8，[+127]$_原$=[+127]$_反$=[+127]$_补$=01111111，又知同一数值的移码和补码除最高位相反外，其他各位相同，则[+127]$_移$=11111111。或者，[+127]$_移$=2^7+01111111=11111111。

36．B

这里寄存器长度为 8，[-1]$_补$=[10000001]$_补$=11111111。

37．D

这里寄存器长度为 8，[-128]$_移$=2^7+(-10000000)=00000000。

38．C

真值-0.1101，对应的原码表示为 1.1101，补码表示为 1.0011，反码表示为 1.0010，移码通常用于表示阶码，不用来表示定点小数。

39．B

选项 B 对应 8 位最小的值-128，而-x=128 发生溢出，故无法表示其移码。

40．B

采用双符号位时,第一符号位表示最终结果的符号,第二符号位表示运算结果是否溢出。若第二位和第一位符号相同，则未溢出；不同，则溢出。若发生正溢出，则双符号位为 01，若发生负溢出，则双符号位为 10。

41．D

采用进位位来判断溢出时，当最高有效位进位和符号位进位的值不相同时才产生溢出。两正数相加，当最高有效位产生进位（C_1=1）而符号位不产生进位（C_0=0）时，发生正溢出；两负数相加，当最高有效位不产生进位（C_1=0）而符号位产生进位（C_0=1）时产生负溢出。

故溢出条件：溢出=$\overline{C_0}C_1 + C_0\overline{C_1}$=$C_0 \oplus C_1$。

42．C

用两位符号位判断溢出时，当两个符号位不同时表示溢出，01 时表示正溢出；10 时表示负溢出；当两个符号位相同时（11 或 00）表示没有溢出。

43．B

溢出判别法有两种适用于此种情况：一是加一个符号位变为双符号位，然后左移，如果两符号位不同则溢出，故而 $X_0 \neq X_1$ 时溢出；二是数值位最高位进位和符号位进位不同则溢出，同样可知 $X_0 \neq X_1$ 时溢出。

44．A

原码一位乘法中，符号位与数值位是分开进行运算的。运算结果的数值部分是乘数与被乘数数值位的乘积，符号是乘数与被乘数符号位的异或。

45．C

补码一位乘法中，最多需要 n 次移位，n+1 次加法运算。原码乘法移位和加法运算最多均为 n 次。

46．B

在原码一位乘法中，符号位不参加运算，符号位单独处理，同号为正，异号为负。

47．C

原码的符号位为 1 表示负数，为 0 表示正数。原码乘法时，符号位单独处理，乘积的符号是两个操作数符号相"异或"，同号为正，异号为负。

注意： 凡是原码运算，不论加减乘除，符号位都单独处理，其中乘除运算的结果符号由参加运算的两个操作数符号相"异或"得到。

48．D

补码一位乘法运算过程中一共向右移位 N 次，加上原先的 N 位，一共是 $2N$ 位数值位，因乘积结果需加上符号位，故共 $2N+1$ 位。

49．D

原码不恢复余数除法即加减交替法，只在最终余数为负时，才需要恢复余数。

50．B

补码除法（不恢复余数法/加减交替法），异号相除是看够不够减，然后上商，够减则商 0，不够减商 1。详见唐朔飞《计算机组成原理》教材。

51．D

主存地址都是正数，因此不需要符号位，故直接采用无符号数表示。

二、综合应用题

1．解答

1）对于无符号整数，所有二进制位均为数值位。x 的真值为 $2^{31}+2^2$。乘 2 和除 2，相当于无符号数的左移和右移运算。$x/2$ 的真值为 $2^{30}+2$，存放在 R1 中的机器码是 8000 0002H。$2x$ 的真值为 $2^{32}+2^3$，发生溢出，存放在 R1 中的机器码是 00000 0008H。

2）对于带符号数（补码），最高位为符号位。8000 0004H 对应二进制数的最高位为 1，为负数，真值为−0111 1111 1111 1111 1111 1111 1111 1100，即十进制的−$(2^{31}-2^2)$。乘 2 和除 2，相当于补码的左移和右移运算。$x/2$ 的真值为−$(2^{30}-2)$，存放在 R1 中的机器码是 C000 0002H。$2x$ 的真值为−$(2^{31}-2^3)$，发生溢出，存放在 R1 中的机器码是 8000 0008H。

2．解答：

1）134=128+6=1000 0110B，所以 x 的机器数为 1000 0110B，故 R1 的内容为 86H。246=255−9=1111 0110B，所以 y 的机器数为 1111 0110B，$x-y$=1000 0110+0000 1010=(0)1001 0000，括弧中为加法器的进位，故 R5 的内容为 90H。$x+y$=1000 0110+1111 0110=(1)0111 1100，括弧中为加法器的进位，故 R6 的内容为 7CH。

2）m 的机器数与 x 的机器数相同，皆为 86H=1000 0110B，解释为带符号整数 m（用补码表示）时，其值为−111 1010B=−122。$m-n$ 的机器数与 $x-y$ 的机器数相同，皆为 90H=1001 0000B，解释为带符号整数 $k1$（用补码表示）时，其值为−111 0000B=−112。

3）能。n 位加法器实现的是模 2^n 无符号整数加法运算。对于无符号整数 a 和 b，$a+b$ 可以直接用加法器实现，而 $a-b$ 可用 a 加 b 的补数实现，即 $a-b=a+[-b]_补$（mod 2^n），所以 n 位无符号整数加/减运算都可在 n 位加法器中实现。

由于带符号整数用补码表示，补码加/减运算公式为：$[a+b]_补=[a]_补+[b]_补$（mod 2^n），$[a-b]_补=[a]_补+[-b]_补$（mod 2^n），所以 n 位带符号整数加/减运算都可在 n 位加法器中实现。

4）带符号整数加/减运算的溢出判断规则为：若加法器的两个输入端（加法）的符号相同，且不同于输出端（和）的符号，则结果溢出，或加法器完成加法操作时，若次高位（最高数位）的进位和最高位（符号位）的进位不同，则结果溢出。

最后一条语句执行时会发生溢出。因为 1000 0110+1111 0110=(1)0111 1100，括弧中为加法器的进位，根据上述溢出判断规则，可知结果溢出。或：因为 2 个带符号整数均为负数，它们相加之后，结果小于 8 位二进制所能表示的最小负数。

3．解答：

$[X+Y]_{补}$=0.1011＋1.1110=0.1001，$[X-Y]_{补}$=0.1011＋0.0010=0.1101。

4．解答：

提示：采用定点小数表示，条件为：$|X|<1$，$|Y|<1$，$|X+Y|<1$，所以分 4 种情况证明。

1）$X>0$，$Y>0$，$X+Y>0$。

因为 X、Y 都是正数，而正数的补码和原码是一样的，所以得

$$[X]_{补}+[Y]_{补}=X+Y=[X+Y]_{补}(mod\ 2)$$

2）$X>0$，$Y<0$，则 $X+Y>0$ 或 $X+Y<0$。

一正数和一负数相加，结果有正、负两种可能。根据补码定义得

$$[X]_{补}=X，[Y]_{补}=2+Y$$

即

$$[X]_{补}+[Y]_{补}=X+2+Y=2+(X+Y)$$

当 $X+Y>0$，$2+(X+Y)>2$，进位 2 必丢失。又因$(X+Y)>0$，故

$$[X]_{补}+[Y]_{补}=X+Y=[X+Y]_{补}(mod\ 2)$$

当 $X+Y<0$，$2+(X+Y)<2$，又因 $X+Y<0$，故

$$[X]_{补}+[Y]_{补}=2+(X+Y)=[X+Y]_{补}(mod\ 2)$$

3）$X<0$，$Y>0$，则 $X+Y>0$ 或 $X+Y<0$。

同 2），把 X 和 Y 的位置对调即可。

4）$X<0$，$Y<0$，则 $X+Y<0$。

两负数相加，则其和也一定是负数。

因为$[X]_{补}=2+X$，$[Y]_{补}=2+Y$

即$[X]_{补}+[Y]_{补}=2+X+2+Y=2+(2+X+Y)$

又$|X+Y|<1$，$1<(2+X+Y)<2$，$2+(2+X+Y)$进位 2 必丢失，而 $X+Y<0$

故$[X]_{补}+[Y]_{补}=2+(X+Y)=[X+Y]_{补}(mod\ 2)$

结论：在模 2 意义下，任意两数的补码之和等于两数之和的补码。其结论也适用于定点整数。

5．解答：

因为 $A=-1001$，$B=-0101$

所以$[A]_{补}$=1,0111，$[B]_{补}$=1,1011

则$[A]_{补}+[B]_{补}$=1,0111

$$\frac{+1,1011}{\boxed{1}\ 1,0010}=[A+B]_{补}$$

丢掉

按模 2^{4+1} 的意义，最左边的 1 丢掉。

6．解答：

因为 $x=+\dfrac{11}{16}=0.1011$，$y=+\dfrac{3}{16}=0.0011$

所以 $[x]_{补}=00.1011$，$[y]_{补}=00.0011$

$$
\begin{array}{r}
[x]_{补}+[y]_{补}=00.1011 \\
+\ 00.0011 \\
\hline
00.1110
\end{array}
$$

得 $[x+y]_{补}=00.1110$，由于正数的原码、补码相同，故 $x+y=0.1110$。

7．解答：

1）因为 $x=-68=-(100\ 0100)_2$，则 $[-68]_{补}=1011\ 1100=BCH$；因 $y=-80=-(101\ 0000)_2$，则 $[-80]_{补}=1011\ 0000=B0H$，所以寄存器 A 和 B 中的内容分别是 BCH、B0H。

2）$[x+y]_{补}=[x]_{补}+[y]_{补}=1011\ 1100+1011\ 0000=1\ 0110\ 1100=6CH$，所以寄存器 C 中的内容是 6CH，其真值为 108。此时，溢出标志位 OF 为 1，表示溢出，即说明寄存器 C 中的内容不是真正的结果；符号标志位 SF 为 0，表示结果为正数（溢出标志为 1，说明符号标志有错）；进位标志位 CF 为 1，仅表示加法器最高位有进位，对运算结果不说明什么。

3）$[x-y]_{补}=[x]_{补}+[-y]_{补}=1011\ 1100+0101\ 0000=1\ 0000\ 1100=0CH$，最高位前面的一位被丢弃（取模运算），结果为 12，所以寄存器 D 中的内容是 0CH，其真值为 12。此时，溢出标志位 OF 为 0，表示不溢出，即：寄存器 D 中的内容是真正的结果；符号标志位 SF 为 0，表示结果为正数；进位标志位 CF 为 1，仅表示加法器最高位有进位，对运算结果不说明什么。

注：产生进位不一定代表溢出。

2.3　浮点数的表示与运算

2.3.1　浮点数的表示

浮点数表示法是以适当的形式将比例因子表示在数据中，让小数点的位置根据需要而浮动。这样，在位数有限的情况下，既扩大了数的表示范围，又保持了数的有效精度。例如，用定点数表示电子的质量 9×10^{-28}g 或太阳的质量 2×10^{33}g 是非常不方便的。

1．浮点数的表示格式

通常，浮点数被表示为

$$N=r^E\times M$$

式中，r 是浮点数阶码的底（隐含），与尾数的基数相同，通常 $r=2$。E 和 M 都是带符号的定点数，E 称为阶码，M 称为尾数。可见浮点数由阶码和尾数两部分组成，如图 2-10 所示。

图 2-10　浮点数的一般格式

阶码是整数，阶符 J_f 和阶码的位数 m 合起来反映浮点数的表示范围及小数点的实际位置；数符 S_f 代表浮点数的符号；尾数的位数 n 反映浮点数的精度。

2．规格化浮点数

为了提高运算的精度，需要充分地利用尾数的有效数位，通常采取浮点数规格化形式，即规定尾数的最高数位必须是一个有效值。非规格化浮点数需要进行规格化操作才能变成规格化浮点数。所谓规格化操作就是通过调整一个非规格化浮点数的尾数和阶码的大小，使非零的浮点数在尾数的最高数位上保证是一个有效值。

左规：当浮点数运算的结果为非规格化时要进行规格化处理，将尾数左移一位，阶码减 1（基数为 2 时）的方法称为左规。

右规：当浮点数运算的结果尾数出现溢出（双符号位为 01 或 10）时，将尾数右移一位，阶码加 1（基数为 2 时），这种方法称为右规。

规格化浮点数的尾数 M 的绝对值应满足：$1/r \leqslant |M| \leqslant 1$。

如果 $r=2$，则有 $1/2 \leqslant |M| \leqslant 1$。规格化表示的尾数形式如下。

1）原码规格化后。

正数为 $0.1\times\times\cdots\times$ 的形式，其最大值表示为 $0.11\cdots1$；最小值表示为 $0.100\cdots0$。

尾数的表示范围为 $1/2 \leqslant M \leqslant (1-2^{-n})$。

负数为 $1.1\times\times\cdots\times$ 的形式，其最大值表示为 $1.10\cdots0$；最小值表示为 $1.11\cdots1$。

尾数的表示范围为 $-(1-2^{-n}) \leqslant M \leqslant -1/2$。

2）补码规格化后。

正数为 $0.1\times\times\cdots\times$ 的形式，其最大值表示为 $0.11\cdots1$；最小值表示为 $0.100\cdots0$。

尾数的表示范围为 $1/2 \leqslant M \leqslant (1-2^{-n})$。

负数为 $1.0\times\times\cdots\times$ 的形式，其最大值表示为 $1.01\cdots1$；最小值表示为 $1.00\cdots0$。

尾数的表示范围为 $-1 \leqslant M \leqslant -(1/2+2^{-n})$。

注意：这里补码规格化尾数的最大负数的是 $1.01\cdots1$ 的形式，而不是原码形如 $1.10\cdots0$ 的形式，是因为 $1.10\cdots0$ 不是补码规格化数，所以规格化尾数的最大负数是 $-(0.10\cdots0+0.0\cdots01)=-0.10\cdots01$，而 $(-0.10\cdots01)_补=1.01\cdots1$。

当浮点数尾数的基数为 2 时，原码规格化数的尾数最高位一定是 1，补码规格化数的尾数最高位一定与尾数符号位相反。基数不同，浮点数的规格化形式也不同。当基数为 4 时，原码规格化形式的尾数最高两位不全为 0；当基数为 8 时，原码规格化形式的尾数最高 3 位不全为 0。

3．浮点数的表示范围（了解，2012 大纲已删除）

如图 2-11 所示，当运算结果大于最大正数称为正上溢，小于绝对值最大负数称为负上溢，正上溢和负上溢统称为上溢。数据一旦产生上溢，计算机必须中断运算操作，进行溢出处理。当运算结果在 0 至最小正数之间称为正下溢，在 0 至绝对值最小负数之间称为负下溢，正下溢和负下溢统称为下溢。数据下溢时，浮点数值趋于零，计算机仅将其当做机器零处理。

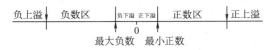

图 2-11 浮点数的溢出示意图

4. IEEE 754 标准

按照 IEEE 754 标准，常用的浮点数的格式如图 2-12 所示。

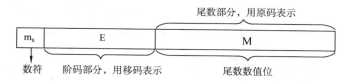

图 2-12　IEEE 754 标准浮点数的格式

IEEE 754 标准规定常用的浮点数格式有短浮点数（单精度、float 型）、长浮点数（双精度、double 型）、临时浮点数，见表 2-5。

表 2-5　IEEE 754 浮点数的格式

类　　型	数　　符	阶　　码	尾数数值	总　位　数	偏　置　值	
					十 六 进 制	十 进 制
短浮点数	1	8	23	32	7FH	127
长浮点数	1	11	52	64	3FFH	1023
临时浮点数	1	15	64	80	3FFFH	16383

IEEE 754 标准的浮点数（除临时浮点数外），是尾数用采取隐藏位策略的原码表示，且阶码用移码表示的浮点数。

以短浮点数为例，最高位为数符位；其后是 8 位阶码，以 2 为底，用移码表示，阶码的偏置值为 $2^{8-1}-1=127$；其后 23 位是原码表示的尾数数值位。对于规格化的二进制浮点数，数值的最高位总是 "1"，为了能使尾数多表示一位有效位，将这个 "1" 隐含，因此尾数数值实际上是 24 位。隐含的 "1" 是一位整数。在浮点格式中表示出来的 23 位尾数是纯小数。例如，$(12)_{10}=(1100)_2$，将它规格化后结果为 1.1×2^3，其中整数部分的 "1" 将不存储在 23 位尾数内。

注意：短浮点数与长浮点数都采用隐含尾数最高数位的方法，故可多表示一位尾数。临时浮点数又称为扩展精度浮点数，无隐含位。

阶码是以移码形式存储的。对于短浮点数，偏置值为 127；长浮点数，偏置值为 1023。存储浮点数阶码部分之前，偏置值要先加到阶码真值上。上述例子中，阶码值为 3，故在短浮点数中，移码表示的阶码为 127+3=130（82H）；长浮点数中，为 1023+3=1026（402H）。

IEEE 754 标准中，规格化的短浮点数的真值为：

$$(-1)^s \times 1.M \times 2^{E-127}$$

规格化长浮点数的真值为：

$$(-1)^s \times 1.M \times 2^{E-1023}$$

其中，$s=0$ 表示正数，$s=1$ 表示负数；短浮点数 E 的取值为 1～254（8 位表示），M 为 23 位，共 32 位；长浮点数 E 的取值为 1～2046（11 位表示），M 为 52 位，共 64 位。

IEEE 754 标准浮点数的范围见表 2-6[①]。

---

① 偏置值为 127（而不是 128）是空出 8 位全 1 来表示无穷大（如果偏置值选 128，则不能区分无穷大）。此外，阶码值 E 范围为 1～254，空出全 0 表示非规格化数。

表2-6　IEEE 754 浮点数的范围

格　式	最　小　值	最　大　值
单精度	$E=1$，$M=0$ $1.0\times2^{1-127}=2^{-126}$	$E=254$，$M=.111\cdots$，$1.111\cdots1\times2^{254-127}=2^{127}\times(2-2^{-23})$
双精度	$E=1$，$M=0$ $1.0\times2^{1-1023}=2^{-1022}$	$E=2046$，$M=.1111\cdots$，$1.111\cdots1\times2^{2046-1023}=2^{1023}\times(2-2^{-52})$

5．定点、浮点表示的区别

（1）数值的表示范围

若定点数和浮点数的字长相同，浮点表示法所能表示的数值范围将远远大于定点表示法。

（2）精度

所谓精度是指一个数所含有效数值位的位数。对于字长相同的定点数和浮点数来说，浮点数虽然扩大了数的表示范围，但精度降低了。

（3）数的运算

浮点数包括阶码和尾数两部分，运算时不仅要做尾数的运算，还要做阶码的运算，而且运算结果要求规格化，所以浮点运算比定点运算复杂。

（4）溢出问题

在定点运算中，当运算结果超出数的表示范围时，就发生溢出；浮点运算中，运算结果超出尾数表示范围却不一定溢出，只有规格化后阶码超出所能表示的范围时，才发生溢出。

2.3.2　浮点数的加减运算

浮点数运算的特点是阶码运算和尾数运算分开进行。浮点数的加/减运算一律采用补码。浮点数加/减运算分为以下几步。

1．对阶

对阶的目的是使两个操作数的小数点位置对齐，即使得两个数的阶码相等。为此，先求阶差，然后以小阶向大阶看齐的原则，将阶码小的尾数右移一位（基数为2），阶加1，直到两个数的阶码相等为止。尾数右移时，舍弃掉有效位会产生误差，影响精度。

2．尾数求和

将对阶后的尾数按定点数加（减）运算规则运算。

3．规格化

以双符号位为例，当尾数大于 0 时，其补码规格化形式为

$$[S]_{补}=00.1\times\times\cdots\times$$

当尾数小于 0 时，其补码规格化形式为

$$[S]_{补}=11.0\times\times\cdots\times$$

可见，当尾数的最高数值位与符号位不同时，即为规格化形式。规格化分为左规与右规两种。

1）**左规**：当尾数出现 $00.0\times\times\cdots\times$ 或 $11.1\times\times\cdots\times$ 时，需左规，即尾数左移 1 位，和的阶

码减 1，直到尾数为 00.1××…×或 11.0××…×。

2）**右规**：当尾数求和结果溢出（如尾数为 10.××…×或 01.××…×）时，需右规，即尾数右移一位，和的阶码加 1。

注意：1）对于左规和右规，不应死记。考查尾数的大小，左规一次相当于乘 2，右规一次相当于除 2；2）$[-1/2]_\text{补}$=1.1000 不是规格化数，需左规一次，$[-1]_\text{补}$=1.0000 才是规格化数。

4．舍入

在对阶和右规的过程中，可能会将尾数低位丢失，引起误差，影响精度，常见的舍入方法有："0"舍"1"入法和恒置"1"法。

"0"舍"1"入法：类似于十进制数运算中的"四舍五入"法，即在尾数右移时，被移去的最高数值位为 0，则舍去；被移去的最高数值位为 1，则在尾数的末位加 1。这样做可能会使尾数又溢出，此时需再做一次右规。

恒置"1"法：尾数右移时，不论丢掉的最高数值位是"1"还是"0"，都使右移后的尾数末位恒置"1"。这种方法同样有使尾数变大和变小的两种可能。

5．溢出判断

与定点数加减法一样，浮点数加减运算最后一步也需判断溢出。

在浮点数规格化中已指出，当尾数之和（差）出现 01.××…×或 10.××…×时，并不表示溢出，只有将此数右规后，再根据阶码来判断浮点数运算结果是否溢出。

浮点数的溢出与否是由阶码的符号决定的。以双符号位补码为例，当阶码的符号位出现"01"时，即阶码大于最大阶码，表示上溢，进入中断处理；当阶码的符号位出现"10"时，即阶码小于最小阶码，表示下溢，按机器零处理。实际上原理还是阶码符号位不同表示溢出，且真实符号位和高位符号位一致。

2.3.3　本节习题精选

一、单项选择题

1．在 C 语言中，不同类型的数据混合运算中，要先转换成同一类型后进行运算。设一表达式中包含有 int、long、char 和 double 类型的变量和数据，则表达式最后的运算结果是（　　），这 4 种类型数据的转换规律是（　　）。

　　A．long，int－char－double－long

　　B．long，char－int－long－double

　　C．double，char－int－long－double

　　D．double，char－int－double－long

2．【2009 年计算机联考真题】

浮点数加、减运算过程一般包括对阶、尾数运算、规格化、舍入和判溢出等步骤。设浮点数的阶码和尾数均采用补码表示，且位数分别为 5 位和 7 位（均含 2 位符号位）。若有两个数 $X=2^7\times29/32$，$Y=2^5\times5/8$，则用浮点加法计算 $X+Y$ 的最终结果是（　　）。

　　A．00111 1100010　　　　　　　　B．00111 0100010

　　C．01000 0010001　　　　　　　　D．发生溢出

3.【2010 年计算机联考真题】

假定变量 i、f 和 d 的数据类型分别为 int、float 和 double（int 用补码表示，float 和 double 分别用 IEEE 754 单精度和双精度浮点数格式表示），已知 i=785，f=1.5678E3，d=1.5E100，若在 32 位机器中执行下列关系表达式，则结果为"真"的是（   ）。

Ⅰ. i=(int)(float)i   Ⅱ. f=(float)(int)f   Ⅲ. f=(float)(double)f   Ⅳ. (d+f)−d=f

    A．仅Ⅰ和Ⅱ   B．仅Ⅰ和Ⅲ   C．仅Ⅱ和Ⅲ   D．仅Ⅲ和Ⅳ

4.【2011 年计算机联考真题】

float 型数据通常用 IEEE 754 单精度浮点数格式表示。若编译器将 float 型变量 x 分配在一个 32 位浮点寄存器 FR1 中，且 x=−8.25，则 FR1 的内容是（   ）。

    A．C104 0000H   B．C242 0000H   C．C184 0000H   D．C1C2 0000H

5.【2012 年计算机联考真题】

float 类型（即 IEEE754 单精度浮点数格式）能表示的最大正整数是（   ）。

    A．$2^{126}-2^{103}$ B．$2^{127}-2^{104}$ C．$2^{127}-2^{103}$ D．$2^{128}-2^{104}$

6. 长度相同但格式不同的两种浮点数，假设前者阶码长、尾数短，后者阶码短、尾数长，其他规定均相同，则它们可表示的数的范围和精度为（   ）。

    A．两者可表示的数的范围和精度相同

    B．前者可表示的数的范围大但精度低

    C．后者可表示的数的范围大且精度高

    D．前者可表示的数的范围大且精度高

7. 长度相同、格式相同的两种浮点数，假设前者基数大，后者基数小，其他规定均相同，则它们可表示的数的范围和精度为（   ）。

    A．两者可表示的数的范围和精度相同

    B．前者可表示的数的范围大但精度低

    C．后者可表示的数的范围大且精度高

    D．前者可表示的数的范围大且精度高

8. 下列说法中正确的是（   ）。

    A．采用变形补码进行加减法运算可以避免溢出

    B．只有定点数运算才可能溢出，浮点数运算不会产生溢出

    C．定点数和浮点数运算都可能产生溢出

    D．两个正数相加时一定产生溢出

9. 在规格化浮点运算中，若某浮点数为 $2^5 \times 1.10101$，其中尾数为补码表示，则该数（   ）。

    A．不需规格化   B．需右移规格化

    C．需将尾数左移一位规格化   D．需将尾数左移两位规格化

10. 浮点数格式如下：1 位阶符，6 位阶码，1 位数符，8 位尾数。若阶码用移码，尾数用补码表示，则浮点数所能表示数的范围是（   ）。

    A．$-2^{63} \sim (1-2^{-8}) \times 2^{63}$ B．$-2^{64} \sim (1-2^{-7}) \times 2^{64}$

    C．$-(1-2^{-8}) \times 2^{63} \sim 2^{63}$ D．$-(1-2^{-7}) \times 2^{64} \sim (1-2^{-8}) \times 2^{63}$

11. 某浮点机，采用规格化浮点数表示，阶码用移码表示（最高位代表符号位），尾数

用原码表示。下列哪个数的表示不是规格化浮点数？（　　）

阶码　　尾数

A．11111111,1.1000…00

阶码　　尾数

B．0011111,1.0111…01

C．1000001,0.1111…01

D．0111111,0.1000…10

12．设浮点数阶的基数为 8，尾数用模 4 补码表示。试指出下列浮点数中哪个是规格化数？（　　）

A．11.111000

B．00.000111

C．11.101010

D．11.111101

13．下列关于对阶操作说法正确的是（　　）。

A．在浮点加减运算的对阶操作中，若阶码减小，则尾数左移

B．在浮点加减运算的对阶操作中，若阶码增大，则尾数右移；若阶码减小，则尾数左移

C．在浮点加减运算的对阶操作中，若阶码增大，则尾数右移

D．以上都不对

14．浮点数的 IEEE 754 标准对尾数编码采用的是（　　）。

A．原码　　　　B．反码　　　　C．补码　　　　D．移码

15．在 IEEE 754 标准规定的 64 位浮点数格式中，符号位为 1 位，阶码为 11 位，尾数为 52 位，则它所能表示的最小规格化负数为（　　）。

A．$-(2-2^{52})\times2^{-1023}$

B．$-(2-2^{-52})\times2^{+1023}$

C．-1×2^{-1024}

D．$-(1-2^{-52})\times2^{+2047}$

16．按照 IEEE 754 标准规定的 32 位浮点数$(41A4C000)_{16}$对应的十进制数是（　　）。

A．4.59375

B．−20.59375

C．−4.59375

D．20.59375

17．在浮点数编码表示中，（　　）在机器数中不出现，是隐含的。

A．阶码　　　　B．符号　　　　C．尾数　　　　D．基数

18．如果某单精度浮点数、某原码、某补码、某移码的 32 位机器数均为 0xF0000000。这些数从大到小的顺序是（　　）。

A．浮原补移

B．浮移补原

C．移原补浮

D．移补原浮

19．采用规格化的浮点数最主要是为了（　　）。

A．增加数据的表示范围

B．方便浮点运算

C．防止运算时数据溢出

D．增加数据的表示精度

20．在浮点运算中，下溢指的是（　　）。

A．运算结果的绝对值小于机器所能表示的最小绝对值

B．运算的结果小于机器所能表示的最小负数

C．运算的结果小于机器所能表示的最小正数

D．运算结果的最低有效位产生的错误

21．假定采用 IEEE 754 标准中的单精度浮点数格式表示一个数为 45100000H，则该数的值是（　　）。

A．$(+1.125)_{10} \times 2^{10}$ B．$(+1.125)_{10} \times 2^{11}$

C．$(+0.125)_{10} \times 2^{11}$ D．$(+0.125)_{10} \times 2^{10}$

22．设浮点数共 12 位。其中阶码含 1 位阶符共 4 位，以 2 为底，补码表示；尾数含 1 位数符共 8 位，补码表示，规格化。则该浮点数所能表示的最大正数是（   ）。

    A．2^7 B．2^8 C．2^8-1 D．2^7-1

23．计算机在进行浮点数的加减运算之前先进行对阶操作，若 x 的阶码大于 y 的阶码，则应将（   ）。

    A．x 的阶码缩小至与 y 的阶码相同，且使 x 的尾数部分进行算术左移

    B．x 的阶码缩小至与 y 的阶码相同，且使 x 的尾数部分进行算术右移

    C．y 的阶码扩大至与 x 的阶码相同，且使 y 的尾数部分进行算术左移

    D．y 的阶码扩大至与 x 的阶码相同，且使 y 的尾数部分进行算术右移

24．如果浮点数的尾数用补码表示，则下列（   ）中的尾数是规格化数形式。

    A．1.11000   B．0.01110   C．0.01010   D．1.00010

25．设浮点数的基数为 4，尾数用原码表示，则以下（   ）是规格化的数。

    A．1.001101   B．0.001101   C．1.011011   D．0.000010

26．已知 $X=-0.875 \times 2^1$，$Y=0.625 \times 2^2$，设浮点数格式为阶符 1 位，阶码 2 位，数符 1 位，尾数 3 位，通过补码求出 $Z=X-Y$ 的二进制浮点数规格化结果是（   ）。

    A．1011011   B．0111011   C．1001011   D．以上都不对

27．IEEE 754 标准中的舍入模式可以用于二进制数也可以用于十进制数，在采用舍入到最接近且可表示的值时，若要舍入成两个有效数字形式，$(12.5)_D$ 应该舍入为（   ）。

    A．11   B．13   C．12   D．10

28．下列关于舍入的说法，正确的是（   ）。

    Ⅰ．不仅仅只有浮点数需要舍入，定点数在运算时也可能要舍入

    Ⅱ．在浮点数舍入中，只有左规格化时可能要舍入

    Ⅲ．在浮点数舍入中，只有右规格化时可能要舍入

    Ⅳ．在浮点数舍入中，左、右规格化均可能要舍入

    Ⅴ．舍入不一定产生误差

    A．Ⅰ、Ⅲ、Ⅴ   B．Ⅰ、Ⅱ、Ⅴ

    C．Ⅴ   D．Ⅰ、Ⅳ

二、综合应用题

1．什么是浮点数的溢出？什么情况下发生上溢出？什么情况下发生下溢出？

2．现有一计算机字长 32 位（$D_{31} \sim D_0$），数符位是第 31 位。

对于二进制 1000 1111 1110 1111 1100 0000 0000 0000，

1）表示一个补码整数，其十进制值是多少？

2）表示一个无符号整数，其十进制值是多少？

3）表示一个 IEEE 754 标准的单精度浮点数，其值是多少？

3．已知十进制数 $X=-5/256$、$Y=+59/1024$，按机器补码浮点运算规则计算 $X-Y$，结果用二进制表示，浮点数格式如下：阶符取 2 位，阶码取 3 位，数符取 2 位，尾数取 9 位。

4．设浮点数字长 32 位，其中阶码部分 8 位（含一位阶符），尾数部分 24 位（含一位数符），当阶码的基值分别是 2 和 16 时：

1）说明基值 2 和 16 在浮点数中如何表示。

2）当阶码和尾数均用补码表示，且尾数采用规格化形式时，给出两张情况下所能表示的最大正数真值和非零最小正数真值。

3）在哪种基值情况下，数的表示范围大？

4）两种基值情况下。对阶和规格化操作有何不同？

5．已知两个实数 $x=-68$，$y=-8.25$，它们在 C 语言中定义为 float 型变量，分别存放在寄存器 A 和 B 中。另外，还有两个寄存器 C 和 D。A、B、C、D 都是 32 位的寄存器。请问（要求用十六进制表示二进制序列）：

1）寄存器 A 和 B 中的内容分别是什么？

2）x 和 y 相加后的结果存放在 C 寄存器中，寄存器 C 中的内容是什么？

3）x 和 y 相减后的结果存放在 D 寄存器中，寄存器 D 中的内容是什么？

6．设浮点数的格式如下（阶码和尾数均用补码表示，基为 2）：

E_s	$E_1 \sim E_3$	M_s	$M_1 \sim M_9$

1）将 27/64 转换为浮点数。

2）将 -27/64 转换为浮点数。

7．两个规格化浮点数进行加/减法运算，最后对结果规格化时，能否确定需要右规的次数？能否确定需要左规的次数？

8．对于下列每个 IEEE 754 单精度数值，解释它们所表示的是哪一种数字类型（规格化数、非规格化数、无穷大、0）。当它们表示某个具体数值时，请给出该数值。

1）0b0000　0000　0000　0000　0000　0000　0000　0000

2）0b0100　0010　0100　0000　0000　0000　0000　0000

3）0b1000　0000　0000　0000　0000　0000　0000　0000

4）0b1111　1111　1000　0000　0000　0000　0000　0000

2.3.4　答案与解析

一、单项选择题

1．C

不同类型数据的混合运算时，遵循的原则是"类型提升"，即较低类型转换为较高类型，最终结果为 double 类型。4 种类型数据转换规律为 char→int→long→double。

如一个 long 型数据与一个 int 型数据一起运算，需先将 int 型转换为 long 型，然后两者再进行运算，结果为 long 型。如果 float 型和 double 型数据一起运算，虽然它们同为实型，但两者精度不同，仍要先将 float 型转换成 double 型再进行运算，结果亦为 double 型。所有这些转换都是由系统自动进行的，这种转换通常称为隐式转换。

注意在强制类型转换中，从 int 转换为 float 时，虽然不会发生溢出，但由于尾数位数的关系，可能有数据舍入，而转换为 double 则能保留精度。double 转换为 float 亦是如此。从 float 或 double 转换为 int 时，小数部分被截断，且由于 int 的表示范围更小，还可能发生溢出。

2．D

X 的浮点数格式为 00,111;00,11101（分号前为阶码，分号后为尾数），Y 的浮点数格式为 00,101;00,10100。然后根据浮点数的加法步骤进行运算。

① 对阶。X、Y 阶码相减，即 00,111−00,101=00,111+11,0111=00,010，可知 X 的阶码比 Y 的价码大 2（这一步可直接目测）。根据小阶向大阶看齐的原则，将 Y 的阶码加 2，尾数右移 2 位，将 Y 变为 00,111；00,00101。

② 尾数相加。即 00,11101+00,00101=01,00010，尾数相加结果符号位为 01，故需右规。

③ 规格化。将尾数右移 1 位，阶码加 1，得 $X+Y$ 为 01,000；00,10001。

④ 判溢出。阶码符号位为 01，说明发生溢出。

本题容易误选选项 B、C，这是因为选项 B、C 本身并没有计算错误，只是它们不是最终结果，选项 B 少了第 3 和第 4 步，选项 C 少了第 4 步。

3．B

题中三种数据类型的精度从低到高为 int>float>double，从低到高的转换通常可以保持其值不变，I 和 II 正确，而从高到低的转换可能会有数据的舍入，从而损失精度。对于 III，先将 float 型的 f 转换为 int 型，小数点后的数位丢失，故其结果不为真。对于 IV，初看似乎没有问题，但浮点运算 $d+f$ 时需要对阶，对阶后 f 的尾数有效位被舍去而变为 0，故 $d+f$ 仍然为 d，再减去 d 后结果为 0，故 IV 结果不为真。

4．A

本题题意即考查 IEEE754 单精度浮点数的表示。先将 x 转换成二进制为 $-1000.01=-1.00001×2^3$，其次计算阶码 E，根据 IEEE754 单精度浮点数格式，有 $E-127=3$，故 $E=130$，转换成二进制为 1000 0010。最后，根据 IEEE754 标准，最高位的"1"是被隐藏的。

IEEE754 单精度浮点数格式：数符（1 位）+阶码（8 位）+尾数（23 位）。

故，FR1 内容为 1; 1000 0010; 0000 10000 0000 0000 0000 000。

即，1100 0001 0000 0100 0000 0000 0000 0000=C104000H。

本题易误选 D，未考虑 IEEE754 标准隐含最高位 1 的情况，偏置值是 128。

5．D

IEEE754 单精度浮点数是尾数用采取隐藏位策略的原码表示，且阶码用移码（偏置值为 127）表示的浮点数。规格化的短浮点数的真值为：$(-1)^S×1.m×2^{E-127}$，S 为符号位，阶码 E 的取值为 1～254（8 位表示），尾数 m 为 23 位，共 32 位；故 float 类型能表示的最大整数是 $1.111\cdots1×2^{254-127}=2^{127}×(2-2^{-23})=2^{128}-2^{104}$，故选 D。

另解：IEEE754 单精度浮点数的格式如下图所示。

数符（1）	阶码（8）	尾数（23）

当表示最大正整数时：数符取 0；阶码取最大值为 127；尾数部分隐含了整数部分的"1"，23 位尾数全取 1 时尾数最大，为 $2-2^{-23}$，此时浮点数的大小为 $(2-2^{-23})×2^{127}=2^{128}-2^{104}$。

6．B

在浮点数总位数不变的情况下，阶码位数越多，则尾数位数越少。即：表示的数的范围越大，则精度越差（数变稀疏）。

7．B

基数越大，则范围越大，但精度变低（数变稀疏）。

注意：①基数越大，在运算中尾数右移的可能性越小，运算的精度损失越小。②由于基数大时发生因对阶或尾数溢出需右移及规格化需左移的次数显著减少，因此运算速度可以提高。③基数越大，可表示的数的个数越多。

8．C

变形补码，即用两个二进制位来表示数字的符号位，其余与补码相同，所以并不可以避免溢出，A 错误。定点数和浮点数运算都可能产生溢出，但是溢出判断有区别，故 B 错误、C 正确。在定点运算中，当运算结果超出数的表示范围时，就发生溢出；浮点运算中，运算结果超出尾数表示范围却不一定溢出，只有规格化后阶码超出所能表示的范围时，才发生溢出，D 错误。

9．C

考查浮点数的规格化。当尾数为补码表示，且为 1.0××××形式时为规格化数，因此该尾数需左移一位，阶码同时应减 1，才为规格化数。

10．A

阶码使用移码表示，6 位阶码 1 位阶符，故而能表示的最大值为 2^{63}；而尾数用补码表示，故而 8 位尾数可表示的范围为 $-1\sim 1-2^{-8}$，故浮点数所能表示的范围为 $-2^{63}\sim (1-2^{-8})\times 2^{63}$。

11．B

原码表示时，正数的规格化形式为 0.1×…×，负数的规格化形式为 1.1×…×，故 B 错误。

12．C

当浮点数为正数时，数值位前 3 位不为全 0 时，是规格化数；当浮点数为负数时，数值位前 3 位不为全 1 时，是规格化数。模 4 补码表示即有两位符号位，即变形补码。

13．C

对阶操作，是将较小的阶码调整到与较大的阶码一致，故不存在阶码减小，尾数左移的情况，因而 A、B 项错。

14．A

IEEE 754 标准中尾数采用原码表示，阶码部分用移码表示。

15．

长浮点数，其阶码 11 位，尾数 52 位，采取隐藏位策略，故而其最小规格化负数为阶码取最大值 2^{+1023}（$1023=2^{11-1}-1$），尾数取最大值 $2-2^{-52}$（注意其有隐含位要加 1），符号位是负。

16．D

32 位浮点数，1 位符号位，8 位阶码；写成二进制为：0100 0001 1010 0100 1100 0000 0000 0000，故而阶码是 1000 0011−0111 1111=4；2^4=16，又是正数，所以为一个大于 16 的数，即可知只有 D 为正确答案。

17．D

浮点数表示中基数的值是约定好的，故将其隐含。

18．D

这个机器数的最高位为 1，对于原码、补码、单精度浮点数而言为负数，对于移码而言为正数，所以移码最大，而补码为 -2^{28}，原码为 $-(2^{30}+2^{29}+2^{28})$，单精度浮点数为 -1.0×2^{97}，大小依次递减。

19．D

和非规格化的浮点数相比，采用规格化的浮点数主要是为了增加数据的表示精度。

20．A

当运算结果在 0 至规格化最小正数之间称为正下溢，在 0 至规格化最大负数之间称为负下溢，正下溢和负下溢统称为下溢。

21．B

写成二进制表示为 0100 0101 0001 0000 0000 0000 0000 0000，第一位为符号位，0 表示正数，随后 8 位（float 型）1000 1010 为用移码表示的阶码，故而减去 0111 1111 后得十进制数 11，而 IEEE 754 标准中单精度浮点数在阶码不为 0 时隐含 1，则尾数为 $(1.0010)_B=(1.125)_D$。故该数值为 $(+1.125)_{10}2^{11}$。

22．D

为使浮点数取正数最大，可使尾数取正数最大，阶码取正数最大。尾数为 8 位补码（含符号位），正值最大为 0.1111111，即 $1-2^{-7}$，阶码为 4 位补码（含符号位），正值最大为 0111，即 7，则最大正数为 $(1-2^{-7})\times2^7=2^7-1$。

23．D

浮点数加减运算时，首先要进行对阶，根据对阶的规则，阶码和尾数将进行相应的操作。

对阶的规则是，小阶向大阶看齐。即阶码小的数的尾数算术右移，每右移一位，阶码加 1，直到两数的阶码相等为止。

24．D

补码的规格化表示是小数点后一位与符号位不同，故选择 D。

25．C

原码表示的规格化小数是小数点后 2 位（基数为 4，用 2 位表示）都不为 0 的小数。

26．B

将 $X=-0.875\times2^1$ 和 $Y=0.625\times2^2$ 写成 7 位浮点数形式，有 $X=001\ 1001$ 和 $Y=010\ 0101$（前半部分为阶符、阶码，后半部分为数符、数码），对阶之后，$X=010\ 1100$，对阶后尾数做减法，结果需要进行右规，最终结果 $Z=0111011$。注意：尾数为 01.XXX 或 10.XXX 时在浮点数中不算真正的溢出，此时只需右移一位阶码加 1 即可。见唐朔飞《计算机组成原理》。

27．C

由于最后一位是 5，采用取偶数的方式，整数部分为偶数时向下取整、为奇数时向上取整，而要使结果中最小有效位数是偶数，则 $(12.5)_D$ 向下舍入为 12。

28．C

舍入是浮点数的概念，定点数没有舍入的概念，故 I 错误。浮点数舍入的情况有两种：对阶、右规格化，故 II、III、IV 错误。舍入不一定产生误差，如向下舍入 11.00 到 11.0 时是没有误差的，故 V 正确。

二、综合应用题

1．解答：

浮点数的运算结果可能出现以下几种情况。

① 阶码上溢出：当一个正指数超过了最大允许值，此时，浮点数发生上溢出（即向∞方向溢出）。如果结果是正数，则发生正上溢出（有的机器把值置为+∞）；如果是负数，则发生负上溢出（有的机器把值置为−∞）。这种情况为软件故障，通常要引入溢出故障处理程序来处理。

② 阶码下溢：当一个负指数比最小允许值还小，此时，浮点数发生下溢出。一般机器把下溢出时的值置为 0（+0 或−0）。不发生溢出故障。

③ 尾数溢出：当尾数最高有效位有进位时，发生尾数溢出。此时，进行"右规"操作：尾数右移一位，阶码加 1，直到尾数不溢出为止。此时，只要阶码不发生上溢出，则浮点数不会溢出。

④ 非规格化尾数：当数值部分高位不是一个有效值时（如原码时为 0 或补码时与符号位相同），尾数为非规格化形式。此时，进行"左规"操作：尾数左移一位，阶码减 1，直到尾数为规格化形式为止。

2．解答：

1）最高位为符号位，符号位为 1，表示是一个负数，对应真值的二进制为

−111 0000 0001 0000 0100 0000 0000 0000（数值位取反，末位加 1）

对应的十进制值为−$(2^{30}+2^{29}+2^{28}+2^{20}+2^{14})$。

2）全部 32 位均为数值位，按权相加可知其十进制值为

$2^{31}+2^{27}+2^{26}+2^{25}+2^{24}+2^{23}+2^{22}+2^{21}+2^{19}+2^{18}+2^{17}+2^{16}+2^{15}+2^{14}$。

3）表示一个 IEEE754 标准的单精度浮点数

数符	阶码	尾数
1	00011111	11011111100000000000000

因为阶码为 00011111，对应十进制数为 31。IEEE 754 标准中的阶码用移码表示，其偏置值为 127，所以阶码的十进制真值为 31−127=−96。

因为尾数为 1.11011111100000000000000。IEEE 754 标准中的尾数用原码表示，且采用隐含尾数最高数位"1"的方法，隐含的"1"是一位整数。所以尾数真值为

$1+2^{-1}+2^{-2}+2^{-4}+2^{-5}+2^{-6}+2^{-7}+2^{-8}+2^{-9}$。

因为数符为 1，表示这个浮点数是个负数。所以单精度浮点数的真值为

$-(1+2^{-1}+2^{-2}+2^{-4}+2^{-5}+2^{-6}+2^{-7}+2^{-8}+2^{-9})\times 2^{-96}$。

3．解答：

浮点数的格式如下：

阶符 2	阶码 3	数符 2	尾数 9

$X=-5/256=(-101)_2/2^8=2^{-101}\times(-0.101000000)_2$

$Y=+59/1024=(111011)_2/2^{10}=2^{-100}\times(0.111011000)_2$

$[X]_补=11011,11.011000000$

$[Y]_补=11100,00.111011000$

① 求阶差：$[\Delta E]_补=11011+00100=11111$，知 $\Delta E=-1$

② 对阶：$[X]_补=11100,11.101100000$

$$11.101100000$$

③ 尾数求差： $\underline{+\ 11.000101000}$

$$10.110001000$$

$[X-Y]_{补}=11100,10.110001000$。

④ 结果右规一次：

$[X-Y]_{补}=11101,11.011000100$。

⑤ 常阶码，无溢出，结果真值为 $2^{-3}×(-0.1001111)_2$。

4. 解答：

1）浮点机中一旦基值确定了就不再改变了，所以基值 2 和 16 在浮点数中是隐含表示的，并不出现在浮点数中。

2）当阶码的基值是 2 时，最大正数：0，1111111；0，11…1，真值是 $2^{127}×（1-2^{-23}）$；最小非零正数：1，0000000；0，10…0，真值是 2^{-129}。

当阶码的基值是 16 时，最大正数：0，1111111；0，11…1，真值是 $16^{127}×（1-2^{-23}）$；最小正数：1，0000000；0，0001…0，真值是 16^{-129}。

3）在浮点数表示法中，基值越大，可表示的浮点数范围越大，所以基值为 16 的浮点数表示范围较大。

4）对阶中，需要小阶向大阶看齐，若基值为 2 的浮点数尾数右移一位，阶码加 1，而基值为 16 的浮点数尾数右移 4 位，阶码加 1；规格化时，若基值为 2 的浮点数尾数最高有效位出现 0，则需要尾数向左移动一位，阶码减 1，而基值为 16 的浮点数尾数最高 4 位有效位全为 0 时，才需要尾数向左移动，每移动 4 位，阶码减 1。

5. 解答：

1）float 型变量在计算机中都被表示成 IEEE 754 单精度格式。$X=-68=-(1000100)_2=-1.0001×2^6$，符号位为 1，阶码为 127+6=128+5=(1000\ 0101)_2，尾数为 1.0001，所以小数部分为：000 1000 0000 0000 0000 0000，合起来整个浮点数表示为：1 1000 0101 000 1000 0000 0000 0000 0000，写成十六进制为：C2880000H。

$Y=-8.25=-(1000.01)_2=-1.00001×2^3$，符号位为 1，阶码为 127+3=128+2=(1000\ 0010)_2，尾数为 1.00001，所以小数部分为：000 0100 0000 0000 0000 0000，合起来整个浮点数表示为：1 1000 0010 000 0100 0000 0000 0000 0000 写成十六进制为 C1040000H。

因此，寄存器 A 和 B 的内容分别为 C2880000H、C1040000H。

2）两个浮点数相加的步骤如下。

① 对阶：$E_x=10000101$，$E_y=10000010$，则：

$[E_x-E_y]_{补}=[E_x]_{补}+[-E_y]_{补}=10000101+01111110=00000011$。

E_x 大于 E_y，所以对 y 进行对阶。对阶后，$y=-0.00100001×2^6$。

② 尾数相加：x 的尾数为 -1.000 1000 0000 0000 0000 0000，y 的尾数为 -0.001 0000 1000 0000 0000 0000，

用原码加法运算实现，两数符号相同，做加法，结果为 -1.001 1000 1000 0000 0000 0000。

即 x 加 y 的结果为 $-1.001\ 1000\ 1×2^6$，所以符号位为 1，尾数为：001 1000 1000 0000 0000 0000，阶码为 127+6=128+5，即：1000 0101。合起来为：1 1000 0101 001 1000 1000 0000 0000 0000，转换为十六进制形式为：C2988000H。

所以 C 寄存器中的内容是 C2988000H。

3）两个浮点数相减的步骤同加法，对阶的结果也一样，只是尾数相减。

尾数相减：x 的尾数为 $-1.000\ 1000\ 0000\ 0000\ 0000\ 0000$，$y$ 的尾数为 $-0.001\ 0000\ 1000\ 0000\ 0000\ 0000$。

用原码减法运算实现，两数符号相同，做减法；符号位：取大数的符号，负数，为 1；数值部分：大数加小数负数的补码：

$$
\begin{array}{r}
1.\ 000\ 1000\ 0000\ 0000\ 0000\ 0000 \\
+\ 1.\ 110\ 1111\ 1000\ 0000\ 0000\ 0000 \\
\hline
0.\ 111\ 0111\ 1000\ 0000\ 0000\ 0000
\end{array}
$$

x 减 y 的结果为 $-0.11101111 \times 2^6 = -1.1101111 \times 2^5$，所以：

符号位为 1，尾数为 110 1111 0000 0000 0000 0000，阶码为 127+5=128+4，即 1000 0100。

合起来为：1 1000 0100 110 1111 0000 0000 0000 0000，转换为十六进制形式为：C26F0000H。所以寄存器 D 中的内容是 C26F0000H。

6．解答：

1）$27/64 = 11011 \times 2^{-6} = 0.011011 = 0.110110000 \times 2^{-1}$

阶码补码为：**1111**，尾数补码为：**0**110110000，机器数为（**1111**，**0**110110000）。

2）$-27/64 = -11011 \times 2^{-6} = -0.011011 = -0.11011 \times 2^{-1}$

阶码补码为：**1111**，尾数补码为：**1**001010000，机器数为（**1111**，**1**001010000）。

7．解答：

两个 n 位数的加/减运算，其和/差最多为 $n+1$ 位，因此有可能需要右规，但右规最多一次。

由于异号数相加，或同号数相减，其和/差的最少位数无法确定，因此左规的次数也无法确定，但最多不会超过尾数的字长 n 位次。

8．解答：

1）由于该数的阶码字段内容为 0，符号位为 0，尾数字段内容也为 0，所以它表示 IEEE 浮点格式的 +0。

2）该数的阶码字段内容为 132，尾数字段内容为 100 0000 0000 0000 0000 0000，由于阶码字段的内容既不是全部为 0，也不是全部为 1，所以它表示一个规格化数，其实际值为：$(1.1)_2 \times 2^5 = 48$。

3）由于该数的阶码字段内容全部为 0，并且尾数字段内容不是全部为 0，所以它表示一个非规格化数，其实际值为 $(-0.1)_2 \times 2^{-126} = -2^{-127} = -5.877 \times 10^{-39}$（表示成 4 位有效数字形式）。

4）由于该数的阶码字段内容全部为 1，并且尾数字段内容为 0，符号位为 1，所以它表示负无穷大。

2.4 算术逻辑单元 ALU

在计算机中，运算器承担了执行各种算术和逻辑运算的工作，运算器由算术逻辑单元 ALU（Arithmetic Logic Unit）、累加器、状态寄存器和通用寄存器组等组成。ALU 的基本功能包括加、减、乘、除四则运算，与、或、非、异或等逻辑运算，以及移位、求补等操作。

计算机运行时，运算器的操作和操作种类由控制器决定。运算器处理的数据来自存储器；处理后的结果数据通常送回存储器，或暂存在运算器中。

2.4.1　串行加法器和并行加法器

加法器是由全加器再配以其他必要的逻辑电路组成的，根据组成加法器的全加器个数是单个还是多个，加法器有串行和并行之分。

1．一位全加器

全加器（FA）是最基本的加法单元，有加数 A_i、加数 B_i 与低位传来的进位 C_{i-1} 共 3 个输入，有本位和 S_i 与向高位的进位 C_i 共两个输出。

全加器的逻辑表达式如下[①]。

和表达式：$S_i=A_i \oplus B_i \oplus C_{i-1}$（$A_i$、$B_i$、$C_{i-1}$ 中有奇数个 1，则 $S_i=1$；否则 $S_i=0$）

进位表达式：$C_i=A_iB_i+（A_i \oplus B_i）C_{i-1}$

一位全加器对应的逻辑结构如图 2-13（a）所示，其逻辑符号如图 2-13（b）所示。

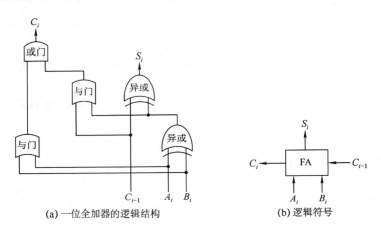

(a) 一位全加器的逻辑结构　　　　(b) 逻辑符号

图 2-13　一位全加器

2．串行加法器

在串行加法器中，只有一个全加器，数据逐位串行送入加法器中进行运算。如果操作数长 n 位，加法就要分 n 次进行，每次产生一位和，并且串行逐位地送回寄存器。进位触发器用来寄存进位信号，以便参与下一次运算。

串行加法器具有器件少成本低的优点，但运算速度慢，多用于某些低速的专用运算器。

3．并行加法器

并行加法器由多个全加器组成，其位数与机器的字长相同，各位数据同时运算。并行加法器可同时对数据的各位相加，但存在着一个加法的最长运算时间问题。这是因为虽然操作数的各位是同时提供的，但低位运算所产生的进位会影响高位的运算结果。例如，$11\cdots11$

[①] 在学习本节知识点时，建议结合二进制加法的实例，以加深理解。

和 00…01 相加，最低位产生的进位将逐位影响至最高位，因此，并行加法器的最长运算时间主要是由进位信号的传递时间决定的，而每个全加器本身的求和延迟只是次要因素。

因此，提高并行加法器速度的关键是尽量加快进位产生和传递的速度。

并行加法器的进位产生和传递如下：

并行加法器中的每一个全加器都有一个从低位送来的进位输入和一个传送给高位的进位输出。通常将传递进位信号的逻辑线路连接起来构成的进位网络称为进位链。

进位表达式：

$$C_i = G_i + P_i C_{i-1}（G_i = 1 \text{ 或 } P_i C_{i-1} = 1 \text{ 时，则 } C_i = 1）$$

式中，G_i 是进位产生函数，$G_i = A_i B_i$；P_i 是进位传递函数，$P_i = A_i \oplus B_i$。

注意：当 A_i 与 B_i 都为 1 时，则 $C_i = 1$，即有进位信号产生，所以将 $A_i B_i$ 称为进位产生函数或本地进位，并以 G_i 表示。

当 $A_i \oplus B_i = 1$ 且 $C_{i-1} = 1$ 时，则 $C_i = 1$。这种情况可看做是 $A_i \oplus B_i = 1$，第 $i-1$ 位的进位信号 C_{i-1} 可以通过本位向高位传送。因此，把 $A_i \oplus B_i$ 称为进位传递函数（进位传递条件），并以 P_i 表示。

并行加法器的进位通常分为**串行进位**与**并行进位**。

（1）串行进位

把 n 个全加器串接起来，就可进行两个 n 位数的相加，这种加法器称为串行进位的并行加法器，如图 2-14 所示。串行进位又称为行波进位，每一级进位直接依赖于前一级的进位，即进位信号是逐级形成的。

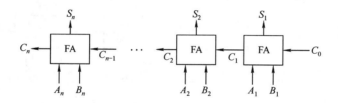

图 2-14　串行进位的并行加法器

其中：$C_1 = A_1 B_1 + (A_1 \oplus B_1) C_0$ 　　　或（$C_1 = G_1 + P_1 C_0$）

$\quad\quad\quad C_2 = A_2 B_2 + (A_2 \oplus B_2) C_1$ 　　　或（$C_2 = G_2 + P_2 C_1$）

$\quad\quad\quad \cdots$

$\quad\quad\quad C_n = A_n B_n + (A_n \oplus B_n) C_{n-1}$ 　　或（$C_n = G_n + P_n C_{n-1}$）

可见，低位运算产生进位所需要的时间将可能影响直至最高位运算的时间。因此，并行加法器的最长运算时间主要是由进位信号的传递时间决定的，位数越多延迟时间就越长，而全加器本身的求和延迟只为次要因素，所以加快进位产生和提高传递的速度是关键。

（2）并行进位

并行进位又称为先行进位、同时进位，其特点是各级进位信号同时形成。

采用并行进位的方案可以加快进位产生和提高传递的速度，即将各级低位产生的本级 G 和 P 信号依次同时送到高位各全加器的输入，以使它们同时形成进位信号，各进位信号表达式如下，可见它们可以同时形成进位信号。即：

$$C_1=G_1+P_1C_0$$

$$C_2=G_2+P_2C_1=G_2+P_2G_1+P_2P_1C_0$$

$$C_3=G_3+P_3C_2=G_3+P_3G_2+P_3P_2G_1+P_3P_2P_1C_0$$

$$C_4=G_4+P_4C_3=G_4+P_4G_3+P_4P_3G_2+P_4P_3P_2G_1+P_4P_3P_2P_1C_0$$

$$\cdots$$

上述各式中所有的进位输出仅由 G_i、P_i 及最低进位输入 C_0 决定，而不依赖于其低位的进位输入 C_{i-1}，因此各级进位输出可以同时产生。

这种进位方式是快速的，与字长无关。但是随着加法器位数的增加，C_i 的逻辑表达式会变得越来越长，输入变量会越来越多，这会使电路结构变得很复杂，所以完全采用并行进位是不现实的。

分组并行进位方式，实际上，通常采用分组并行进位方式。这种方式把 n 位全加器分为若干小组，小组内的各位之间实行并行快速进位，小组与小组之间可以采用串行进位，也可以采用并行快速进位方式，因此有以下两种情况。

① **单级先行进位方式**又称为**组内并行、组间串行进位方式**。以 16 位加法器为例，可分为 4 组，每组 4 位。第一小组组内的进位逻辑函数 C_1、C_2、C_3、C_4 的表达式与前述相同，$C_1 \sim C_4$ 信号是同时产生的，实现上述进位逻辑函数的电路称为 4 位先行进位电路（CLA）。

利用 4 位的 CLA 电路以及进位产生/传递电路和求和电路可以构成 4 位的 CLA 加法器。用 4 个这样的 CLA 加法器，构成的 16 位单级先行进位加法器如图 2-15 所示。

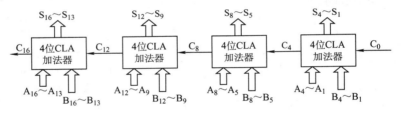

图 2-15　16 位单级先行进位加法器

② **多级先行进位方式**又称为**组内并行、组间并行进位方式**。下面仍以 16 位字长的加法器为例，分析两级先行进位加法器的设计方法。第一小组的进位输出 C_4 可以写为：

$$C_4=G_4+P_4G_3+P_4P_3G_2+P_4P_3P_2G_1+P_4P_3P_2P_1C_0=G_1^*+P_1^*C_0$$

式中，$G_1^*=G_4+P_4G_3+P_4P_3G_2+P_4P_3P_2G_1$；$P_1^*=P_4P_3P_2P_1$。

G_i^* 称为组进位产生函数，P_i^* 称为组进位传递函数，这两个辅助函数只与 P_i、G_i 有关。依此类推，可以得到：

$$C_8=G_2^*+P_2^*C_4=G_2^*+P_2^*G_1^*+P_2^*P_1^*C_0$$

$$C_{12}=G_3^*+P_3^*G_2^*+P_3^*P_2^*G_1^*+P_3^*P_2^*P_1^*C_0$$

$$C_{16}=G_4^*+P_4^*G_3^*+P_4^*P_3^*G_2^*+P_4^*P_3^*P_2^*G_1^*+P_4^*P_3^*P_2^*P_1^*C_0$$

为了要产生组进位函数，需要对原来的 CLA 电路加以修改：

第 1 组内产生 G_1^*、P_1^*、C_3、C_2、C_1，不产生 C_4；

第 2 组内产生 G_2^*、P_2^*、C_7、C_6、C_5，不产生 C_8；

第 3 组内产生 G_3^*、P_3^*、C_{11}、C_{10}、C_9，不产生 C_{12}；

第 4 组内产生 G_4^*、P_4^*、C_{15}、C_{14}、C_{13}，不产生 C_{16}。

这种电路称为成组先行进位电路（BCLA）。利用这种 4 位的 BCLA 电路以及进位产生与传递电路和求和电路可以构成 4 位的 BCLA 加法器。16 位的两级先行进位加法器可由 4 个 BCLA 加法器和 1 个 CLA 电路构成，如图 2-16 所示。

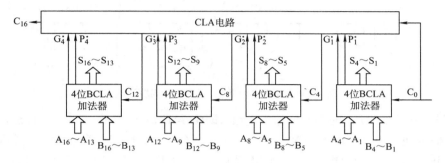

图 2-16　16 位两级先行进位加法器

用同样的方法可以扩展到多于两级的先行进位加法器，如用三级先行进位结构设计 64 位加法器。

这种加法器的优点是字长对加法时间影响甚小；缺点是造价较高。

2.4.2　算术逻辑单元的功能和结构

ALU 是一种功能较强的组合逻辑电路。它能进行多种算术运算和逻辑运算。由于加、减、乘、除运算最终都能归结为加法运算。因此，ALU 的核心首先应当是一个并行加法器，同时也能执行"与"、"或"、"非"等逻辑运算。ALU 基本结构如图 2-17 所示。

在图 2-17 中，A_i 和 B_i 为输入变量；K_i 为控制信号，K_i 的不同取值可决定该电路做哪一种算术运算或哪一种逻辑运算；F_i 为输出函数。

最简单的 ALU 是 4 位的，目前，随着集成电路技术的发展，多位的 ALU 已相继问世。

下面以典型的 4 位 ALU 芯片（74181）为例介绍 ALU 的结构，其外特性如图 2-18 所示。

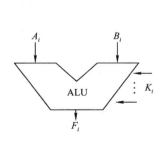

图 2-17　ALU 的基本结构

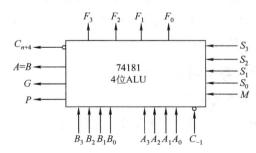

图 2-18　74181 外特性示意图

74181 能执行 16 种算术运算和 16 种逻辑运算，可工作于正/负逻辑操作方式下。M 的值用来区别算术运算（$M=0$）还是逻辑运算（$M=1$），$S_3 \sim S_0$ 的不同取值可实现不同的操作。例如，在负逻辑下，当 $M=1$、$S_3 \sim S_0=1001$ 时，做逻辑运算 $A \oplus B$。

74181 为 4 位并行加法器，其 4 位进位是同时产生的，用 4 片 74181 芯片可组成 16 位

ALU。其片内进位是快速的，但片间进位是逐片传递的，即组内并行（74181 片内）、组间串行（74181 片间），如图 2-19 所示，因此，总的形成时间还是比较长的。

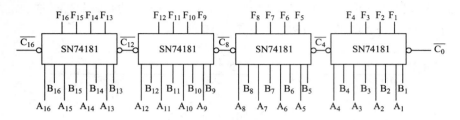

图 2-19　16 位组内并行、组间串行进位 ALU

如果把 16 位 ALU 中的每 4 位作为一组，即将 74181 与 74182 芯片（先行进位芯片）配合，用类似位间快速进位的方法来实现 16 位 ALU（4 片 ALU 组成），那么就能得到 16 位的两级先行进位 ALU，即组内并行（74181 片内）、组间并行（74181 片间），如图 2-20 所示。

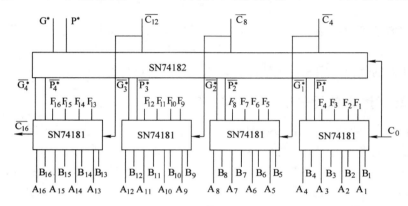

图 2-20　16 位组内并行、组间并行进位 ALU

注意：如对电路基础知识不太熟悉，可参阅电路相关教材的基础部分。对此章电路内容亦不必过分深究，目前统考对电路的要求并不高，且本节也不属于重点内容。

与 74181 类似的片位式芯片有 Am2901，此芯片也是 4 位并行加法器，可以和先行进位芯片 Am2902 配合，而此芯片内还有 16 个 16 位寄存器，因此也称之为片位式运算器。

2.4.3　本节习题精选

一、单项选择题

1. 并行加法器中，每位全和的形成除与本位相加二数数值位有关外，还与（　　　）有关。

　　A. 低位数值大小　　　　　　　　　B. 低位数的全和

　　C. 高位数值大小　　　　　　　　　D. 低位数送来的进位

2. ALU 作为运算器的核心部件，其属于（　　　）。

　　A. 时序逻辑电路　　　　　　　　　B. 组合逻辑电路

　　C. 控制器　　　　　　　　　　　　D. 寄存器

3. 在串行进位的并行加法器中，影响加法器运算速度的关键因素是（　　）。

  A. 门电路的级延迟   B. 元器件速度

  C. 进位传递延迟   D. 各位加法器速度的不同

4. 加法器中每一位的进位生成信号 g 为（　　）。

  A. $X_i \oplus Y_i$ B. $X_i Y_i$ C. $X_i Y_i C_i$ D. $X_i + Y_i + C_i$

5. 用 8 片 74181 和两片 74182 可组成（　　）。

  A. 组内并行进位、组间串行进位的 32 位 ALU

  B. 二级先行进位结构的 32 位 ALU

  C. 组内先行进位、组间先行进位的 16 位 ALU

  D. 三级先行进位结构的 32 位 ALU

6. 组成一个运算器需要多个部件，但下面（　　）不是组成运算器的部件。

  A. 状态寄存器   B. 数据总线

  C. ALU   D. 地址寄存器

7. 算术逻辑单元（ALU）的功能一般包括（　　）。

  A. 算术运算   B. 逻辑运算

  C. 算术运算和逻辑运算   D. 加法运算

8. 加法器采用并行进位的目的是（　　）。

  A. 增强加法器功能   B. 简化加法器设计

  C. 提高加法器运算速度   D. 保证加法器可靠性

二、综合应用题

1. 某加法器进位链小组信号为 C_4、C_3、C_2、C_1，低位来的进位信号为 C_0，请分别按下述两种方式写出 C_1、C_2、C_3 和 C_4 的逻辑表达式。

1）串行进位方式。

2）并行进位方式。

2.4.4　答案与解析

一、单项选择题

1. D

在二进制加法（任意进制都是类似）中，本位运算的结果不仅与参与运算的两数数值位有关，还和低位送来的进位有关。

2. B

ALU 是由组合逻辑电路构成的，最基本的部件是并行加法器。由于单纯的 ALU 不能够存储运算结果和中间变量，往往将 ALU 和寄存器或暂存器相连。

3. C

提高加法器的运算速度最直接的方法就是多位并行加法。本题中 4 个选项均会对加法器的速度产生影响，但只有进位传递延迟对并行加法器的影响最为关键。

4. B

在设计多位加法器时，为了加快运算速度而采用了快速进位链，即对加法器的每一位都生成两个信号：进位信号 g 和进位传递信号 p，其中 $g=X_iY_i$，$p=X_i\oplus Y_i$。

5. B

每个 74181 为 4 位的内部先行进位的 ALU 芯片，74182 是 4 位的先行进位芯片，每 4 片 74181 与一片 74182 相连，可组成一个两级先行进位结构的 16 位 ALU，两个这种结构的 16 位 ALU 串行进位构成两级先行进位的 32 位 ALU。

6. D

ALU 为运算器核心，C 正确；数据总线供 ALU 与外界交互数据使用，B 正确；溢出标志即为一个状态寄存器，A 正确。地址寄存器不属于运算器，而属于存储器，D 错误。

7. C

ALU 既能进行算术运算又能进行逻辑运算。

8. C

与串行进位相比，并行进位可以大大提高加法器的运算速度。

二、综合应用题

1. 解答：

1）串行进位方式：

$$C_1=G_1+P_1C_0 \qquad 其中，G_1=A_1B_1，\ P_1=A_1\oplus B_1$$
$$C_2=G_2+P_2C_1 \qquad\qquad\quad G_2=A_2B_2，\ P_2=A_2\oplus B_2$$
$$C_3=G_3+P_3C_2 \qquad\qquad\quad G_3=A_3B_3，\ P_3=A_3\oplus B_3$$
$$C_4=G_4+P_4C_3 \qquad\qquad\quad G_4=A_4B_4，\ P_4=A_4\oplus B_4$$

2）并行进位方式：

$$C_1=G_1+P_1C_0$$
$$C_2=G_2+P_2G_1+P_2P_1C_0$$
$$C_3=G_3+P_3G_2+P_3P_2G_1+P_3P_2P_1C_0$$
$$C_4=G_4+P_4G_3+P_4P_3G_2+P_4P_3P_2G_1+P_4P_3P_2P_1C_0$$

其中，$G_1\sim G_4$、$P_1\sim P_4$ 表达式与串行进位方式相同。

2.5 常见问题和易混淆知识点

1. 如何表示一个数值数据？计算机中的数值数据都是二进制数吗？

在计算机内部，数值数据的表示方法有以下两大类。

① 直接用二进制数表示。分为无符号数和有符号数，有符号数又分为定点数表示和浮点数表示。无符号数用来表示无符号整数（如地址等信息）；定点数用来表示整数；浮点数用来表示实数。

② 二进制编码的十进制数（Binary Coded Decimal Number），一般都采用 8421 码（也称 NBCD 码）来表示。用来表示整数。

所以，计算机中的数值数据虽然都用二进制来编码表示，但不全是二进制数，也有用十进制数表示的。后面一章有关指令类型中，就有对应的二进制加法指令和十进制加法指令。

2. 在高级语言编程中所定义的 unsigned/short/int/long/float/double 型数据是怎么表示的？什么叫无符号整数的"溢出"？

unsigned 型数据就是无符号整数，不考虑符号位，直接用全部二进制位对数值进行编码得到的就是无符号数，一般都用补码表示。

int 型数据就是定点整数，一般用补码表示。int 型数据的位数与运行平台和编译器有关，一般是 32 位或 16 位。如真值是-12 的 int 型整数，在机器内存储的机器数（假定用 32 位寄存器寄存）是 1111 1111　1111 1111　1111 1111　1111 0100。

long 型数据和 short 型数据也都是定点整数，只是位数不同，分别是长整型和短整型数，通常用补码表示。

float 型数据是用来表示实数的浮点数。现代计算机用 IEEE 754 标准表示浮点数，其中32 位单精度浮点数就是 float 型，64 位双精度浮点数就是 double 型。

需要注意的是，C 语言中的 int 型和 unsigned 型变量的存储方式没有区别，都是按照补码的形式存储，在不溢出范围内的加减法运算也是相同的，只是 int 型变量的最高位代表符号位，而在 unsigned 型中表示数值位，而这两者在 C 语言中的区别就体现在输出时到底是采用%d 还是%u。

对于无符号定点整数来说，若寄存器位数不够，计算机运算过程中一般保留低 n 位，舍弃高位。这样，会产生以下两种结果。

① 保留的低 n 位数不能正确表示运算结果。在这种情况下，意味着运算的结果超出了计算机所能表达的范围，有效数值进到了第 $n+1$ 位，称此时发生了"溢出"现象。

② 保留的低 n 位数能正确表达计算结果，即高位的舍去并不影响其运算结果。

3. 如何判断一个浮点数是否是规格化数？

为了使浮点数中能尽量多地表示有效位数，一般要求运算结果用规格化数形式表示。规格化浮点数的尾数小数点后的第一位一定是个非零数。因此，对于原码编码的尾数来说，只要看尾数的第一位是否为 1 就行；对于补码表示的尾数，只要看符号位和尾数最高位是否相反。需要注意的是，IEEE 754 标准的浮点数尾数是用原码编码的。

4. 对于位数相同的定点数和浮点数，可表示的浮点数个数比定点数个数多吗？

不是，可表示的数据个数取决于编码所采用的位数。编码位数一定，则编码出来的数据个数就是一定的。n 位编码只能表示 2^n 个数，所以，对于相同位数的定点数和浮点数来说，可表示的数据个数应该一样多（有时可能由于一个值有两个或多个编码对应，编码个数会有少量差异，如补码和原码在 0 的表示）。

5. 什么是大端模式和小端模式？

大端存储：一个字中的高位的字节（Byte）放在内存中这个字区域的低地址处。小端存储：一个字中的低位的字节（Byte）放在内存中这个字区域的低地址处。

如果将一个 32 位的整数 0x12345678 存放到一个整型变量（int）中，这个整型变量采用**大端**或者**小端**模式在内存中的存储见表 2-7。为简单起见，这里使用 OP0 表示一个 32 位数据的最高字节 MSB，使用 OP3 表示一个 32 位数据

表 2-7　采用大端或小端模式在内存中的存储

地址偏移	大端模式	小端模式
0×00	12（OP0）	78（OP3）
0×01	34（OP1）	56（OP2）
0×02	56（OP2）	34（OP1）
0×03	78（OP3）	12（OP0）

最低字节 LSB。

大端存储和小端存储的区别是字中字节的存储顺序不同，而字的存储顺序是相同的。如果一个字符串或者数超过了一个字长，那么应该将其分割之后再小端或大端存储。

理解之后可以如此记忆：大端→高位→在前→正常的逻辑顺序和小端→低位→在前→与正常逻辑顺序相反。

6. 浮点数如何进行舍入？

舍入方法选择的原则是：①尽量使误差范围对称，使得平均误差为 0，即有舍有入，以防误差积累。②方法要简单，以加快速度。

IEEE 754 有 4 种舍入方式。

① 就近舍入：舍入为最近可表示的数，若结果值正好落在两个可表示数的中间，则一般选择舍入结果为偶数。

② 正向舍入：朝+∞方向舍入，即取右边的那个数。

③ 负向舍入：朝−∞方向舍入，即取左边的那个数。

④ 截去：朝 0 方向舍入，即取绝对值较小的那个数。

7. 现代计算机中是否要考虑原码加/减运算？如何实现？

因为现代计算机中浮点数采用 IEEE 754 标准，所以在进行两个浮点数加/减运算时，必须考虑原码的加/减运算。因为，IEEE 754 规定浮点数的尾数都用原码表示。

原码的加/减运算可以有以下两种实现方式。

1）转换为补码后，用补码加减法实现，结果再转换为原码。

2）直接用原码进行加/减运算，符号和数值部分分开进行（具体过程见原码加/减运算部分）。

8. 长度为 $n+1$ 的定点数，按照不同的编码方式，表示的数值范围是多少？

表 2-8　各编码方式的数值范围

编码方式	最小值编码	最 小 值	最大值编码	最 大 值	数 值 范 围
无符号定点整数	0000…000	0	1111…111	$2^{n+1}-1$	$0 \leq x \leq 2^{n+1}-1$
无符号定点小数	0.00…000	0	0.11…111	$1-2^{-n}$	$0 \leq x \leq 1-2^{-n}$
原码定点整数	1111…111	-2^n+1	0111…111	2^n-1	$-2^n+1 \leq x \leq 2^n-1$
原码定点小数	1.111…111	$-1+2^{-n}$	0.111…111	$1-2^{-n}$	$-1+2^{-n} \leq x \leq 1-2^{-n}$
补码定点整数	1000…000	-2^n	0111…111	2^n-1	$-2^n \leq x \leq 2^n-1$
补码定点小数	1.000…000	-1	0.111…111	$1-2^{-n}$	$-1 \leq x \leq 1-2^{-n}$
反码定点整数	1000…000	-2^n+1	0111…111	2^n-1	$-2^n+1 \leq x \leq 2^n-1$
反码定点小数	1.000…000	$-1+2^{-n}$	0.111…111	$1-2^{-n}$	$-1+2^{-n} \leq x \leq 1-2^{-n}$
移码定点整数	0000…000	-2^n	1111…111	2^n-1	$-2^n \leq x \leq 2^n-1$
移码定点小数	小数没有移码定义				

9. 设阶码和尾数均用补码表示，阶码部分共 $K+1$ 位（含 1 位阶符），尾数部分共 $n+1$ 位（含 1 位数符），则这样的浮点数的表示范围是多少？

表 2-9　浮点数的表示范围

浮 点 数	浮 点 表 示		真 值
	阶 码	尾 数	
最大正数	$01\cdots1$	$0.11\cdots11$	$(1-2^{-n})\times2^{2^k-1}$
绝对值最大负数	$01\cdots1$	$1.00\cdots00$	$-1\times2^{2^k-1}$
最小正数	$10\cdots0$	$0.00\cdots01$	$2^{-n}\times2^{-2^k}$
规格化的最小正数	$10\cdots0$	$0.10\cdots00$	$2^{-1}\times2^{-2^k}$
绝对值最小负数	$10\cdots0$	$1.11\cdots11$	$-2^{-n}\times2^{-2^k}$
规格化的绝对值最小负数	$10\cdots0$	$1.01\cdots11$	$-(2^{-1}+2^{-n})\times2^{-2^k}$

第 3 章

存储系统

【考纲内容】

（一）存储器的分类

（二）存储器的层次化结构

（三）半导体随机存取存储器

SRAM 存储器；DRAM 存储器

只读存储器；Flash 存储器

（四）主存储器与 CPU 的连接

（五）双口 RAM 和多模块存储器

（六）高速缓冲存储器（Cache）

Cache 的基本工作原理

Cache 和主存之间的映射方式

Cache 中主存块的替换算法；Cache 写策略

（七）虚拟存储器

虚拟存储器的基本概念；页式虚拟存储器

段式虚拟存储器；段页式虚拟存储器；TLB（快表）

【考题分布】

年 份	单选题/分	综合题/分	考 查 内 容
2009 年	2 题×2	0	组相联映射方法；存储器扩展的芯片选择
2010 年	3 题×2	1 题×12	存储器扩展的地址分配；RAM 和 ROM 的区别；TLB、Cache 及 Page 的命中关系；Cache 容量计算、直接映射的地址计算、命中率和效率的计算
2011 年	2 题×2	1 题×12	存储器的特点与分类；MAR 和地址空间的关系；虚拟地址与实地址的转换、Cache 和主存的映射与地址结构、TLB 和页表的映射
2012 年	2 题×2	√	闪存（Flash Memory）的特点；组相连映射中的 LRU 替换与命中分析；低位交叉存储器的性能分析
2013 年	3 题×2	√	全相联映射的 Cache 的地址分析；RAM 和 ROM 的区别；低位交叉存储器的性能分析

　　本章是历年考查的重点，特别是有关 Cache 和存储器扩展的知识点容易出综合题。此外，存储器的分类与特点，存储器的扩展（芯片选择、连接方式、地址范围等），低位交叉存储器，Cache 的相关计算与替换算法，虚拟存储器与快表也容易出选择题。读者应在掌握基本原理和基本理论的基础上，多多结合习题进行练习，以加深巩固。

3.1 存储器的层次结构

3.1.1 存储器的分类

存储器种类繁多，可以从不同的角度对存储器进行分类。

1. 按在计算机中的作用（层次）分类

1）主存储器：简称主存，又称内存储器（内存），用来存放计算机运行期间所需的大量程序和数据，CPU 可以直接随机地对其进行访问，也可以和高速缓冲存储器（Cache）以及辅助存储器交换数据。其特点是容量较小、存取速度较快、每位价格较高。

2）辅助存储器：简称辅存，又称外存储器（外存），是主存储器的后援存储器，用来存放当前暂时不用的程序和数据，以及一些需要永久性保存的信息，它不能与 CPU 直接交换信息。其特点是容量极大、存取速度较慢、单位成本低。

3）高速缓冲存储器：简称 Cache，位于主存和 CPU 之间，用来存放正在执行的程序段和数据，以便 CPU 能高速地使用它们。Cache 的存取速度可以与 CPU 的速度相匹配，但存储容量小、价格高。目前的高档计算机通常将它们或它们的一部分制作在 CPU 中。

2. 按存储介质分类

按存储介质，存储器可分为磁表面存储器（磁盘、磁带）、半导体存储器（MOS 型存储器、双极型存储器）和光存储器。

3. 按存取方式分类

1）随机存储器（RAM）：存储器的任何一个存储单元的内容都可以随机存取，而且存取时间与存储单元的物理位置无关。其优点是读写方便、使用灵活，主要用做主存或高速缓冲存储器。RAM 又分为静态 RAM（以触发器原理寄存信息）和动态 RAM（以电容充电原理寄存信息）。

2）只读存储器（ROM）：存储器的内容只能随机读出而不能写入。信息一旦写入存储器就固定不变了，即使断电，内容也不会丢失。因此，通常用它存放固定不变的程序、常数和汉字字库，甚至用于操作系统的固化。它与随机存储器可共同作为主存的一部分，统一构成主存的地址域。

3）串行访问存储器：对存储单元进行读/写操作时，需按其物理位置的先后顺序寻址，包括顺序存取存储器（如磁带）与直接存取存储器（如磁盘）。

顺序存取存储器的内容只能按某种顺序存取，存取时间的长短与信息在存储体上的物理位置有关，其特点是存取速度慢。直接存取存储器既不像 RAM 那样随机地访问任一个存储单元，也不像顺序存取存储器那样完全按顺序存取，而是介于两者之间。存取信息时通常先寻找整个存储器中的某个小区域（如磁盘上的磁道），再在小区域内顺序查找。

4. 按信息的可保存性分类

断电后，存储信息即消失的存储器，称为易失性存储器，如 RAM。断电后信息仍保持的存储器，称为非易失性存储器，如 ROM、磁表面存储器和光存储器。如果某个存储单元所存储的信息被读出时，原存储信息将被破坏，则称为破坏性读出；如果读出时，被读单元原存储信息不被破坏，则称为非破坏性读出。具有破坏性读出性能的存储器，每次读出操作后，必须紧接一个再生的操作，以便恢复被破坏的信息。

3.1.2　存储器的性能指标

存储器有 3 个主要性能指标，即存储容量、单位成本和存储速度。这 3 个指标相互制约，设计存储器系统所追求的目标就是大容量、低成本和高速度。

1）存储容量=存储字数×字长（如 1M×8 位）。

2）单位成本：每位价格=总成本/总容量。

3）存储速度：数据传输率=数据的宽度/存储周期。

① 存取时间（T_a）：存取时间是指从启动一次存储器操作到完成该操作所经历的时间，分为读出时间和写入时间。

② 存取周期（T_m）：存取周期又称为读写周期或访问周期。它是指存储器进行一次完整的读写操作所需的全部时间，即连续两次独立地访问存储器操作（读或写操作）之间所需的最小时间间隔。

③ 主存带宽（B_m）：主存带宽又称数据传输率，表示每秒从主存进出信息的最大数量，单位为字/秒、字节/秒（B/s）或位/秒（b/s）。

存取时间不等于存储周期，通常存储周期大于存取时间。这是因为对任何一种存储器，在读写操作之后，总要有一段恢复内部状态的复原时间。对于破坏性读出的存储器，存取周期往往比存取时间大得多，甚至可以达到 $T_m=2T_a$，这是因为存储器中的信息读出后需要马上进行再生。

存取时间与存取周期的关系如图 3-1 所示。

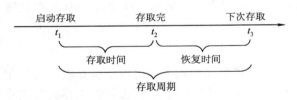

图 3-1　存取时间与存取周期的关系

3.1.3　本节习题精选

一、单项选择题

1. 【2011 年计算机联考真题】

下列各类存储器中，不采用随机存取方式的是（　　）。

    A．EPROM　　　　B．CD-ROM　　　C．DRAM　　　　D．SRAM

2. 磁盘属于（　　）类型的存储器。

    A．随机存取存储器（RAM）　　　　　B．只读存储器（ROM）

    C．顺序存取存储器（SAM）　　　　　D．直接存取存储器（DAM）

3. 存储器的存取周期是指（　　）。

    A．存储器的读出时间

    B．存储器的写入时间

    C．存储器进行连续读或写操作所允许的最短时间间隔

    D．存储器进行一次读或写操作所需的平均时间

4. 主存储器速度的表示中,存取时间(T_a)和存取周期(T_c)的关系表述正确的是( )。

    A. $T_a > T_c$ B. $T_a < T_c$ C. $T_a = T_c$

    D. $T_a > T_c$ 或 $T_a < T_c$,根据不同存取方式和存取对象而定

5. 设机器字长为 32 位,一个容量为 16MB 的存储器,CPU 按半字寻址,其可寻址的单元数是( )。

    A. 2^{24} B. 2^{23} C. 2^{22} D. 2^{21}

6. 相联存储器是按( )进行寻址的存储器。

    A. 地址指定方式

    B. 堆栈存储方式

    C. 内容指定方式和堆栈存储方式相结合

    D. 内容指定方式和地址指定方式相结合

7. 某计算机系统,其操作系统保存在硬盘上,其内存储器应该采用 ( )。

    A. RAM   B. ROM

    C. RAM 和 ROM   D. 都不对

8. 在下列几种存储器中,CPU 不能直接访问的是 ( )。

    A. 硬盘   B. 内存   C. Cache   D. 寄存器

9. 若某存储器存储周期为 250ns,每次读出 16 位,则该存储器的数据传输率是( )。

    A. 4×10^6 B/s   B. 4MB/s   C. 8×10^6 B/s   D. 8×2^{20} B/s

10. 设机器字长为 64 位,存储容量为 128MB,若按字编址,它可寻址的单元个数是( )。

    A. 16MB   B. 16M   C. 32M   D. 32MB

3.1.4 答案与解析

一、单项选择题

1. B

随机存取方式是指 CPU 可以对存储器的任一存储单元中的内容随机存取,而且存取时间与存储单元的物理位置无关。选项 A、C、D 均采用随机存取方式,CDROM 即光盘,采用串行存取方式。注意,CDROM 是只读型光盘存储器,而不属于只读存储器(ROM)。

2. D

磁盘属于直接存取存储器,其速度介于随机存取存储器和顺序存取存储器之间,而选项 D 指的是存取时间。

3. C

存储器的存取周期往往大于存取时间,它还包括信息的复原时间。

4. B

存取时间(T_a)指从存储器读出或者写入一次信息所需要的平均时间;存取周期(T_c)指连续两次访问存储器之间所必需的最短时间间隔。对 T_c 一般有:$T_c = T_a + T_r$,其中 T_r 为复原时间;对 SRAM 指存取信息的稳定时间,对 DRAM 指刷新的又一次存取时间。

5. B

16MB=2^{24}B,由于字长为 32 位,现在按半字(16 位=2B)寻址,故可寻址的单元数为 2^{24}B/2B=2^{23}。

6. D

相联存储器的基本原理是把存储单元所存内容的某一部分作为检索项（即关键字项）去检索该存储器，并将存储器中与该检索项符合的存储单元内容进行读出或写入。所以它是按内容或地址进行寻址的，价格较为昂贵。一般用来制作 TLB、相联 Cache 等。

7. C

操作系统保存在硬盘上，首先需要将其引导到主存中，而引导程序通常存放在 ROM 中，程序运行时需要进行读写操作，因此应采用 RAM。

8. A

CPU 不能直接访问硬盘，需先将硬盘中的数据调入内存才能被 CPU 所访问。

9. C

计算的是存储器的带宽，每个存储周期读出 16bit=2B，故而数据传输率是 2B/(250×10^{-9}s)，即 8×10^6B/s。本题中 8MB/s 是 $8 \times 1024 \times 1024$B/s。

注意：通常，数据传输率中的 M 指的是 10^6 而非 2^{20}（后面 I/O 章节中的 2009 年真题便是如此），一般二进制表示的 K、M 仅用于存储容量相关计算。

10. B

机器字长位 64 位，即 8B，按字编址，故可寻址的单元个数是 128MB/8B=16M。

3.2 存储器的层次化结构

3.2.1 多级存储系统

为了解决存储系统大容量、高速度和低成本 3 个相互制约的矛盾，在计算机系统中，通常采用多级存储器结构，如图 3-2 所示。在图中由上至下，位价越来越低，速度越来越慢，容量越来越大，CPU 访问的频度也越来越低。

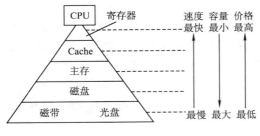

图 3-2 多级存储器结构

实际上，存储系统层次结构主要体现在"Cache—主存"层次和"主存—辅存"层次。前者主要解决 CPU 和主存速度不匹配的问题，后者主要解决存储系统的容量问题。在存储体系中，Cache、主存能与 CPU 直接交换信息，辅存则要通过主存与 CPU 交换信息；主存与 CPU、Cache、辅存都能交换信息，如图 3-3 所示。

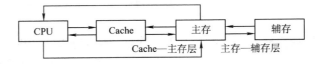

图 3-3 三级存储系统的层次结构及其构成

从 CPU 的角度看，"Cache—主存"层次速度接近于 Cache，容量和位价却接近于主存。从"主存—辅存"层次分析，其速度接近于主存，容量和位价却接近于辅存。这就解决了速度、容量、成本这三者之间的矛盾，现代计算机系统几乎都采用这种三级存储系统。需要注意的是，主存和 Cache 之间的数据调动是由硬件自动完成的，对所有程序员均是透明的；而主存和辅存之间的数据调动则是由硬件和操作系统共同完成的，对应用程序员是透明的。

在"主存—辅存"这一层次的不断发展中，逐渐形成了虚拟存储系统，在这个系统中程序员编程的地址范围与虚拟存储器的地址空间相对应。对具有虚拟存储器的计算机系统而言，编程时可用的地址空间远远大于主存空间。

注意：在"Cache—主存"和"主存—辅存"层次中，上一层中的内容都只是下一层中内容的副本，也即 Cache（主存）中的内容只是主存（辅存）中内容的一部分。

3.2.2　本节习题精选

一、单项选择题

1．计算机的存储器采用分级方式是为了（　　　）。
　　A．方便编程　　　　　　　　　　B．解决容量、速度、价格三者之间的矛盾
　　C．保存大量数据方便　　　　　　D．操作方便

2．计算机的存储系统是指（　　　）。
　　A．RAM　　　　　　　　　　　　B．ROM
　　C．主存储器　　　　　　　　　　D．Cache、主存储器和外存储器

3．在多级存储体系中，"Cache—主存"结构的作用是解决（　　　）的问题。
　　A．主存容量不足　　　　　　　　B．主存与辅存速度不匹配
　　C．辅存与 CPU 速度不匹配　　　 D．主存与 CPU 速度不匹配

4．（　　　）存储结构对程序员是透明的。
　　A．通用寄存器　　　B．主存　　　　　C．控制寄存器　　　D．堆栈

5．存储器分层体系结构中，存储器从速度最快到最慢的排列顺序是（　　　）。
　　A．寄存器—主存—Cache—辅存　　B．寄存器—主存—辅存—Cache
　　C．寄存器—Cache—辅存—主存　　D．寄存器—Cache—主存—辅存

6．在 Cache 和主存构成的两级存储体系中，主存与 Cache 同时访问，Cache 的存取时间是 100ns，主存的存取时间是 1000ns，如果希望有效（平均）存取时间不超过 Cache 存取时间的 115%，则 Cache 的命中率至少应为（　　　）。
　　A．90%　　　　　　B．98%　　　　　　C．95%　　　　　　D．99%

二、综合应用题

1．某个两级存储器系统的平均访问时间为 12ns，该存储器系统中顶层存储器的命中率为 90%，访问时间是 5ns，问：该存储器系统中底层存储器的访问时间是多少（假设采用同时访问两层存储器的方式）？

2．CPU 执行一段程序时，Cache 完成存取的次数为 1900 次，主存完成存取的次数为 100 次，已知 Cache 存取周期为 50ns，主存存取周期为 250ns。设主存与 Cache 同时访问，试问：

1）Cache/主存系统的效率。

2）平均访问时间。

3.2.3 答案与解析

一、单项选择题

1. B

存储器有 3 个主要特性：速度、容量和价格/位（简称位价）。存储器采用分级方式是为了解决这三者之间的矛盾。

2. D

计算机的存储系统包括 CPU 内部寄存器、Cache、主存和外存。

3. D

Cache 中的内容只是主存内容的部分副本（拷贝），因而 "Cache-主存" 结构并没有增加主存容量，是为了解决主存与 CPU 速度不匹配的问题。

4. C

控制寄存器（CR0～CR3）用于控制和确定处理器的操作模式，以及当前执行任务的特性，因此对程序员是透明的。

5. D

在存储器分层结构中，寄存器在 CPU 中，因此速度最快，Cache 次之，主存再次之，最慢的是辅存（如磁盘、光盘等）。

6. D

假设命中率为 x，则可得到 $100x+1000(1-x) \leq 100 \times (1+15\%)$，简单计算后可得结果为 $x \geq 98.33\%$，因此命中率至少为 99%。

二、综合应用题

1. 解答：

设底层存储器访问时间为 T，则有 $12\text{ns} = (0.90 \times 5\text{ns}) + (0.10 \times T)$

求得 $T = 75\text{ns}$。

2. 解答：

1）命中率 $H = N_c/(N_c + N_m) = 1900/(1900 + 100) = 0.95$

主存访问时间与 Cache 访问时间的倍率：$r = T_m/T_c = 250\text{ns}/50\text{ns} = 5$

Cache 主存系统的效率：$e=$访问 Cache 的时间/平均访存时间

访问效率：$e = 1/[H+(1-H)r] = 1/[0.95 + (1-0.95)*5] = 83.3\%$

2）平均访问时间：$T_a = T_c/e = 50\text{ns}/0.833 = 60\text{ns}$

3.3 半导体随机存储器

3.3.1 半导体存储芯片

1. 半导体存储芯片的基本结构

半导体存储芯片内集成有存储矩阵（存储体）、译码驱动电路和读写电路等，其基本结构如图 3-4 所示。

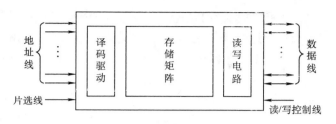

图 3-4 半导体存储芯片的基本结构

1）存储矩阵：由大量相同的位存储单元阵列构成。

2）译码驱动：将来自地址总线的地址信号翻译成对应存储单元的选通信号，该信号在读写电路的配合下完成对被选中单元的读/写操作。

3）读写电路：包括读出放大器和写入电路，用来完成读/写操作。

4）读/写控制线：决定芯片进行读/写操作。

5）片选线：确定哪个存储芯片被选中。

6）地址线：是单向输入的，其位数与存储字的个数有关。

7）数据线：是双向的，其位数与读出或写入的数据位数有关，数据线数和地址线数共同反映存储芯片容量的大小。如地址线 10 根，数据线 8 根，则芯片容量=$2^{10}×8$=8K 位。

半导体随机存取存储器按其存储信息的原理不同，可分为静态 RAM 和动态 RAM 两种。高速缓冲存储器大多由静态 RAM 实现，后者则被广泛应用于计算机的主存。

2．74138 译码器

译码是编码的逆过程，实现译码功能的电路称为译码器。一个 74138 译码器如图 3-5 所示，输入是 3 位二进制码，8 个输出端对应 8 种输入状态，因此又称为 3/8 译码器。

在图 3-5 中，A、B、C 为译码地址输入端；G_1、$\overline{G_{2A}}$、$\overline{G_{2B}}$ 为选通端，$\overline{Y_0}\sim\overline{Y_7}$ 为译码输出端（低电平有效）。当选通端 G_1 为高电平，另两个选通端 $\overline{G_{2A}}$、$\overline{G_{2B}}$ 为低电平时，才可将地址端 A、B、C 的二进制编码在一个对应的输出端以低电平译出。

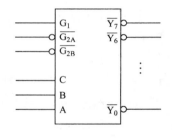

图 3-5 74138 译码器

3.3.2 SRAM 存储器和 DRAM 存储器

1．SRAM 存储器的工作原理

通常把存放一个二进制位的物理器件称为存储元，它是存储器的最基本构件。地址码相同的多个存储元构成一个存储单元。若干存储单元的集合构成存储体。

静态随机存储器（SRAM）的存储元是用双稳态触发器（六管 MOS）来记忆信息的，因此即使信息被读出后，它仍保持其原状态而不需要再生（非破坏性读出）。但是，只要电源被切断，原来的保存信息便会丢失，故它属易失性半导体存储器。

SRAM 的存取速度快，但集成度低，功耗较大，所以一般用来组成高速缓冲存储器。

2．DRAM 存储器的工作原理

与 SRAM 存储器的存储原理不同，动态随机存储器（DRAM）是利用存储元电路中栅极电容上的电荷来存储信息的，常见的 DRAM 的基本存储电路通常分为三管式和单管式。DRAM 采用地址复用技术，地址线是原来的 1/2，且地址信号分行、列两次传送。

相对于 SRAM 来说，DRAM 具有容易集成、位价低、容量大和功耗低等优点，但是 DRAM 的存取速度比 SRAM 慢，一般用来组成大容量主存系统。

电容上的电荷一般只能维持 1～2ms，因此即使电源不掉电，信息也会自动消失。为此，每隔一定时间必须刷新，通常取 2ms，这个时间称为刷新周期。常用的刷新方式有 3 种：集中刷新、分散刷新和异步刷新。

1）**集中刷新**：指在一个刷新周期内，利用一段固定的时间，依次对存储器的所有行进行逐一再生，在此期间停止对存储器的读写操作，称为"死时间"，又称为访存"死区"。

集中刷新的优点是读写操作时不受刷新工作的影响，因此系统的存取速度比较高；缺点是在集中刷新期间（死区）不能访问存储器。

2）**分散刷新**：把对每一行的刷新分散到各个工作周期中去。这样，一个存储器的系统工作周期分为两部分：前半部分用于正常读、写或保持；后半部分用于刷新某一行。这种刷新方式增加了系统的存取周期，如存储芯片的存取周期为 0.5μs，则系统的存取周期应为 1μs。

分散刷新的优点是没有死区；缺点是加长了系统的存取周期，降低了整机的速度。

3）**异步刷新**：异步刷新是前两种方法的结合，它既可缩短"死时间"，又充分利用最大刷新间隔为 2ms 的特点。具体做法是将刷新周期除以行数，得到两次刷新操作之间的时间间隔 t，利用逻辑电路每隔时间 t 产生一次刷新请求。这样可以避免使 CPU 连续等待过长的时间，而且减少了刷新次数，从根本上提高了整机的工作效率。

DRAM 的刷新需注意以下问题：①刷新对 CPU 是透明的，即刷新不依赖于外部的访问；②动态 RAM 的刷新单位是行，故刷新操作时仅需要行地址；③刷新操作类似于读操作，但又有所不同。刷新操作仅是给栅极电容补充电荷，不需要信息输出。另外，刷新时不需要选片，即整个存储器中的所有芯片同时被刷新。

3．存储器的读、写周期

（1）RAM 的读周期

从给出有效地址后，到读出所选中单元的内容并在外部数据总线上稳定地出现所需的时间称为读出时间（t_A）。地址片选信号 $\overline{CS}$ 必须保持到数据稳定输出，t_{CO} 为片选的保持时间，在读周期中 $\overline{WE}$ 为高电平。RAM 芯片的读周期时序图如图 3-6 所示。

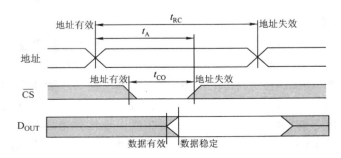

图 3-6　RAM 芯片的读周期时序图

读周期与读出时间是两个不同的概念，读周期时间（t_{RC}）表示存储芯片进行两次连续读操作时所必须间隔的时间，它总是大于或等于读出时间。

（2）RAM 的写周期

要实现写操作，必须要求片选信号 $\overline{CS}$ 和写命令信号 $\overline{WE}$ 都为低电平。为使数据总线上的信息能够可靠地写入存储器，要求 $\overline{CS}$ 信号与 $\overline{WE}$ 信号相"与"的宽度至少为 t_W。

为了保证在地址变化期间不会发生错误写入而破坏存储器的内容，$\overline{WE}$ 信号在地址变化期间必须为高电平。为了保证有效数据的可靠写入，地址有效的时间至少应为 $t_{WC}=t_{AW}+t_W+t_{WR}$。为了保证在 $\overline{WE}$ 和 $\overline{CS}$ 变为无效前能把数据可靠地写入，要求写入的数据必须在 t_{DW} 以前在数据总线上已经稳定。RAM 芯片的写周期时序图如图 3-7 所示。

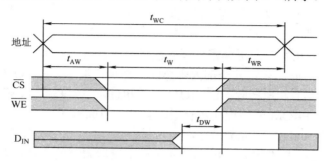

图 3-7　RAM 芯片的写周期时序图

4. SRAM 和 DRAM 的比较

表 3-1 详细列出了 SRAM 和 DRAM 各自的特点。

表 3-1　**SRAM 和 DRAM 各自的特点**

类型 特点	SRAM	DRAM
存储信息	触发器	电容
破坏性读出	非	是
需要刷新	不要	需要
送行列地址	同时送	分两次送
运行速度	快	慢
集成度	低	高
发热量	大	小
存储成本	高	低

3.3.3　只读存储器

1. 只读存储器（ROM）的特点

ROM 和 RAM 都是支持随机存取的存储器，其中 SRAM 和 DRAM 均为易失性存储器。而 ROM 中一旦有了信息，就不能轻易改变，即使掉电也不会丢失，它在计算机系统中是只供读出的存储器。ROM 器件有两个显著的优点：

1）结构简单，所以位密度比可读写存储器高。

2）具有非易失性，所以可靠性高。

2. ROM 的类型

根据制造工艺的不同，ROM 可分为掩膜式只读存储器（MROM）、一次可编程只读存储器（PROM）、可擦除可编程只读存储器（EPROM）和闪速存储器（Flash Memory）。

（1）掩膜式只读存储器

MROM 的内容由半导体制造厂按用户提出的要求在芯片的生产过程中直接写入，写入以后任何人都无法改变其内容。优点是可靠性高，集成度高，价格便宜；缺点是灵活性差。

（2）一次可编程只读存储器

PROM 是可以实现一次性编程的只读存储器。允许用户利用专门的设备（编程器）写入自己的程序，一旦写入后，内容就无法改变。

（3）可擦除可编程只读存储器

EPROM 不仅可以由用户利用编程器写入信息，而且可以对其内容进行多次改写。当需要修改 EPROM 的内容时，先将其全部内容擦除，然后再编程。EPROM 又可分为两种：紫外线擦除（UVEPROM）和电擦除（E^{2}PROM）。EPROM 虽然既可读，又可写，但它不能取代 RAM，这是由于 EPROM 的编程次数有限，且写入时间过长。

（4）闪速存储器（Flash Memory）

Flash Memory 是在 EPROM 与 E^{2}PROM 基础上发展起来的，其主要特点是既可在不加电的情况下长期保存信息，又能在线进行快速擦除与重写。闪速存储器既有 EPROM 的价格便宜、集成度高的优点，又有 E^{2}PROM 电可擦除重写的特点，且擦除重写的速度快。

3.3.4　本节习题精选

一、单项选择题

1. 某一 SRAM 芯片，其容量为 1024×8 位，除电源和接地端外，该芯片的引脚的最小数目为（　　）。

　　A. 21　　　　　　　B. 22　　　　　　　C. 23　　　　　　　D. 24

2. 某存储器容量为 32K×16 位，则（　　）。

　　A. 地址线为 16 根，数据线为 32 根

　　B. 地址线为 32 根，数据线为 16 根

　　C. 地址线为 15 根，数据线为 16 根

　　D. 地址线为 15 根，数据线为 32 根

3. 若 RAM 中每个存储单元为 16 位，则下面所述正确的是（　　）。

　　A. 地址线也是 16 位　　　　　　　　B. 地址线与 16 无关

　　C. 地址线与 16 有关　　　　　　　　D. 地址线不得少于 16 位

4. DRAM 的刷新是以（　　）为单位的。

　　A. 存储单元　　　　　　　　　　　B. 行

　　C. 列　　　　　　　　　　　　　　D. 存储字

5. 动态 RAM 采用下列哪种刷新方式时，不存在死时间（　　）。

　　A. 集中刷新　　　　　　　　　　　B. 分散刷新

　　C. 异步刷新　　　　　　　　　　　D. 都不对

6. 下面是有关 DRAM 和 SRAM 存储器芯片的叙述：

Ⅰ. DRAM 芯片的集成度比 SRAM 高

Ⅱ. DRAM 芯片的成本比 SRAM 高

Ⅲ. DRAM 芯片的速度比 SRAM 快

Ⅳ. DRAM 芯片工作时需要刷新，SRAM 芯片工作时不需要刷新

通常情况下，错误的是（　　）。

　　A．Ⅰ和Ⅱ　　　　　　　　　　　B．Ⅱ和Ⅲ

　　C．Ⅲ和Ⅳ　　　　　　　　　　　D．Ⅰ和Ⅳ

7. 下列说法中，正确的是（　　）。

　　A．半导体 RAM 信息可读可写，且断电后仍能保持记忆

　　B．DRAM 是易失性 RAM，而 SRAM 中的存储信息是不易失的

　　C．半导体 RAM 是易失性 RAM，但只要电源不断电，所存信息是不丢失的

　　D．半导体 RAM 是非易失性的 RAM

8. 关于 SRAM 和 DRAM，下列叙述中正确的是（　　）。

　　A．通常 SRAM 依靠电容暂存电荷来存储信息，电容上有电荷为 1，无电荷为 0

　　B．DRAM 依靠双稳态电路的两个稳定状态来分别存储 0 和 1

　　C．SRAM 速度较慢，但集成度稍高；DRAM 速度稍快，但集成度低

　　D．SRAM 速度较快，但集成度稍低；DRAM 速度稍慢，但集成度高

9. 某一 DRAM 芯片，采用地址复用技术，其容量为 1024×8 位，除电源和接地端外，该芯片的引脚数最少是（　　）。

　　A．16　　　　　　B．17　　　　　　C．19　　　　　　D．21

10.【2010 年计算机联考真题】

下列有关 RAM 和 ROM 的叙述中，正确的是（　　）。

Ⅰ. RAM 是易失性存储器，ROM 是非易失性存储器

Ⅱ. RAM 和 ROM 都是采用随机存取的方式进行信息访问

Ⅲ. RAM 和 ROM 都可用做 Cache

Ⅳ. RAM 和 ROM 都需要进行刷新

　　A．仅Ⅰ和Ⅱ　　　　　　　　　　B．仅Ⅱ和Ⅲ

　　C．仅Ⅰ、Ⅱ和Ⅲ　　　　　　　　D．仅Ⅱ、Ⅲ和Ⅳ

11.【2012 年计算机联考真题】

下列关于闪存（Flash Memory）的叙述中，错误的是（　　）。

　　A．信息可读可写，并且读、写速度一样快

　　B．存储元由 MOS 管组成，是一种半导体存储器

　　C．掉电后信息不丢失，是一种非易失性存储器

　　D．采用随机访问方式，可替代计算机外部存储器

12. 下列几种存储器中，（　　）是易失性存储器。

　　A．Cache　　　　　B．EPROM　　　　C．Flash Memory　　D．CD-ROM

13. U 盘属于（　　）类型的存储器。

　　A．高速缓存　　　　　　　　　　　B．主存

  C. 只读存储器   D. 随机存取存储器

14. 某计算机系统，其操作系统保存于硬盘上，其内存储器应该采用（   ）。

  A. RAM   B. ROM

  C. RAM 和 ROM   D. 均不完善

15. 下列说法正确的是（   ）。

  A. EPROM 是可改写的，故而可以作为随机存储器

  B. EPROM 是可改写的，但不能作为随机存储器

  C. EPROM 是不可改写的，故而不能作为随机存储器

  D. EPROM 只能改写一次，故而不能作为随机存储器

二、综合应用题

1. 在显示适配器中，用于存放显示信息的存储器称为刷新存储器，它的重要性能指标是带宽。具体工作中，显示适配器的多个功能部分要争用刷新存储器的带宽。设总带宽 50% 用于刷新屏幕，保留 50% 带宽用于其他非刷新功能，且采用分辨率为 1024×768 像素，颜色深度为 3B，刷新频率为 72Hz 的工作方式。

  1）试计算刷新存储器的总带宽。

  2）为达到这样高的刷新存储器带宽，应采取何种技术措施？

2. 一个 1K×4 位的动态 RAM 芯片，若其内部结构排列成 64×64 形式，且存取周期为 0.1μs。

  1）若采用分散刷新和集中刷新（即异步刷新）相结合的方式，刷新信号周期应取多少？

  2）若采用集中刷新，则对该存储芯片刷新一遍需多少时间？死时间率是多少？

3.3.5   答案与解析

一、单项选择题

1. A

  芯片容量为 1024×8 位，说明芯片容量为 1024B，且以字节为单位存取，也就是说地址线数要 10 位（1024B=2^{10}B）。8 位说明数据线要 8 位，加上片选线和读/写控制线（读控制为 RD、写控制为 WE），故而引脚数最小数为 10+8+1+2=21 根线。

  注意：读写控制线也可以共用一根，但题中无 20 选项，做题时应随机应变。

2. C

  该芯片 16 位，所以数据线为 16 根，寻址空间 32K=2^{15}，所以地址线为 15 根。

3. B

  地址线只与 RAM 的存储单元个数有关，而与存储单元的字长无关。

4. B

  DRAM 的刷新按行进行。

5. B

  集中刷新必然存在死时间。采用分散刷新时，机器的存取周期中的一段用来读/写，另一段用来刷新，故不存在死时间，但是存取周期变长了。异步刷新虽然缩短了死时间，但死时间依然存在。

6. B

DRAM 芯片的集成度高于 SRAM，Ⅰ正确；SRAM 芯片的速度高于 DRAM，Ⅲ错误；可以推出 DRAM 芯片的成本低于 SRAM，Ⅱ错误；SRAM 芯片工作时不需要刷新，DRAM 芯片工作时需要刷新，Ⅳ正确。

7. C

RAM 属于易失性半导体，故 A、B、D 错误，SRAM 和 DRAM 的区别在于是否需要动态刷新。

8. D

SRAM 依靠双稳态电路的两个稳定状态来分别存储 0 和 1，A 错误。DRAM 依靠电容暂存电荷来存储信息，电容上有电荷为 1，无电荷为 0，B 错误。SRAM 速度较快，不需要动态刷新，但集成度稍低，功耗大，单位价格高；DRAM 集成度高，功耗小，单位价格较低，需定时刷新，故速度慢，故 C 错误、D 正确。

9. B

1024×8 位，故可寻址范围是 1024=2^{10}B，按字节寻址。而采用地址复用技术[①]，通过行通选和列通选分行列两次传送地址信号，故而地址线减半为 5 根，数据线仍为 8 根；加上行通选和列通选以及读/写控制线（片选线用行通选代替）4 根，总共是 17 根。

10. A

一般 Cache 采用高速的 SRAM 制作，比 ROM 速度快很多，因此 Ⅲ 是错误的。RAM 需要刷新，而 ROM 不需要刷新，故Ⅳ错误。

11. A

闪存是 EEPROM 的进一步发展，可读可写，用 MOS 管的浮栅上有无电荷来存储信息。闪存依然是 ROM 的一种，写入时必须先擦除原有数据，故写速度比读速度要慢不少（硬件常识）。闪存是一种非易失性存储器，它采用随机访问方式。现在常见的 SSD 固态硬盘，即由 Flash 芯片组成。

12. A

Cache 由 SRAM 组成，掉电后信息即消失，属于易失性存储器。

13. C

U 盘采用 Flash Memory 技术，它是在 EEPROM 的基础上发展起来的，属于 ROM 的一种。由于擦写速度和性价比均很可观，故而其常常可用做辅存。

注意：随机存取与随机存取存储器(Random Access Memory, RAM)是不同的，只读存储器（ROM）也是随机存取的。因此，支持随机存取的存储器并不一定是随机存取存储器。

14. C

因计算机的操作系统保存于硬盘上，所以需要 BIOS 的引导程序将操作系统引导到主存（RAM）中，而引导程序则固化于 ROM 中。

15. B

EPROM 可多次改写，但改写较为繁琐，写入时间过长，且改写的次数有限，因此不能作为需要频繁读写的 RAM 使用。

---

① 地址复用技术见唐朔飞《计算机组成原理》教材。

二、综合应用题

1．解答：

1）因为刷新带宽 $W1$=分辨率×像素点颜色深度×刷新速率

$$=1024×768×3B×72/s$$

$$=169869KB/s$$

所以刷新总带宽 $W0=W1(W0/W1)$

$$=169869KB/s×100/50=339738KB/s$$

$$=339.738MB/s \qquad （这里 1K=1000）$$

2）为了提高刷新存储器带宽，可采用以下技术：①采用高速 DRAM 芯片；②采用多体交叉存储结构；③刷新存储器至显示控制器的内部总线宽度加倍；④采用双端口存储器将刷新端口和更新端口分开。

2．解答：

1）采用分散和集中刷新相结合的方式，对排列成 64×64 的存储芯片，需在 2ms 内将 64 行各刷新一遍，则刷新信号的时间间隔为 2ms/64=31.25μs，故可取刷新周期为[31.25]=31μs。

2）采用集中刷新，对 64×64 的芯片，需在 2ms 内集中 64 个存取周期刷新 64 行。题中给出的存取周期为 0.1μs，即在 2ms 内集中 6.4μs 刷新，则死时间率为(6.4/2 000)×100%=0.32%。

3.4 主存储器与 CPU 的连接

3.4.1 连接原理

1）主存储器通过数据总线、地址总线和控制总线与 CPU 连接。

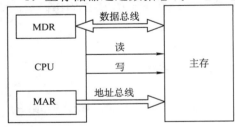

图 3-8　主存储器与 CPU 的连接

2）数据总线的位数与工作频率的乘积正比于数据传输率。

3）地址总线的位数决定了可寻址的最大内存空间。

4）控制总线（读/写）指出总线周期的类型和本次输入/输出操作完成的时刻。

主存储器与 CPU 的连接如图 3-8 所示。

3.4.2 主存容量的扩展

由于单个存储芯片的容量是有限的，它在字数或字长方面与实际存储器的要求都有差距，因此，需要在字和位两方面进行扩充才能满足实际存储器的容量要求。通常采用位扩展法、字扩展法和字位同时扩展法来扩展主存容量。

1．位扩展法

CPU 的数据线数与存储芯片的数据位数不一定相等，此时必须对存储芯片扩位（即进行位扩展，用多个存储器件对字长进行扩充，增加存储字长），使其数据位数与 CPU 的数据线数相等。

位扩展的连接方式是将多个存储芯片的地址端、片选端和读写控制端相应并联，数据端分别引出。

如图 3-9 所示，用 8 片 8K×1 位的 RAM 芯片组成 8K×8 位的存储器。8 片 RAM 芯片的地址线 $A_{12}\sim A_0$、$\overline{CS}$、$\overline{WE}$ 都分别连在一起，每片的数据线依次作为 CPU 数据线的一位。

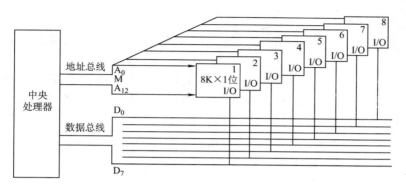

图 3-9　位扩展连接示意图

注意：仅采用位扩展时，各芯片连接地址线的方式相同，但连接数据线的方式不同，在某一时刻选中所有的芯片，所以片选信号 $\overline{CS}$ 要连接到所有芯片。

2．字扩展法

字扩展指的是增加存储器中字的数量，而位数不变。字扩展将芯片的地址线、数据线、读写控制线相应并联，而由片选信号来区分各芯片的地址范围。

如图 3-10 所示，用 4 片 16K×8 位的 RAM 芯片组成 64K×8 位的存储器。4 片 RAM 芯片的数据线 $D_0\sim D_7$ 和 $\overline{WE}$ 都分别连在一起。将 $A_{15}A_{14}$ 用做片选信号，当 $A_{15}A_{14}=00$ 时，译码器输出端 0 有效，选中最左边的 1 号芯片；当 $A_{15}A_{14}=01$ 时，译码器输出端 1 有效，选中2 号芯片，依次类推（在同一时间内只能有一个芯片被选中）。各芯片的地址分配如下：

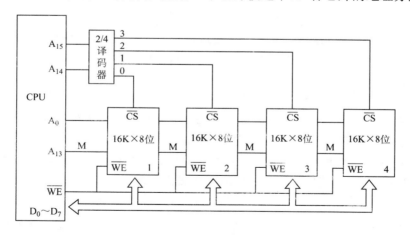

图 3-10　字扩展连接示意图

第 1 片，最低地址：**00**000000000000000；最高地址：**00**11111111111111（16 位）

第 2 片，最低地址：**01**00000000000000；最高地址：**01**11111111111111

第 3 片，最低地址：**1000000000000000**；最高地址：**1011111111111111**

第 4 片，最低地址：**1100000000000000**；最高地址：**1111111111111111**

注意：仅采用字扩展时，各芯片连接地址线的方式相同，连接数据线的方式也相同，但在某一时刻只需选中部分芯片，所以通过片选信号 $\overline{CS}$ 或采用译码器设计连接到相应的芯片。

3. 字位同时扩展法

实际上，存储器往往需要字和位同时扩充。字位同时扩展是指既增加存储字的数量，又增加存储字长。

如图 3-11 所示，用 8 片 16K×4 位的 RAM 芯片组成 64K×8 位的存储器。每两片构成一组 16K×8 位的存储器（位扩展），4 组便构成 64K×8 位的存储器（字扩展）。地址线 $A_{15}A_{14}$ 经译码器得到 4 个片选信号，当 $A_{15}A_{14}=00$ 时，输出端 0 有效，选中第一组的芯片（①和②）；当 $A_{15}A_{14}=01$ 时，输出端 1 有效，选中第二组的芯片（③和④），依次类推。

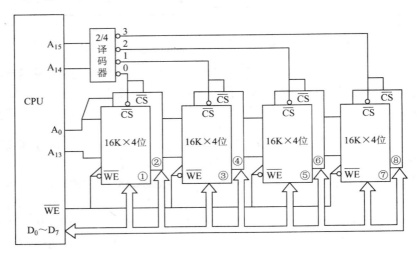

图 3-11 字位同时扩展及 CPU 的连接图

注意：采用字位同时扩展时，各芯片连接地址线的方式相同，但连接数据线的方式不同，而且需要通过片选信号 $\overline{CS}$ 或采用译码器设计连接到相应的芯片。

3.4.3 存储芯片的地址分配和片选

CPU 要实现对存储单元的访问，首先要选择存储芯片，即进行**片选**；然后再为选中的芯片依地址码选择相应的存储单元，以进行数据的存取，即进行**字选**。片内的字选通常是由 CPU 送出的 N 条低位地址线完成的，地址线直接接到所有存储芯片的地址输入端（N 由片内存储容量 2^N 决定）。片选信号的产生分为线选法和译码片选法。

1. 线选法

线选法用除片内寻址外的高位地址线直接（或经反相器）分别接至各个存储芯片的片选端，当某地址线信息为"0"时，就选中与之对应的存储芯片。这些片选地址线每次寻址时只能有一位有效，不允许同时有多位有效，这样才能保证每次只选中一个芯片（或芯片组）。假设 4 片 2K×8 位存储芯片用线选法构成 8K×8 位存储器，各芯片的片选信号见表 3-2，其中

低位地址线 $A_{10}\sim A_0$ 作为字选线，用于片内寻址。

优点：不需要地址译码器，线路简单。缺点：地址空间不连续，选片的地址线必须分时为低电平（否则不能工作），不能充分利用系统的存储器空间，造成地址资源的浪费。

2．译码片选法

译码片选法用除片内寻址外的高位地址线通过地址译码器芯片产生片选信号。如用 8 片 8K×8 位的存储芯片组成 64K×8 位存储器（地址线为 16 位，数据线为 8 位），需要 8 个片选信号；若采用线选法，除去片内寻址的 13 位地址线，仅余高 3 位，不足以产生 8 个片选信号。因此，采用译码片选法，即用一片 74LS138 作为地址译码器，则 $A_{15}A_{14}A_{13}=000$ 时选中第一片，$A_{15}A_{14}A_{13}=001$ 时选中第二片，依次类推（即 3 位二进制编码）。

表 3-2　线选法的地址分配

芯片	$A_{14}\sim A_{11}$
0#	1110
1#	1101
2#	1011
3#	0111

3.4.4　存储器与 CPU 的连接

1．合理选择存储芯片

要组成一个主存系统，选择存储芯片是第一步，主要指存储芯片的类型（RAM 或 ROM）和数量的选择。通常选用 ROM 存放系统程序、标准子程序和各类常数，RAM 则是为用户编程而设置的。此外，在考虑芯片数量时，要尽量使连线简单、方便。

2．地址线的连接

存储芯片的容量不同，其地址线数也不同，而 CPU 的地址线数往往比存储芯片的地址线数要多。通常将 CPU 地址线的低位与存储芯片的地址线相连，以选择芯片中的某一单元（字选），这部分的译码是由芯片片内逻辑完成的。而 CPU 地址线的高位则在扩充存储芯片时用，以用来选择存储芯片（片选），这部分译码由外接译码器逻辑完成。

例如，设 CPU 地址线为 16 位，即 $A_{15}\sim A_0$，1K×4 位的存储芯片仅有 10 根地址线，此时，可将 CPU 的低位地址 $A_9\sim A_0$ 与存储芯片的地址线 $A_9\sim A_0$ 相连。

3．数据线的连接

CPU 的数据线与存储芯片的数据线数不一定相等，在相等时可直接相连；在不等时必须对存储芯片扩位，使其数据位数与 CPU 的数据线数相等。

4．读/写命令线的连接

CPU 读/写命令线一般可直接与存储芯片的读/写控制端相连，通常高电平为读，低电平为写。有些 CPU 的读/写命令线是分开的（读为 $\overline{RD}$，写为 $\overline{WE}$，均为低电平有效），此时 CPU 的读命令线应与存储芯片的允许读控制端相连，而 CPU 的写命令线则应与存储芯片的允许写控制端相连。

5．片选线的连接

片选线的连接是 CPU 与存储芯片连接的关键。存储器由许多存储芯片叠加而成，哪一片被选中完全取决于该存储芯片的片选控制端 $\overline{CS}$ 是否能接收到来自 CPU 的片选有效信号。

片选有效信号与 CPU 的访存控制信号 $\overline{MREQ}$（低电平有效）有关，因为只有当 CPU 要求访存时，才要求选中存储芯片。若 CPU 访问 I/O，则 $\overline{MREQ}$ 为高，表示不要求存储器工作。

3.4.5 本节习题精选

一、单项选择题

1.【2009 年计算机联考真题】

某计算机主存容量为 64KB，其中 ROM 区为 4KB，其余为 RAM 区，按字节编址。现要用 2K×8 位的 ROM 芯片和 4K×4 位的 RAM 芯片来设计该存储器，则需要上述规格的 ROM 芯片数和 RAM 芯片数分别是（　　）。

A．1、15　　　　　B．2、15　　　　　C．1、30　　　　　D．2、30

2.【2010 年计算机联考真题】

假定用若干个 2K×4 位的芯片组成一个 8K×8 位的存储器，则地址 0B1FH 所在芯片的最小地址是（　　）。

A．0000H　　　　　B．0600H　　　　　C．0700H　　　　　D．0800H

3.【2011 年计算机联考真题】

某计算机存储器按字节编址，主存地址空间大小为 64MB，现用 4M×8 位的 RAM 芯片组成 32MB 的主存储器，则存储器地址寄存器 MAR 的位数至少是（　　）。

A．22 位　　　　　B．23 位　　　　　C．25 位　　　　　D．26 位

4．用存储容量为 16K×1 位的存储器芯片来组成一个 64K×8 位的存储器，则在字方向和位方向分别扩展了（　　）倍。

A．4、2　　　　　B．8、4　　　　　C．2、4　　　　　D．4、8

5．80386DX 是 32 位系统，当在该系统中用 8KB 的存储芯片构造 32KB 的存储体时，应完成存储器的（　　）设计。

A．位扩展　　　　B．字扩展　　　　C．字位扩展　　　　D．字位均不扩展

6．某计算机字长为 16 位，存储器容量为 256KB，CPU 按字寻址，其寻址范围是（　　）。

A．0～2^{19}−1　　B．0～2^{20}−1　　C．0～2^{18}−1　　D．0～2^{17}−1

7．4 个 16K×8 位的存储芯片，可设计为（　　）容量的存储器。

A．32K×16 位　　B．16K×16 位　　C．32K×8 位　　D．8K×16 位

8．16 片 2K×4 位的存储器可以设计为（　　）存储容量的 16 位存储器。

A．16K　　　　　B．32K　　　　　C．8K　　　　　D．2K

9．设 CPU 地址总线有 24 根，数据总线有 32 根，用 512K×8 位的 RAM 芯片构成该机的主存储器，则该机主存最多需要（　　）片这样的存储芯片。

A．256　　　　　B．512　　　　　C．64　　　　　D．128

10．地址总线 A_0（高位）～A_{15}（低位），用 4K×4 位的存储芯片组成 16KB 存储器，则产生片选信号的译码器的输入地址线应该是（　　）。

A．A_2A_3　　　　B．A_0A_1　　　　C．$A_{12}A_{13}$　　　　D．$A_{14}A_{15}$

11．若内存地址区间为 4000H～43FFH，每个存储单元可存储 16 位二进制数，该内存区域用 4 片存储器芯片构成，则构成该内存所用的存储器芯片的容量是（　　）。

A．512×16bit　　B．256×8bit　　C．256×16bit　　D．1024×8bit

12. 内存按字节编址，地址从 90000H 到 CFFFFH，若用存储容量为 16K×8 位芯片构成该内存，至少需要的芯片数是（　　　）。

  A. 2   B. 4   C. 8   D. 16

13. 若片选地址为 111 时，选定某一 32K×16 的存储芯片工作，则该芯片在存储器中的首地址和末地址分别为（　　　）。

  A. 00000H, 01000H   B. 38000H, 3FFFFH

  C. 3800H, 3FFFH   D. 0000H, 0100H

14. 如图 3-12 所示，若低位地址（A0～A11）接在内存芯片地址引脚上，高位地址（A12～A19）进行片选译码（其中，A14 和 A16 没有参加译码），且片选信号低电平有效，则对图 3-12 所示的译码电路，不属于此译码空间的地址是（　　　）。

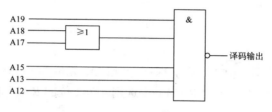

图 3-12　译码电路

  A. AB000H～ABFFFH   B. BB000H～BBFFFH

  C. EF000H～EFFFFH   D. FE000H～FEFFFH

二、综合应用题

1. 主存储器的地址寄存器和数据寄存器各自的作用是什么？设一个 1MB 容量的存储器，字长为 32 位，问：

1）按字节编址，地址寄存器和数据寄存器各几位？编址范围为多大？

2）按字编址，地址寄存器和数据寄存器各几位？编址范围为多大？

2. 用一个 512K×8 位的 Flash 存储芯片组成一个 4M×32 位的半导体只读存储器，存储器按字编址，试回答以下问题：

1）该存储器的数据线数和地址线数分别为多少？

2）共需要几片这样的存储芯片？

3）说明每根地址线的作用。

3. 有一组 16K×16 位的存储器，由 1K×4 位的 DRAM 芯片构成（芯片是 64×64 结构）。问：

1）共需要多少 RAM 芯片？

2）采用异步刷新方式，如单元刷新间隔不超过 2 ms，则刷新信号周期是多少？

4. 设有 32 片 256K×1 位的 SRAM 芯片。回答以下问题：

1）采用位扩展方法可以构成多大容量的存储器？

2）如果采用 32 位的字编址方式，该存储器需要多少地址线？

3）画出该存储器与 CPU 连接的结构图，设 CPU 的接口信号有地址信号、数据信号和控制信号 $\overline{\text{MREQ}}$、$\overline{\text{WE}}$。

5. 某机主存空间为 64KB，I/O 空间与主存单元统一编址，I/O 空间占用 1KB，范围为

FC00H～FFFFH。可选用 8K×8 位和 1K×8 位两种 SRAM 芯片构成主存储器，$\overline{RD}$ 和 $\overline{WR}$ 分别为系统提供的读写信号线。画出该存储器逻辑图，并标明每块芯片的地址范围。

6. 设 CPU 有 16 根地址线，8 根数据线，并用 $\overline{MREQ}$ 作为访存控制信号（低电平有效），用 $\overline{WR}$ 作为读/写控制信号（高电平为读，低电平为写）。现有下列存储芯片：1K×4 位 RAM，4K×8 位 RAM，8K×8 位 RAM，2K×8 位 ROM，4K×8 位 ROM，8K×8 位 ROM 及 74LS138 译码器和各种门电路。画出 CPU 与存储器的连接图，要求：

1）主存地址空间分配：6000H～67FFH 为系统程序区；6800H～6BFFH 为用户程序区。
2）合理选用上述存储芯片，说明各选几片？
3）详细画出存储芯片的片选逻辑图。

3.4.6 答案与解析

一、单项选择题

1. D

首先确定 ROM 的个数，ROM 区为 4KB，选用 2K×8 位的 ROM 芯片，需要(4K×8)/(2K×8)=2 片，采用字扩展方式；60KB 的 RAM 区，选用 4K×4 位的 RAM 芯片，需要(60K×8)/(4K×4)=30 片，采用字和位同时扩展方式。

2. D

用 2K×4 位的芯片组成一个 8K×8 位存储器，每行中所需芯片数为 2，每列中所需芯片数为 4，各行芯片的地址分配如下：

第一行（2 个芯片并联）0000H～07FFH
第二行（2 个芯片并联）0800H～0FFFH
第三行（2 个芯片并联）1000H～17FFH
第四行（2 个芯片并联）1800H～1FFFH

可知，地址 0B1FH 在第二行，且所在芯片的最小地址为 0800H。

3. D

主存按字节编址，地址空间大小为 64MB，MAR 的寻址范围为 64M=2^{26}，故而是 26 位。实际的主存容量 32MB 不能代表 MAR 的位数，考虑到存储器扩展的需要，MAR 应保证能访问到整个主存地址空间，反过来，MAR 的位数决定了主存地址空间的大小。

4. D

字方向扩展了 64K/16K=4 倍，位方向扩展了 8bit/1bit=8 倍。

5. A

将 4 片 8KB 的存储芯片位扩展为 8K×32 位（因为此系统为 32 位的系统），即为 32KB，便得到题意要求的 32KB 的存储体，故只需进行位扩展。

6. D

256KB=2^{18}B，按字寻址，且字长为 16bit=2B，则可寻址的单元数=2^{18}B/2B=2^{17}，其寻址范围是 0～2^{17}−1。

7. A

4 个 16K×8 位的存储芯片构成的存储器容量=4×16K×8 位=512K 位或 64KB，只有选项

A 的容量为 64KB。需要注意：若有某项为 128K×4 位，此选项是不能选的，因为芯片为 8 位，不可能将字长"扩展"成 4 位。

8．C

设存储容量为 M，则$(M×16 位)/(2K×4 位)=16$，因此 $M=8K$。

9．D

地址线为 24 根，则寻址范围是 2^{24}，数据线为 32 根，则字长为 32 位。主存的总容量=$2^{24}×32$ 位，因此所需存储芯片数=$(2^{24}×32 位)/(512K×8 位)=128$。

10．A

由于 A_{15} 为地址线的低位，接入各芯片地址端的是地址线的低 12 位，即 $A_4～A_{15}$，共有 8 个芯片（16KB/4K 4 位=8，且位扩展时每组两片分为 4 组）组成 16KB 的存储器，则由高 2 位地址线 A_2A_3 作为译码器的输入。

11．C

43FF−4000+1=400H，即内存区域为 1K 个单元，总容量为 1K×16 位。现由 4 片存储芯片构成，则构成该内存的芯片容量为 1K×16 位/4=256×16 位。

12．D

CFFFF−90000+1=40000H，即内存区域有 256K 个单元。若用存储容量为 16K×8bit 的芯片，则需要芯片数=$(256K×8)/(16K×8)=16$ 片。

13．B

32K×16 的存储芯片有地址线 15 根（片内地址），片选地址为 3 位，故地址总位数为 18 位，现高 3 位为 111，则首地址为 111000000000000000=38000H，末地址为 111111111111111111=3FFFFH。

14．D

这是一个部分译码的片选信号，高 8 位地址中有 2 位（A14 和 A16）没有参与译码，根据译码器电路，译码输出的逻辑表达式应为

$$CS = \overline{A19(A18+A17)A15A13A12}$$

故不属于此译码空间的就是这几位不合该逻辑表达式的，A 选项为 AB，即 1010 1011，去掉 14 位和 16 位为 101 111；B 选项为 101 111；C 选项为 111 111；D 选项为 111 110。由逻辑表达式可知 A17 与 A18 至少有一个为 1，A19A15A13A12 应全为 1，仅 D 无法满足。

二、综合应用题

1．解答：

在主存储器中，地址寄存器 MAR 用来存放当前 CPU 访问的内存单元地址，或存放 CPU 写入内存的内存单元地址。数据寄存器 MDR 用来存放由内存中读出的信息或者写入内存的信息。

1）按字节编址，1MB=$2^{20}×8$ 位，地址寄存器为 20 位，数据寄存器为 8 位，编址范围为 00000H～FFFFFH(FFFFFH−00000H+1=100000H=2^{20})。

2）按字编址，1MB=$2^{18}×32$ 位，地址寄存器为 18 位，数据寄存器为 32 位，编址范围为 00000H～3FFFFH(3FFFFH−00000H+1=40000H=2^{18})。

2．解答：

1）由于所需组成存储器的最终容量为 4M×32 位，所以需要 32 根数据线。而存储器又是按字编址，所以此时不需要将存储器的容量先转换成 16M×8 位，直接就是 4M×32 位中的4M，所以只需要 22 根地址线（2^{22}=4M）即可。

2）采用 512K×8 位的 Flash 存储芯片组成 4M×32 位的存储器时，需要同时进行位扩展和字扩展。

位扩展：4 片 512K×8 位的 Flash 存储芯片位扩展可组成 512K×32 位的 Flash 存储芯片。

字扩展：8 片 512K×32 位的 Flash 存储芯片字扩展可组成 4M×32 位的存储器。

综上可知，一共需要 4×8=32 片 512K×8 位的存储芯片。

3）在 CPU 的 22 根地址线中（A_0～A_{21}），地址线的作用分配如下：

首先，此时不需要指定 A_0、A_1 来标识每一组中的 4 片存储器，因为此时是按字寻址，所以 4 片每次都是一起取的，而不是按字节编址时，需要取 4 片中的某一片。

A_0～A_{18}：每一片都是 512K，所以需要 19 位（2^{19}=512K）来表示。

A_{19}、A_{20}、A_{21}：因为在扩展中 4 片一组，一共有 8 组（=2^3），所以需要用 3 位地址线来决定取哪一组（通过 3/8 译码器形成片选信号）。

3．解答：

1）存储器的总容量为 16K×16 位，RAM 芯片为 1K×4 位，故所需芯片总数为(16K×16位)/(1K×4 位)=64 片。

2）采用异步刷新方式，在 2ms 时间内分散地把芯片 64 行刷新一遍，故刷新信号的时间间隔为 2ms/64=31.25μs，即可取刷新信号周期为 31μs。

注意：刷新周期也可以取 30μs，只要小于 31.25μs 即可，但通常取刷新间隔的整数部分。

4．解答：

1）采用位扩展法，32 片 256K×1 位的 SRAM 芯片可构成 256K×32 位的存储器。

2）如果采用 32 位的字编址方式，则需要 18 条地址线，因为 2^{18}=256K。

3）用 $\overline{MREQ}$ 作为芯片选择信号，$\overline{WE}$ 作为读写控制信号，该存储器与 CPU 连接的结构图如下图所示，因为存储容量为 256K×32 位=1024KB=2^{20}B，所以 CPU 访存地址为 A_{19}～A_2，最高地址位为 A_{19}（A_0、A_1 保留作为字节编址，本题中未画出）。

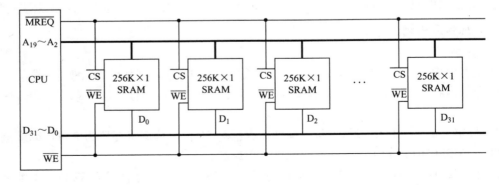

5．解答：

由于 64KB 存储空间中，I/O 占用了最高 1KB 空间（FC00H～FFFFH），RAM 芯片应当分配在余下的低 63KB 空间。选用 7 片 8K×8 位芯片和 7 片 1K×8 位芯片，共计 63KB。

8K×8RAM 芯片共有 8K 个 8 位的存储单元，片内地址应有 $\log_2(8K)=13$ 根，分别连接地址线 $A_{12} \sim A_0$，每片的地址范围为 0000H～1FFFH。

64KB 的存储器应有 64K 个存储单元，地址线应有 $\log_2(64K)=16$ 根。地址范围为 0000H～FFFFH。

地址线 $A_{12} \sim A_0$ 并行连接到 7 片 8K×8 位 RAM 芯片的 13 个地址端，用 3 根高地址线 A_{15}、A_{14}、A_{13} 经 3/8 译码器译码，译码器的 7 个输出端（000～110）分别接到 7 片 8K×8 位芯片的片选端，用以选择 7 片 8K×8 位芯片中的 1 片。剩下 1 个输出端 111 用以控制另一个 3/8 译码器。

1K×8 的存储器共有 1K 个存储单元，地址线应有 $\log_2(1K)=10$ 根。地址范围为 000H～3FFH。地址线 $A_9 \sim A_0$，共 10 根，并行连接到 7 片 1K×8 位 RAM 芯片的 10 个地址端。3 根地址线 A_{12}、A_{11}、A_{10} 经 3/8 译码器译码，译码器的 7 个输出端（000～110）分别接到 7 片 1K×8 位芯片的片选端，用以选择 7 片 1K×8 位芯片中的 1 片。

组成主存储器逻辑图如下图所示。

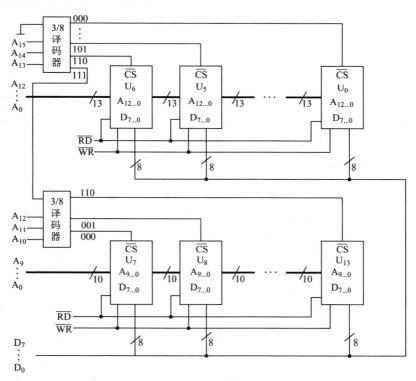

其中，$U_0 \sim U_6$ 为 7 片 8K×8 位芯片，片内地址范围为 0000H～1FFFH。U_0 的片选端接 000，即 $A_{15}A_{14}A_{13}$=000，故 U_0 的地址范围为 0000H～1FFFH；同理 $U_1 \sim U_6$ 芯片地址范围如下：

U_1：2000H～3FFFH　　　　　U_2：4000H～5FFFH

U_3：6000H～7FFFH　　　　　U_4：8000H～9FFFH

U_5：A000H～BFFFH　　　　　U_6：C000H～DFFFH

$U_7 \sim U_{13}$ 为 7 片 1K×8 位芯片，片内地址范围为 000H～3FFH。由于第一级 3/8 译码器的

输出端 111 控制第二级 3/8 译码器，即 $A_{15}A_{14}A_{13}$=111，U_7 的片选端接 000，即 $A_{12}A_{11}A_{10}$=000，故 U_7 的地址范围为 E000H～E3FFH；同理 U_8～U_{13} 芯片地址范围如下：

U_8：E400H～E7FFH U_9：E800H～EBFFH

U_{10}：EC00H～EFFFH U_{11}：F000H～F3FFH

U_{12}：F400H～F7FFH U_{13}：F800H～FBFFH

余下 FC00H～FFFFH 为 I/O 空间。

6. 解答：

1）将十六进制地址范围写成二进制地址码，并确定其总容量，如下图所示。

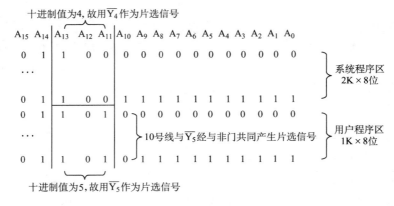

2）根据地址范围的容量以及该范围在计算机系统中的作用，选择存储芯片。由于 6000H～67FFH 为系统程序区的范围，故应选 1 片 2K×8 位的 ROM 芯片；由于 6800H～6BFFH 为用户程序区的范围，故应选 2 片 1K×4 位的 RAM 芯片。

3）存储芯片的片选逻辑图如下图所示。

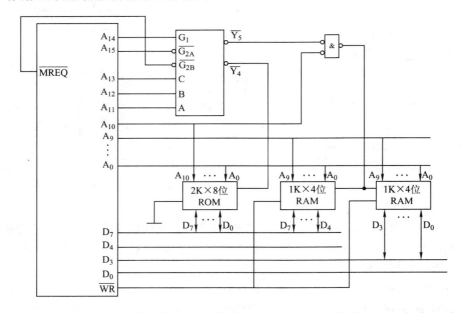

① 由 6000H～67FFH 为系统程序区的范围，选 1 片 2K×8 位的 ROM 芯片。故 0～10 地

址线应用来选择 ROM 芯片。那么能用来作为 74LS138 译码器输入的只能是 11～15 地址线。

② 由 6800H～6BFFH 为用户程序区的范围，选 2 片 1K×4 位的 RAM 芯片。故 0～9 地址线应用来选择 RAM 芯片。那么能用来作为 74LS138 译码器输入的只能是 10～15 地址线。

①与②取交集，则只能取 11～15 地址线。故取 11、12 与 13 这 3 位分别作为 A、B 与 C 的输入端。

ROM 芯片的 13、12、11 号线分别为 1、0、0，十进制值为 4，故取 74LS138 的 4 号输出端。

RAM 芯片的 13、12、11 号线分别为 1、0、1，十进制值为 5，故取 74LS138 的 5 号输出端；又因为 10 号线为 0 时才选中 RAM 芯片，故根据题目条件，本题选用了与非门。若直接用 74LS138 的 5 号输出端作为片选端，则下列地址也选中 RAM 芯片。

$$0\ \ 1|1\ 0\ 1|1\ 0\ 0\ 0\ 0\ 0\ 0\ 0\ 0\ 0\ 0\ 0\ 0$$
$$\cdots$$
$$0\ \ 1|1\ 0\ 1|1\ 1\ 1\ 1\ 1\ 1\ 1\ 1\ 1\ 1\ 1\ 1\ 1$$

3.5　双口 RAM 和多模块存储器

为了提高 CPU 访问存储器的速度，可以采用双端口存储器、多模块存储器等技术，它们同属并行技术，前者为空间并行，后者为时间并行。

3.5.1　双端口 RAM

双端口 RAM 是指同一个存储器有左、右两个独立的端口，分别具有两组相互独立的地址线、数据线和读写控制线，允许两个独立的控制器同时异步地访问存储单元，如图 3-13 所示。当两个端口的地址不相同时，在两个端口上进行读写操作一定不会发生冲突。

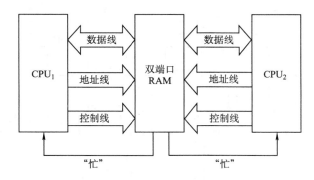

图 3-13　双端口 RAM 示意图

当两个端口同时存取存储器的同一地址单元时，就会因数据冲突造成数据存储或读取错误。两个端口对同一主存操作有以下 4 种情况：

1）两个端口不同时对同一地址单元存取数据。

2）两个端口同时对同一地址单元读出数据。

3）两个端口同时对同一地址单元写入数据。

4）两个端口同时对同一地址单元，一个写入数据，另一个读出数据。

其中，第1）种和第2）种情况不会出现错误；第3）种情况会出现写入错误；第4）种情况会出现读出错误。

解决方法：置"忙"信号 $\overline{\text{BUSY}}$ 为0，由判断逻辑决定暂时关闭一个端口（即被延时），未被关闭的端口正常访问，被关闭的端口延长一个很短的时间段后再访问。

3.5.2 多模块存储器

为提高访存速度，常采用多模块存储器，常用的有**单体多字**存储器和**多体低位交叉**存储器。

注意：CPU 的速度比存储器快，若同时从存储器中取出 n 条指令，就可以充分利用 CPU 资源，提高运行速度。多体交叉存储器就是基于这种思想提出的。

1．单体多字存储器

单体多字系统的特点是存储器中只有一个存储体，每个存储单元存储 m 个字，总线宽度也为 m 个字。一次并行读出 m 个字，地址必须顺序排列并处于同一存储单元。

单体多字系统在一个存取周期内，从同一地址取出 m 条指令，然后逐条将指令送至 CPU 执行，即每隔 $1/m$ 存取周期，CPU 向主存取一条指令。这样显然增大了存储器的带宽，提高了单体存储器的工作速度。

缺点：指令和数据在主存内必须是连续存放的，一旦遇到转移指令，或者操作数不能连续存放，这种方法的效果就不明显。

2．多体并行存储器

多体并行存储器由多体模块组成。每个模块都有相同的容量和存取速度，各模块都有独立的读写控制电路、地址寄存器和数据寄存器。它们既能并行工作，又能交叉工作。

多体并行存储器分为高位交叉编址（顺序方式）和低位交叉编址（交叉方式）两种。

1）高位交叉编址：高位地址表示体号，低位地址为体内地址，如图 3-14 所示。

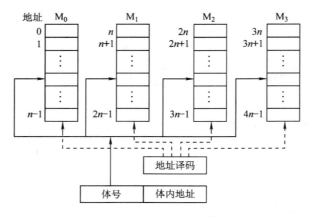

图 3-14　高位交叉编址的多体存储器

注意：由于采用高位交叉编址，故采用高位交叉编址方式的存储器仍是顺序存储器。

2）**低位交叉编址**（★）：低位地址为体号，高位地址为体内地址，如图 3-15 所示。由于程序连续存放在相邻体中，因此称采用此编址方式的存储器为**交叉存储器**。

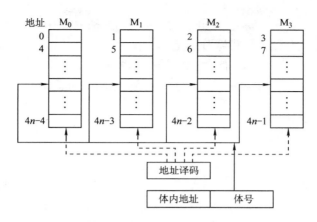

图 3-15 低位交叉编址的多体存储器

多体模块结构的存储器采用低位交叉编址后，可以在不改变每个模块存取周期的前提下，采用流水线的方式并行存取，提高存储器的带宽。

设模块字长等于数据总线宽度，模块存取一个字的存取周期为 T，总线传送周期为 r，为实现流水线方式存取，则存储器交叉模块数应大于等于：

$$m=T/r$$

式中，m 称为交叉存取度。每经 r 时间延迟后启动下一个模块，交叉存储器要求其模块数必须大于或等于 m，以保证启动某模块后经过 $m \times r$ 的时间后再次启动该模块时，其上次存取操作已经完成（即流水线不间断）。这样连续存取 m 个字所需的时间为

$$t_1=T+(m-1)r$$

而顺序方式连续读取 m 个字所需时间为 $t_2=mT$。可见低位交叉存储器的带宽大大提高了。模块数为 4 的流水线方式存取示意图如图 3-16 所示。

【例 3-1】 设存储器容量为 32 个字，字长为 64 位，模块数 $m=4$，分别采用顺序方式和交叉方式进行组织。存储周期 $T=200ns$，数据总线宽度为 64 位，总线传输周期 $r=50ns$。在连续读出 4 个字的情况下，求顺序存储器和交叉存储器各自的带宽？

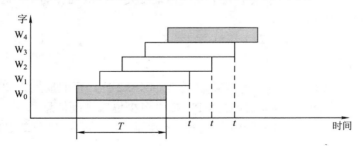

图 3-16 低位交叉编址流水线方式存取示意图

解：顺序存储器和交叉存储器连续读出 $m=4$ 个字的信息总量均是：

$$q=64bit \times 4=256bit$$

顺序存储器和交叉存储器连续读出 4 个字所需的时间分别是：

$$t_1=mT=4 \times 200ns=800ns=8 \times 10^{-7}s$$

$$t_2=T+(m-1)r=200\text{ns}+3\times50\text{ns}=350\text{ns}=35\times10^{-8}\text{s}$$

顺序存储器和交叉存储器的带宽分别是：

$$W_1=q/t_1=256/(8\times10^{-7})=32\times10^7\text{bit/s}$$
$$W_2=q/t_2=256/(35\times10^{-8})=73\times10^7\text{bit/s}$$

3.5.3 本节习题精选

一、单项选择题

1．双端口 RAM 在（　　）情况下会发生读/写冲突。

    A．左端口和右端口的地址码不同   B．左端口和右端口的地址码相同

    C．左端口和右端口的数据码不同   D．左端口和右端口的数据码相同

2．交叉存储器实际上是一种（　　）的存储器，它能（　　）执行多个独立的读/写操作。

    A．模块式、并行   B．整体式、并行

    C．模块式、串行   D．整体式、并行

3．已知单个存储体的存储周期为 110ns，总线传输周期为 10ns，则当采用低位交叉编址的多模块存储器时，存储体数应（　　）。

    A．小于 11   B．等于 11

    C．大于 11   D．大于等于 11

4．一个四体并行低位交叉存储器，每个模块的容量是 64K×32 位，存取周期为 200ns，在下述说法中（　　）是正确的。

    A．在 200ns 内，存储器能向 CPU 提供 256 位二进制信息

    B．在 200ns 内，存储器能向 CPU 提供 128 位二进制信息

    C．在 50ns 内，每个模块能向 CPU 提供 32 位二进制信息

    D．以上都不对

5．某机器采用四体低位交叉存储器，现分别执行下述操作：①读取 6 个连续地址单元中存放的存储字，重复 80 次；②读取 8 个连续地址单元中存放的存储字，重复 60 次。则①、②所花费的时间之比为（　　）。

    A．1:1   B．2:1   C．4:3   D．3:4

二、综合应用题

一个四体并行交叉存储器，每个模块容量是 64K×32 位，存取周期为 200ns，问：

1）在一个存取周期中，存储器能向 CPU 提供多少位二进制信息？

2）若存取周期为 400ns，则在 0.1μs 内每个体可向 CPU 提供 32 位二进制信息，该说法正确否？为什么？

3.5.4 答案与解析

一、单项选择题

1．B

当左右端口同时读/写双端口 RAM 的某个地址时会发生冲突，此时要暂停一个端口访存。

2．A

多体并行交叉存储器由多个独立的、容量相同的存储模块组成，每个体的读/写过程可以重叠进行，故 A 正确。

3．D

为了保证第二次启动某个体时，它的上次存取操作已完成，存储体的数量应大于等于 11（110ns/10ns=11）。

4．B

低位交叉存储器采用流水线技术，每 200ns 可向 CPU 提供 128 位（32 位×4 体），故 B 正确、A 错误。由于每个模块必须间隔一个存取周期方能继续提供信息，故 50ns 内，任意模块无法向 CPU 提供 32 位二进制信息，故 C 错误。

5．C

① 在每轮读取存储器的前 6 个 $T/4$ 时间（共 $3T/2$）内，依次进入各体。下一轮欲读取存储器时，最近访问的 M1 还在占用中（才过 $T/2$ 的时间），因此必须再等待 $T/2$ 的时间才能开始新的读取（M1 连续完成两次读取，也即总共 $2T$ 的时间即可进入下一轮）。

（注意：进入下一轮不需要第 6 个字读取结束，第 5 个字读取结束，M1 就已经空出来了，即可马上进入下一轮。）

最后一轮读取结束的时间是本轮第 6 个字读取结束，共 $(6-1)×(T/4)+T=2.25T$。

情况①的总时间为 $(80-1)×2T+2.25T=160.25T$。

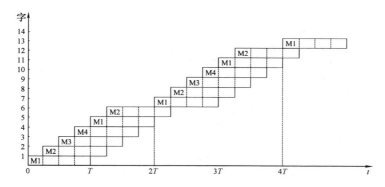

② 每轮读取 8 个存储字刚好经过 $2T$ 的时间，每轮结束后，最近访问的 M1 刚好经过了 T 的时间，此时可以立即开始下一轮的读取。

最后一轮读取结束的时间是本轮第 8 个字读取结束，共 $(8-1)×(T/4)+T=2.75T$。

情况②的总时间为 $(60-1)×2T+2.75T=120.75T$。

故情况①和②所花费的总时间比为 4 : 3。

二、综合应用题

解答：

1）一个存取周期，四体并行交叉存储器可以取 32 位×4=128 位。其中 32 位为总线宽度，4 为交叉存储器内的存储体个数。

2）该说法不正确。因为在 0.1μs 内整个存储器可向 CPU 提供 32 位二进制信息，但每个存储体必须经过 400ns 才能向 CPU 提供 32 位二进制信息。

3.6 高速缓冲存储器

由于程序的转移概率不会很低，数据分布的离散性较大，所以单纯依靠并行主存系统提高主存系统的频宽是有限的。这就必须从系统结构上进行改进，即采用存储体系。通常将存储系统分为"Cache—主存"层次和"主存—辅存"层次。

3.6.1 程序访问的局部性原理

程序访问的局部性原理包括时间局部性和空间局部性。前者是指在最近的未来要用到的信息，很可能是现在正在使用的信息，这是因为程序存在循环。后者是指在最近的未来要用到的信息，很可能与现在正在使用的信息在存储空间上是邻近的，这是因为指令通常是顺序存放、顺序执行的，数据一般也是以向量、数组、表等形式簇聚地存储在一起的。

高速缓冲技术就是利用程序访问的局部性原理，把程序中正在使用的部分存放在一个高速的、容量较小的 Cache 中，使 CPU 的访存操作大多数针对 Cache 进行，从而使程序的执行速度大大提高。

3.6.2 Cache 的基本工作原理

Cache 位于存储器层次结构的顶层，通常由 SRAM 构成，其基本结构如图 3-17 所示。

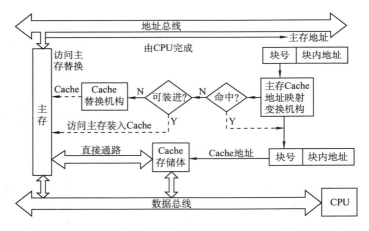

图 3-17 高速缓冲存储器的工作原理

Cache 和主存都被分成若干大小相等的块（Cache 块又称为 Cache 行），每块由若干字节组成，块的长度称为块长（Cache 行长）。由于 Cache 的容量远小于主存的容量，所以 Cache 中的块数要远少于主存中的块数，它仅保存主存中最活跃的若干块的副本。故而 Cache 按照某种策略，预测 CPU 在未来一段时间内欲访存的数据，将其装入 Cache。

当 CPU 发出读请求时，如果访存地址在 Cache 中命中，就将此地址转换成 Cache 地址，直接对 Cache 进行读操作，与主存无关；如果 Cache 不命中，则仍需访问主存，并把<u>此字所在的块</u>一次从主存调入 Cache 内。若此时 Cache 已满，则需根据某种替换算法，用这个块替换掉 Cache 中原来的某块信息。值得注意的是，CPU 与 Cache 之间的数据交换以字为单位，而 Cache 与主存之间的数据交换则是以 Cache 块为单位。

注意：某些计算机中也采用同时访问 Cache 和主存的方式，若 Cache 命中，则主存访问终止；否则访问主存并替换 Cache。

当 CPU 发出写请求时，如果 Cache 命中，有可能会遇到 Cache 与主存中的内容不一致的问题。例如，由于 CPU 写 Cache，把 Cache 某单元中的内容从 X 修改成了 X′，而主存对应单元中的内容仍然是 X，没有改变。所以如果 Cache 命中，需要按照一定的写策略处理，常见的处理方法有：全写法和写回法，详见本节的 Cache 写策略部分。

CPU 欲访问的信息已在 Cache 中的比率称为 Cache 的**命中率**。设一个程序执行期间，Cache 的总命中次数为 N_c，访问主存的总次数为 N_m，则命中率 H 为

$$H = N_c / (N_c + N_m)$$

可见为提高访问效率，命中率 H 越接近 1 越好。设 t_c 为命中时的 Cache 访问时间，t_m 为未命中时的访问时间，$1-H$ 表示未命中率，则 Cache—主存系统的平均访问时间 T_a 为

$$T_a = Ht_c + (1-H)\,t_m$$

【例 3-2】　假设 Cache 的速度是主存的 5 倍，且 Cache 的命中率为 95%，则采用 Cache 后，存储器性能提高多少（设 Cache 和主存同时被访问，若 Cache 命中则中断访问主存）？

解：设 Cache 的存取周期为 t，则主存的存取周期为 $5t$，又有 $H=95\%$，那么系统的平均访问时间为

$$T_a=0.95×t+0.05×5t=1.2t$$

可知性能为原来的 $5t/1.2t≈4.17$ 倍，即提高了 3.17 倍。

思考：若采用先访问 Cache 再访问主存的方式，那么提高的性能又是多少？

3.6.3　Cache 和主存的映射方式

在 Cache 中，地址映射是指把主存地址空间映射到 Cache 地址空间，也就是把存放在主存中的程序按照某种规则装入 Cache 中。

由于 Cache 块数比主存块数少得多，这样主存中只有一部分块的内容可放在 Cache 中，因此在 Cache 中要为每一块加一个标记，指明它是主存中哪一块的副本。该标记的内容相当于主存中块的编号。为了说明标记是否有效，每个标记至少还应设置一个有效位，该位为 1 时，表示 Cache 映射的主存块数据有效；否则无效。

注意：地址映射不同于地址变换。地址变换是指 CPU 在访存时，将主存地址按映射规则换算成 Cache 地址的过程。地址映射的方法有以下 3 种：

1. 直接映射

主存数据块只能装入 Cache 中的唯一位置。若这个位置已有内容，则产生块冲突，原来的块将无条件地被替换出去（无需使用替换算法）。直接映射实现简单，但不够灵活，即使 Cache 存储器的其他许多地址空着也不能占用，这使得直接映射的块冲突概率最高，空间利用率最低。

直接映射的关系可定义为

$$j = i \bmod 2^c$$

式中，j 是 Cache 的块号（又称 Cache 行号）；i 是主存的块号；2^c 是 Cache 中的总块数。在这种映射方式中，主存的第 0 块、第 2^c 块、第 2^{c+1} 块…，只能映射到 Cache 的第 0 行；而主存的第 1 块、第 2^c+1 块、$2^{c+1}+1$ 块……，只能映射到 Cache 的第 1 行，依次类推。如图 3-18（b）所示。

直接映射的地址结构为

主存字块标记	Cache 字块地址	字块内地址

2．全相联映射

可以把主存数据块装入 Cache 中的任何位置。全相联映射方式的优点是比较灵活，Cache 块的冲突概率低，空间利用率高，命中率也高；缺点是地址变换速度慢，实现成本高，通常需采用昂贵的按内容寻址的相联存储器进行地址映射，如图 3-18（a）所示。

全相联映射的地址结构为：

主存字块标记	字块内地址

3．组相联映射

将 Cache 空间分成大小相同的组，主存的一个数据块可以装入到一组内的任何一个位置，即组间采取直接映射，而组内采取全相联映射，如图 3-18（c）所示。它是对直接映射和全相联映射的一种折中，当 $Q=1$ 时变为全相联映射，当 $Q=$Cache 块数时变为直接映射。

组相联映射的关系可以定义为

$$j = i \bmod Q$$

式中，j 是缓存的组号；i 是主存的块号；Q 是 Cache 的组数。

组相联映射的地址结构为

主存字块标记	组地址	字块内地址

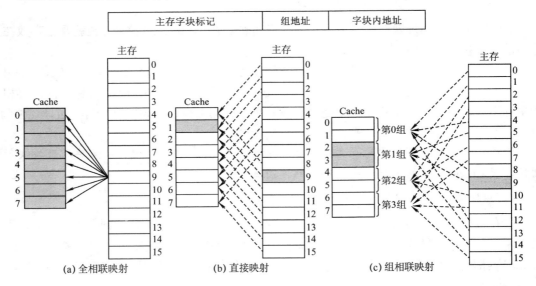

(a) 全相联映射　　　(b) 直接映射　　　(c) 组相联映射

图 3-18　3 种 Cache—主存映射规则

【例3-3】　假设某个计算机的主存地址空间大小为 256MB，按字节编址，其数据 Cache 有 8 个 Cache 行，行长为 64B。那么

1）若不考虑用于 Cache 的一致维护性和替换算法控制位，并且采用直接映射方式，则该数据 **Cache 的总容量**为多少？

2）若该 Cache 采用直接映射方式，则主存地址为 3200（十进制）的**主存块对应的 Cache 行号**是多少？若采用二路组相联映射又是多少？

3）以直接映射方式为例，简述**访存过程**（设访存的地址为 0123456H）。

解：1）数据 Cache 的总容量为 4256bit。因为 Cache 包括了可以对 Cache 中所包含的存储器地址进行跟踪的硬件，也就是说 Cache 的总容量包括：存储容量、标记阵列容量（有效位、标记位）（这里标记阵列中的一致性维护位和 Cache 数据一致性维护方式相关，替换算法控制位和替换算法相关，这里不计算）。

注意：每一个 Cache 行对应一个标记项（包括有效位、标记位 Tag、一致性维护位、替换算法控制位），而在组相联中，将每一组的标记项排成一行，将各组从上而下排列，成为一个二维的标记阵列（直接映射一行就是一组）。查找 Cache 时就是查找标记阵列的标记项是否符合要求。二路组相联的标记阵列示意图如图 3-19 所示。

标记项		标记项	
标记项		标记项	
标记项		标记项	
标记项		标记项	

其中每一行代表 Cache 每一组

有效位	脏位	替换控制位	标记位

图 3-19　二路组相联的标记阵列示意图

故本题中每行相关的存储器容量如图 3-20 所示。

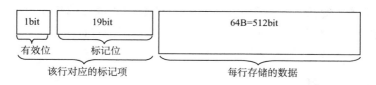

1bit	19bit	64B=512bit
有效位	标记位	
该行对应的标记项		每行存储的数据

图 3-20　Cache 行的存储容量示意图

标记字段长度的计算：主存地址有 28 位（256MB=2^{28}B），其中 6 位为块内地址（2^6B = 64B），3 位为行号（2^3=8），剩余 28-6-3=19 位为标记字段，总容量为 8×(1+19+ 512)=4256bit。

2）直接映射方式中，主存按照块的大小划分，主存地址 3200 对应的字块号为 3200B/64B= 50。而 Cache 只有 8 行，则 50 mod 8 =2，故对应的 Cache 行号为 2。

二路组相联映射方式，实质上就是将两个 Cache 行合并，内部采用全相联方式，外部采用直接映射方式，50 mod 4 = 2，对应的组号为 2，也就是对应的 Cache 行号为 4 或 5。

3）直接映射方式中，28 位主存地址可分为 19 位的主存标记位，3 位的块号，6 位的块内地址，即 0000 0001 0010 0011 010 为主存标记位，001 为块号，010110 为块内地址。

首先根据块号，查 Cache（即 001 号 Cache 行）中对应主存标记位，看是否相同。如果相同，再看 Cache 行中的装入有效位是否为 1，如果是，则表示有效，称此访问命中，按块

内地址 010110 读出 Cache 行所对应的单元送入 CPU 中，完成访存。

如果出现标记位不相等或者有效位为 0 的情况，则是不命中，访问主存将数据取出送往 CPU 和 Cache 的对应块中，把主存的最高 19 位存入 001 行的 Tag 中，并将有效位置 1。

思考：1）若第 1 问中采用二路组相联，则 Cache 总容量是多少？

2）仔细分析主存划分和 Cache 划分的关系，自行推导二路组相联映射方式的主存地址划分和访存过程。

3.6.4 Cache 中主存块的替换算法

在采用全相联映射和组相联映射方式时，从主存向 Cache 传送一个新块，当 Cache 中的空间已被占满时，就需要使用替换算法置换 Cache 行。而采用直接映射时，一个给定的主存块只能放到一个唯一的固定 Cache 行中，所以，在对应 Cache 行已有一个主存块的情况下，新的主存块毫无选择地把原先已有的那个主存块替换掉，因而无需考虑替换算法。

常用的替换算法有随机（RAND）算法、先进先出（FIFO）算法、近期最少使用（LRU）算法和最不经常使用（LFU）算法。

1）**随机算法**：随机地确定替换的 Cache 块。它的实现比较简单，但没有依据程序访问的局部性原理，故可能命中率较低。

2）**先进先出算法**：选择最早调入的行进行替换。它比较容易实现，但也没有依据程序访问的局部性原理，可能会把一些需要经常使用的程序块（如循环程序）也作为最早进入 Cache 的块替换掉。

3）**近期最少使用算法**：依据程序访问的局部性原理选择近期内长久未访问过的存储行作为替换的行，平均命中率要比 FIFO 要高，是堆栈类算法。

LRU 算法对每行设置一个计数器，Cache 每命中一次，命中行计数器清 0，而其他各行计数器均加 1，需要替换时比较各特定行的计数值，将计数值最大的行换出。

4）**最不经常使用算法**：将一段时间内被访问次数最少的存储行换出。每行也设置一个计数器，新行建立后从 0 开始计数，每访问一次，被访问的行计数器加 1，需要替换时比较各特定行的计数值，将计数值最小的行换出。

3.6.5 Cache 写策略

CPU 对 Cache 的写入更改了 Cache 的内容，故需选用写操作策略使 Cache 内容和主存内容保持一致。主要有两种写操作策略：全写法和写回法。

1. 全写法

当 CPU 对 Cache 写命中时，必须把数据同时写入 Cache 和主存。当某一块需要替换时，不必把这一块写回主存，将新调入的块直接覆盖即可。这种方法实现简单，能随时保持主存数据的正确性。缺点是增加了访存次数，降低了 Cache 的效率。

2. 写回法

当 CPU 对 Cache 写命中时，只修改 Cache 的内容，而不立即写入主存，只有当此块被换出时才写回主存。这种方法减少了访存次数，但存在不一致的隐患。采用这种策略时，每个 Cache 行必须设置一个标志位（脏位），以反映此块是否被 CPU 修改过。

全写法和写回法都对应于 Cache 写命中（要被修改的单元在 Cache 中）时的情况。

如果 Cache 写不命中时，还需考虑是否调块至 Cache 的问题。非写分配法只写入主存，不进行调块。非写分配法通常与全写法合用。写分配法则除了要写入主存外，还要将该块从主存调入 Cache。写分配法通常与写回法合用。

3.6.6　本节习题精选

一、单项选择题

1. 在高速缓存系统中，主存容量为 12MB，Cache 容量为 400KB，则该存储系统的容量为（　　）。

　　A．12MB+400KB　　　　　　　　B．12MB

　　C．12MB～12MB+400KB　　　　　D．12MB−400KB

2.【2009 年计算机联考真题】

假设某计算机的存储系统由 Cache 和主存组成，某程序执行过程中访存 1000 次，其中访问 Cache 缺失（未命中）50 次，则 Cache 的命中率是（　　）。

　　A．5%　　　　　　B．9.5%　　　　　　C．50%　　　　　　D．95%

3.【2009 年计算机联考真题】

某计算机的 Cache 共有 16 块，采用二路组相联映射方式（即每组 2 块）。每个主存块大小为 32 字节，按字节编址，主存 129 号单元所在主存块应装入到的 Cache 组号是（　　）。

　　A．0　　　　　　B．2　　　　　　C．4　　　　　　D．6

4.【2012 年计算机联考真题】

假设某计算机按字编址，Cache 有 4 个行，Cache 和主存之间交换的块大小为 1 个字。若 Cache 的内容初始为空，采用 2 路组相联映射方式和 LRU 替换策略。访问的主存地址依次为 0,4,8,2,0,6,8,6,4,8 时，命中 Cache 的次数是（　　）。

　　A．1　　　　　　B．2　　　　　　C．3　　　　　　D．4

5. 当访问 Cache 系统失效时，通常不仅主存向 CPU 传送信息，同时还需要将信息写入 Cache，在此过程中传送和写入信息的数据宽度各为（　　）。

　　A．块、页　　　　B．字、字　　　　C．字、块　　　　D．块、块

6. 在写操作时，对 Cache 与主存单元同时修改的方法称做（　　），若每次只暂时写入 Cache，直到替换时才写入主存的方法称做（　　）。

　　A．全写法　　　B．写回法　　　C．写一次法　　　D．都不对

7. 关于 Cache 的更新策略，下列说法正确的是（　　）。

　　A．读操作时，全写法和写回法在命中时应用

　　B．写操作时，写回法和按写分配法在命中时应用

　　C．读操作时，全写法和按写分配法在失效时应用

　　D．写操作时，按写分配法、不按写分配法在失效时应用

8. 某虚拟存储器系统采用页式内存管理，使用 LRU 页面替换算法，考虑下面的页面访问地址流（每次访问在一个时间单位中完成）：

　　　　1 8 1 7 8 2 7 2 1 8 3 8 2 1 3 1 7 1 3 7

假定内存容量为 4 个页面，开始时是空的，则页面失效率是（　　）。

    A. 30%   B. 5%   C. 1.5%   D. 15%

9. 某 32 位计算机的 Cache 容量为 16KB，Cache 行的大小为 16B，若主存与 Cache 地址映像采用直接映像方式，则主存地址为 0x1234E8F8 的单元装入 Cache 的地址是（   ）。

    A. 00010001001101   B. 01000100011010

    C. 10100011111000   D. 11010011101000

10. 在 Cache 中，常用的替换策略有：随机法（RAND）、先进先出法（FIFO）、近期最少使用法（LRU），其中与局部性原理有关的是（   ）。

    A. 随机法（RAND）   B. 先进先出法（FIFO）

    C. 近期最少使用法（LRU）   D. 都不是

11. 某存储系统中，主存容量是 Cache 容量的 4096 倍，Cache 被分为 64 个块，当主存地址和 Cache 地址采用直接映像方式时，地址映射表的大小应为（   ）。（假设不考虑一致维护和替换算法位）

    A. 6×4097bit   B. 64×12bit   C. 6×4096bit   D. 64×13bit

12. 有效容量为 128KB 的 Cache，每块 16 字节，采用 8 路组相联。字节地址为 1234567H 的单元调入该 Cache，则其 Tag 应为（   ）。

    A. 1234H   B. 2468H   C. 048DH   D. 12345H

13. 有一主存—Cache 层次的存储器，其主存容量为 1MB，Cache 容量为 16KB，每字块有 8 个字，每字 32 位，采用直接地址映像方式，若主存地址为 35301H，且 CPU 访问 Cache 命中，则在 Cache 的第（   ）（十进制表示）字块中（Cache 起始字块为第 0 字块）。

    A. 152   B. 153   C. 154   D. 151

14. 若由高速缓存、主存、硬盘构成的三级存储体系，则 CPU 访问该存储系统时发送的地址为（   ）。

    A. 高速缓存地址   B. 虚拟地址

    C. 主存物理地址   D. 磁盘地址

二、综合应用题

1. 某计算机的主存地址位数为 32 位，按字节编址。假定数据 Cache 中最多存放 128 个主存块，采用四路组相联方式，块大小为 64B，每块设置了 1 位有效位。采用一次性写回策略，为此每块设置了 1 位"脏"位。要求：

1）分别指出主存地址中标记（Tag）、组号（Index）和块内地址（Offset）三部分的位置和位数。

2）计算该数据 Cache 的总位数。

2. 【2010 年计算机联考真题】

某计算机的主存地址空间大小为 256MB，按字节编址。指令 Cache 和数据 Cache 分离，均有 8 个 Cache 行，每个 Cache 行大小为 64B，数据 Cache 采用直接映射方式。现有两个功能相同的程序 A 和 B，其伪代码如下所示：

```
程序 A:                          程序 B:
int a[256][256];                 int a[256][256];
......                           ......
int sum_array1()                 int sum_array2()
```

```
{                                        {
    int i,j,sum=0;                           int i,j,sum=0;
    for(i=0;i<256;i++)                       for(j=0;j<256;j++)
        for(j=0;j<256;j++)                       for(i=0;i<256;i++)
            sum += a[i][j];                          sum += a[i][j];
    return sum;                              return sum;
}                                        }
```

假定 int 类型数据用 32 位补码表示,程序编译时,i、j 和 sum 均分配在寄存器中,数组 a 按行优先方式存放,其首地址为 320(十进制数)。请回答下列问题,要求说明理由或给出计算过程。

1)若不考虑用于 Cache 一致性维护和替换算法的控制位,则数据 Cache 的总容量为多少?

2)数组元素 a[0][31] 和 a[1][1] 各自所在的主存块对应的 Cache 行号分别是多少(Cache 行号从 0 开始)?

3)程序 A 和 B 的数据访问命中率各是多少?哪个程序的执行时间更短?

3.有一 Cache 系统,字长为 16 位,主存容量为 16 字×256 块,Cache 的容量为 16 字×8 块。采用全相联映射,求:

1)主存和 Cache 的容量各为多少字节?主存和 Cache 的字地址各为多少位?

2)如果原先已经依次装入了 5 块信息,问字地址为 338H 所在的主存块将装入 Cache 块的块号及在 Cache 中的字地址是多少位?

3)如果块表中地址为 1 的行中标记着 36H 的主存块号标志,Cache 块号标志为 5H,则在 CPU 送来主存的字地址为 368H 时是否命中?如果命中,此时 Cache 的字地址为多少?

4.某个 Cache 的容量大小为 64KB,行长为 128B,且是四路组相联 Cache,主存使用 32 位地址,按字节编址。则

1)该 Cache 共有多少行?多少组?

2)该 Cache 的标记阵列中需要有多少标记项?每个标记项中标记位长度是多少?

3)该 Cache 采用 LRU 替换算法,若当该 Cache 为写直达式 Cache 时,标记阵列总共需要多大的存储容量?写回式又该如何?(提示:四路组相联 Cache 使用 LRU 算法的替换控制位为 2 位)

5.有一全相联 Cache 系统,Cache 由 8 个块构成,CPU 送出的主存地址流序列分别为 01110、10010、01110、10010、01000、00100、01000 和 01010,即十进制为 14、18、14、18、8、4、8、10,求:

1)每次访问后,Cache 的地址分配情况。

2)当 Cache 的容量换成 4 个块,地址流为 6、15、6、13、11、10、8 和 7 时,求采用先进先出替换算法的相应地址分配和操作。

3.6.7　答案与解析

一、单项选择题

1．B

A 为干扰项。各层次的存储系统不是孤立工作的,三级结构的存储系统是围绕主存储器

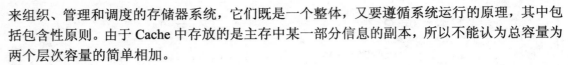

来组织、管理和调度的存储器系统，它们既是一个整体，又要遵循系统运行的原理，其中包括包含性原则。由于 Cache 中存放的是主存中某一部分信息的副本，所以不能认为总容量为两个层次容量的简单相加。

2．D

命中率=Cache 命中次数/总访问次数。需要注意的是看清题，题中说明的是缺失 50 次，而不是命中 50 次，仔细审题是做对题的第一步。

3．C

由于 Cache 共有 16 块，采用 2 路组相联，因此共分为 8 组，组号为 0、1、2、…、7。主存的某一字块按模 8 映射到 Cache 某组的任一字块中，即主存的第 0，8，16…字块可以映射到 Cache 第 0 组的任一字块中。每个主存块大小为 32 字节，故 129 号单元位于第 4 块主存块（注意是从 0 开始），因此将映射到 Cache 第 4 组的任一字块中。

注意：由于在计算机系统结构中和计算机组成原理的某些教材中介绍的组相联与此处的组相联并不相同，导致部分读者对题目理解错误。读者应以真题为准，以后再出现类似题目，应以此种解答方式为标准。而且组号通常是从 0 开始的，而不是 1（从选项也可看出）。

4．C

地址映射采用 2 路组相联，则主存地址为 0～1、4～5、8～9 可映射到第 0 组 Cache 中，主存地址为 2～3、6～7 可映射到第 1 组 Cache 中。Cache 置换过程如下表所示。

走　　向		0	4	8	2	0	6	8	6	4	8
第 0 组	块 0		0	4	4	8	8	0	0	8	4
	块 1	<u>0</u>	<u>4</u>	<u>8</u>	8	<u>0</u>	0	8*	8	<u>4</u>	8*
第 1 组	块 2				2	2	2	2	2	2	2
	块 3				<u>2</u>	2	<u>6</u>	6	6*	6	6

注："_"表示当前访问块，"*"表示本次访问命中。

注意：在不同的《计算机组成原理》教材中，关于组相联映射的介绍并不相同。通常采用上题（**真题 2009**）中的方式，也是唐朔飞教材中的方式，但本题中采用的是蒋本珊教材中的方式。可以推断两次命题的老师应该不是同一老师，也给考生答题带来了困扰。

5．C

一个块通常由若干个字组成，CPU 与 Cache（或主存）间信息交互的单位是字，而 Cache 与主存间信息交互的单位是块。当 CPU 访问的某个字不在 Cache 中时，将该字所在的主存块调入 Cache，这样 CPU 下次欲访问的字才有可能在 Cache 中。

6．A、B

7．D

在写主存的同时把该块调入 Cache 的方法称为写分配法，其通常和写回法配合使用。而写主存时不将该块调入 Cache 则称为不按写分配，其通常与全写法配合使用。这两种方法都是在不命中 Cache 的情况下使用的，而写回法和全写法是在命中 Cache 的情况下使用的。

8．A

LRU 表如下：

	C1	C2	C3	C4	C5	C6	C7	C8	C9	C10	C11	C12	C13	C14	C15	C16	C17	C18	C19	C20
单元1				2	7	2	1	8	3	8	2	1	3	1	7	1	3	7		
单元2			7	8	8	2	7	2	1	8	3	8	2	1	3	1	7	1	3	
单元3		8	1	1	7	7	8	8	7	2	1	1	3	8	2	2	3	3	7	1
单元4	1	1	8	8	1	1	1	1	8	7	2	2	1	3	8	8	2	2	2	2
命中否	否	否		否		否			否							否				

可见页面失效率是 6÷20=30%。

9. C

因为 Cache 容量为 16KB=2^{14}B，所以 Cache 地址长 14 位。主存与 Cache 地址映像采用直接映像方式，将 32 位的主存地址 0x1234E8F8 写成二进制，根据直接映射的地址结构可知，取低 14 位就是 Cache 地址。

10. C

LRU 算法根据程序访问局部性原理选择近期使用的最少的存储块作为替换的块。

11. D

地址映射表也就是标记阵列，由于 Cache 被分为 64 个块，那么 Cache 有 64 行，采用直接映射，一行相当于一组。故而该标记阵列每行存储 1 个标记项，其中主存标记项为 12bit（2^{12}=4096，是 Cache 容量的 4096 倍，那么就是地址长度比 Cache 长 12 位），加上 1 位有效位，故为 64×13bit。

12. C

块大小为 16B，所以块内地址字段为 4 位；Cache 容量为 128KB，采用 8 路组相联，共有 128KB/(16B×8)=1024 组，组号字段为 10 位；剩下的为标记字段。1234567H 转换为二进制 0001 0010 0011 0100 0101 0110 0111，标记字段对应高 14 位，即 048DH。

13. A

主存地址转换为二进制数 0011 0101 0011 0000 0001，根据直接映射的地址结构，字块内地址为低 5 位（每字块含 32B，2^5=32，故为 5 位），主存字块标记为高 6 位（1MB÷16KB=64，2^6=64，故为 6 位），其余 01 0011 000 即为 Cache 字块地址，转换为十进制数 152。

14. C

当 CPU 访存时，先要到 Cache 中看该主存地址是否在 Cache 中，所以发送的是主存物理地址。只有在虚拟存储器中，CPU 发出的才是虚拟地址，这里并没有指出是虚拟存储系统。磁盘地址是外存地址，外存中的程序由操作系统调入主存中，然后在主存中执行的，因此 CPU 不可能直接访问磁盘。

二、综合应用题

1. 解答：

因为块大小为 64B，所以块内地址字段 6 位；因为 Cache 中有 128 个主存块，采用四路组相联，Cache 分为 32 组（128÷4=32），所以组号字段为 5 位；标记字段为剩余 32−5−6=21 位。

数据 Cache 的总位数应包括标记项的总位数和数据块的位数。每个 Cache 块对应一个标记项，标记项中应包括标记字段、有效位和"脏"位（仅适用于写回法）。

1）主存地址中 Tag 为 21 位，位于主存地址前部；组号 Index 为 5 位，位于主存地址中部；块内地址 Offset 为 6 位，位于主存地址后部。

2）标记项的总位数=128×(21+1+1)=128×23=2944 位，数据块位数=128×64×8=65536 位，所以数据 Cache 的总位数=2944+65536=68480 位。

2．解答：

每个 Cache 行对应一个标记项，如下图所示。

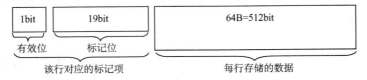

不考虑用于 Cache 一致性维护和替换算法的控制位。地址总长度为 28 位（2^{28}=256M），块内地址 6 位（2^6=64），Cache 块号 3 位（2^3=8），故 Tag 的位数为 28-6-3=19 位，还需使用一个有效位，故题中数据 Cache 行的结构如下图所示。

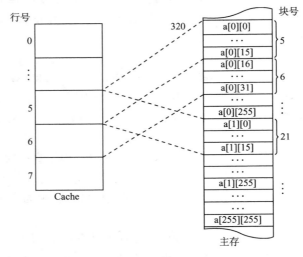

数据 Cache 共有 8 行，因此数据 Cache 的总容量为 8×(64+20/8)B=532B。

2）数组 a 在主存的存放位置及其与 Cache 之间的映射关系如下图所示：

数组按行优先方式存放，首地址为 320，数组元素占 4 个字节。a[0][31]所在的主存块对应的 Cache 行号为(320+31×4)/64=6；a[1][1]所在的主存块对应的 Cache 行号为(320+256×4+1×4)/64 % 8=5。

另解：由 1）可知主存和 Cache 的地址格式如下图所示。

数组按行优先方式存放，首地址 320，数组元素占 4 个字节。a[0][31]的地址为 320+31×4=1 1011 1100$_B$，故其对应的 Cache 行号为 110$_B$=6；a[1][1]的地址为 320+256×4+1×4=1348=101 0100 0100$_B$，故其对应的 Cache 行号为 101$_B$=5。

3）数组 a 的大小为 256×256×4B=2^{18}B，占用 2^{18}/64=2^{12} 个主存块，按行优先存放，程序 A 逐行访问数组 a，共需访问的次数为 2^{16} 次，未命中次数为 2^{12} 次（即每个字块的第一个数未命中），因此程序 A 的命中率为(2^{16}–2^{12})/2^{16}×100%=93.75%。

另解：数组 a 按行存放，程序 A 按行存取。每个字块中存放 16 个 int 型数据，除访问的第一个不命中，随后的 15 个全都命中，访问全部字块都符合这一规律，且数组大小为字块大小的整数倍，故程序 A 的命中率为 15/16=93.75%。

程序 B 逐列访问数组 a，Cache 总容量为 64B×8=512B，数组 a 一行的大小为 1KB，正好是 Cache 容量的 2 倍，可知不同行的同一列数组元素使用的是同一个 Cache 单元，故逐列访问每个数据时，都会将之前的字块置换出，也即每次访问都不会命中，命中率为 0。

由于从 Cache 读数据比从主存读数据快很多，所以程序 A 的执行比程序 B 快得多。

注意：本题考查 Cache 容量计算，直接映射方式的地址计算以及命中率计算（行优先遍历与列优先遍历命中率差别很大）。

3．解答：

1）因为字长为 16 位，即 2B，主存容量=16×256×2B=8192B，Cache 容量=16×8×2B=256B，主存字地址=8+4=12 位，Cache 字地址=3+4=7 位，如下图所示。

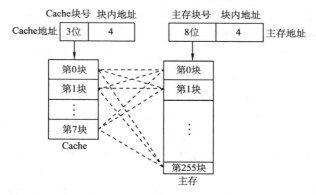

2）如下图所示，由于每块 16 字，所以该主存字所在的主存块号为 33H。由于是全相联映射，原先已经装入 Cache 的 5 个块依次在 0～4 号块，因此主存的第 33H 的块将装入 Cache 的第 5 块。对应 Cache 的字地址为 1011000B，其中 101 为块号，1000 为块内地址。

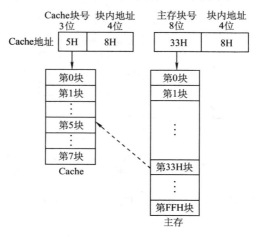

3）如下图所示，由于表中地址为 1 的行中标记着 36H 的主存块号标志，则当 CPU 送来主存的字地址为 368H 时，其主存块号为 36H，所以命中。此时的 Cache 字地址为 58H。

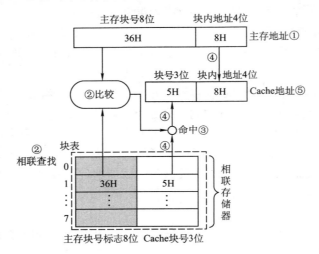

4．解答：

1）由于 64KB/128B=512，故有 512 行。而该 Cache 是四路组相联，所以 512/4=128 组。

2）每行有一个标记项，故有 512 个标记项。主存字块标记长度就是标记位的长度，由于该 Cache 有 128 组（$=2^7$），所以 7 位为组地址。而行长 128 字节（$=2^7$），7 位为字块内地址，因此该标记项中的标记位长度为 32－7－7=18 位。

3）LRU 替换策略要记录每个 Cache 行的生存时间，故每个标记项有两位替换控制位。而全写法没有"脏"位（一致性控制位），再加一个有效位即可。因此，每个标记项位数是 18+2+1=21 位，故总大小为 512×21=10752 位。

写回式则是每个标记项加一个一致性控制位，因此为 512×22=11264 位。

5．解答：

1）依据 Cache 的块容量和访问的块地址流序列，Cache 的地址分配如下图所示。

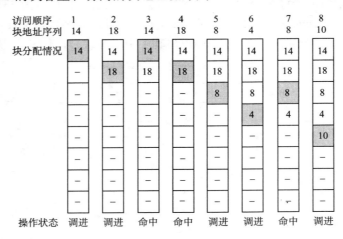

2）采用先进先出替换算法的相应地址分配如下图所示。

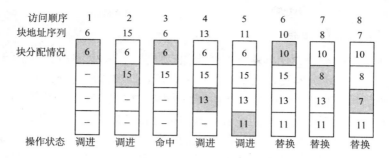

由于是全相联映射，且当访问从第 6 个地址开始时，Cache 已经装不下，因此，按照先进先出的原则依次替换出第 0 块、第 1 块和第 2 块。

3.7　虚拟存储器

主存和联机工作的辅存共同构成了虚拟存储器，二者在硬件和系统软件的共同管理下工作。对于应用程序员而言，虚拟存储器是透明的。虚拟存储器具有主存的速度和辅存的容量，提高了存储系统的性能价格比。

3.7.1　虚拟存储器的基本概念

虚拟存储器将主存或辅存的地址空间统一编址，形成一个庞大的地址空间，在这个空间内，用户可以自由编程，而不必在乎实际的主存容量和程序在主存中实际的存放位置。

用户编程允许涉及到的地址称为**虚地址**或者**逻辑地址**，虚地址对应的存储空间称为虚拟空间或程序空间。实际的主存单元地址称为**实地址**或者**物理地址**，实地址对应的是主存地址空间，也称为实地址空间。虚地址比实地址要大很多。虚拟存储器的地址空间如图 3-21 所示。

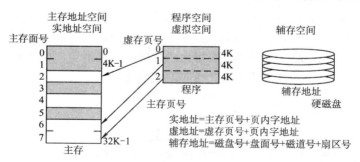

图 3-21　虚拟存储器的 3 个地址空间

CPU 使用虚地址时，由辅助硬件找出虚地址和实地址之间的对应关系，并判断这个虚地址对应的存储单元内容是否已装入主存。如果已在主存中，则通过地址变换，CPU 可直接访问主存指示的实际单元；如果不在主存中，则把包含这个字的一页或一段调入主存后再由 CPU 访问。如果主存已满，则采用替换算法置换主存中的一页或一段。

在实际的物理存储层次上，所编程序和数据在操作系统管理下，先送入磁盘，然后操作系统将当前运行所需要的部分调入主存，供 CPU 使用，其余暂不运行部分留在磁盘中。

3.7.2　页式虚拟存储器

以页为基本单位的虚拟存储器称为页式虚拟存储器。虚拟空间与主存空间都被划分成同样大小的页，主存的页称为**实页**，虚存的页称为**虚页**。把虚拟地址分为两个字段：**虚页号**和**页内地址**。虚地址到实地址之间的变换是由页表来实现的。**页表**是一张存放在主存中的虚页号和实页号的对照表，记录着程序的虚页调入主存时被安排在主存中的位置。

页表基址寄存器存放当前运行程序的页表的起始地址，它和虚页号拼接成页表项地址，每一个页表项记录了与某个虚页对应的虚页号、实页号和装入位等信息。若装入位为"1"，表示该页面已在主存中，将对应的实页号和虚地址中的页内地址拼接就得到了完整的实地址；若装入位为"0"，表示该页面不在主存中，于是要启动 I/O 系统，把该页从辅存调入主存后再供 CPU 使用。页式虚拟存储器的地址变换过程如图 3-22 所示。

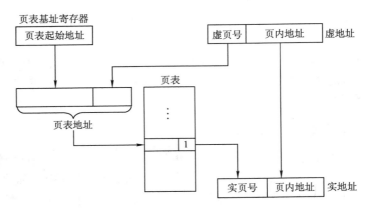

图 3-22　页式虚拟存储器的地址变换过程

由上述转换过程可知，CPU 访存时，先要查页表，为此需要访问一次主存。若不命中，还要进行页面替换和页表修改，则访问主存的次数就更多了。

页式虚拟存储器的优点是页面的长度固定，页表简单，调入方便。缺点是由于程序不可能正好是页面的整数倍，最后一页的零头将无法利用而造成浪费，并且页不是逻辑上独立的实体，所以处理、保护和共享都不及段式虚拟存储器方便。

3.7.3　段式虚拟存储器

段式虚拟存储器中的段是按程序的逻辑结构划分的，各个段的长度因程序而异。把虚拟地址分为两部分：**段号**和**段内地址**。虚拟地址到实地址之间的变换是由段表来实现的。**段表**是程序的逻辑段和在主存中存放位置的对照表。段表的每一行记录了与某个段对应的段号、装入位、段起点和段长等信息。由于段的长度可变，所以段表中要给出各段的起始地址与段的长度。

CPU 根据虚拟地址访存时，首先根据段号与段表起始地址拼接成对应的段表行，然后根据该段表行的装入位判断该段是否已调入主存（若装入位为"1"，表示该段已调入主存；若装入位为"0"，则表示该段不在主存中）。若已调入主存，从段表读出该段在主存中的起始地址，与段内地址（偏移量）相加，得到对应的主存实地址。段式虚拟存储器的地址变换过程如图 3-23 所示。

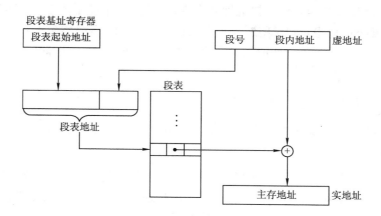

图 3-23　段式虚拟存储器的地址变换过程

段式虚拟存储器的优点是段的分界与程序的自然分界相对应，因而具有逻辑独立性，使它易于编译、管理、修改和保护，也便于多道程序的共享；缺点是因为段长度可变，分配空间不便，容易在段间留下碎片，不好利用，造成浪费。

3.7.4　段页式虚拟存储器

把程序按逻辑结构分段，每段再划分为固定大小的页，主存空间也划分为大小相等的页，程序对主存的调入、调出仍以页为基本传送单位，这样的虚拟存储器称为段页式虚拟存储器。在段页式虚拟存储器中，每个程序对应一个段表，每段对应一个页表，段的长度必须是页长的整数倍，段的起点必须是某一页的起点。

虚地址分为**段号**、**段内页号**、**页内地址**三部分。CPU 根据虚地址访存时，首先根据段号得到段表地址；然后从段表中取出该段的页表起始地址，与虚地址段内页号合成，得到页表地址；最后从页表中取出实页号，与页内地址拼接形成主存实地址。

段页式虚拟存储器的优点是兼具页式和段式虚拟存储器的优点，可以按段实现共享和保护。缺点是在地址变换过程中需要两次查表，系统开销比较大。

3.7.5　快表 TLB

在虚拟存储器中，必须先访问一次主存去查页表，再访问主存才能取得数据，相当于访存速度降低了一半。而在段页式虚拟存储器中，既要查找段表也要查找页表。

依据程序执行的局部性原理，在一段时间内总是经常访问某些页，若把这些页对应的页表项存放在高速缓冲器组成的**快表**（TLB）中，则可以明显提高效率。相应地把放在主存中的页表称为**慢表**（Page）。快表只是慢表的一个副本，而且只存放了慢表中很少的一部分。

查找时，快表和慢表同时进行，若快表中有此逻辑页号，则能很快地找到对应的物理页号，送入实主存地址寄存器，并使慢表的查找作废，从而就能做到虽采用虚拟存储器但访问主存速度几乎没有下降。

注意：TLB 是 Page 的一个很小的副本，所以若 TLB 命中则 Page 一定命中。

在同时具有虚拟页式存储器（有 TLB）和 Cache 的系统中，CPU 发出访存命令（逻辑地址），先查找 TLB 和 Page，将逻辑地址转换为物理地址，再查找对应的 Cache 块（与主存查找并行）。若 Cache 命中，则说明所需页面已调入主存，Page 必然命中，但 TLB 不一定命中；若 Cahe 不命中，并不能说明所需页面未调入主存，和 TLB 和 Page 命中与否没有联系。若 Page 不命中，则执行调页策略。

3.7.6 虚拟存储器与 Cache 的比较

虚拟存储器与 Cache 既有很多相同之处，但也有很多不同之处。

1. 相同之处

1）最终目标都是为了提高系统性能，两者都有容量、速度、价格的梯度。
2）都把数据划分为小信息块，并作为基本的传递单位，虚存系统的信息块更大。
3）都有地址的映射、替换算法、更新策略等问题。
4）依据程序访问的局部性原理应用"快速缓存的思想"，将相对活跃的数据放在相对高速的部件中。

2. 不同之处

1）Cache 主要解决系统速度，而虚拟存储器却是为了解决主存容量。
2）Cache 全由硬件实现，是硬件存储器，对所有程序员透明；而虚拟存储器由 OS 和硬件共同实现，是逻辑上的存储器，对系统程序员不透明，但对应用程序员透明。
3）对于不命中性能影响，因为 CPU 的速度约为 Cache 的 10 倍，主存的速度为硬盘的 100 倍以上，故虚拟存储器系统不命中时对系统性能影响更大。
4）CPU 与 Cache 和主存都建立了直接访问的通路，而辅存与 CPU 没有直接通路。也就是说在 Cache 不命中时主存能和 CPU 直接通信，同时将数据调入 Cache 中；而虚拟存储器系统不命中时，只能先由硬盘调入主存中，而不能直接和 CPU 通信。

3.7.7 本节习题精选

一、单项选择题

1. 为使虚拟存储系统有效地发挥其预期的作用，所运行的程序应具有的特性是（　　）。
　　A. 不应含有过多的 I/O 操作　　　　　　B. 大小不应小于实际的内存容量
　　C. 应具有较好的局部性　　　　　　　　D. 顺序执行的指令不应过多

2. 虚拟存储管理系统的基础是程序访问的局部性原理，此理论的基本含义是（　　）。
　　A. 在程序的执行过程中，程序对主存的访问是不均匀的
　　B. 空间局部性
　　C. 时间局部性
　　D. 代码的顺序执行

3. 虚拟存储器管理方式常用的有段式、页式、段页式，它们在与主存交换信息时的单位以下表述正确的是（　　）。
　　A. 段式采用"页"　　　　　　　　　　B. 页式采用"块"
　　C. 段页式采用"段"和"页"　　　　　D. 页式和段页式均仅采用"页"

4. 【2010 年计算机联考真题】

下列命令组合情况中，一次访存过程中，不可能发生的是（　　）。

A. TLB 未命中，Cache 未命中，Page 未命中

B. TLB 未命中，Cache 命中，Page 命中

C. TLB 命中，Cache 未命中，Page 命中

D. TLB 命中，Cache 命中，Page 未命中

5. 下列关于虚存的叙述中，正确的是（　　）。

A. 对应用程序员透明，对系统程序员不透明

B. 对应用程序员不透明，对系统程序员透明

C. 对应用程序员、系统程序员都不透明

D. 对应用程序员、系统程序员都透明

6. 在虚拟存储器中，当程序正在执行时，由（　　）完成地址映射。

A. 程序员　　　　　　　　　　　B. 编译器

C. 装入程序　　　　　　　　　　D. 操作系统

7. 采用虚拟存储器的主要目的是（　　）。

A. 提高主存储器的存取速度　　　B. 扩大主存储器的存储空间

C. 提高外存储器的存取速度　　　D. 扩大外存储器的存储空间

8. 关于虚拟存储器，下列说法正确的是（　　）。

Ⅰ. 虚拟存储器利用了局部性原理

Ⅱ. 页式虚拟存储器的页面如果很小，主存中存放的页面数较多，导致缺页频率较低，换页次数减少，最终可以提升操作速度

Ⅲ. 页式虚拟存储器的页面如果很大，主存中存放页面数较少，导致页面调度频率较高，换页次数增加，降低操作速度

Ⅳ. 段式虚拟存储器中，段具有逻辑独立性，易于实现程序的编译、管理和保护，也便于多道程序共享

A. Ⅰ、Ⅲ、Ⅳ　　　　　　　　　B. Ⅰ、Ⅱ、Ⅲ

C. Ⅰ、Ⅱ、Ⅳ　　　　　　　　　D. Ⅱ、Ⅲ、Ⅳ

9. 虚拟存储器中的页表有快表和慢表之分，下面关于页表的叙述中正确的是（　　）。

A. 快表与慢表都存储在主存中，但快表比慢表容量小

B. 快表采用了优化的搜索算法，因此查找速度快

C. 快表比慢表的命中率高，因此快表可以得到更多的搜索结果

D. 快表采用快速存储器件组成，按照查找内容访问，因此比慢表查找速度快

二、综合应用题

1. 【2011 年计算机联考真题】

某计算机存储器按字节编址，虚拟（逻辑）地址空间大小为 16MB，主存（物理）地址空间大小为 1MB，页面大小为 4KB；Cache 采用直接映射方式，共 8 行；主存与 Cache 之间交换的块大小为 32B。系统运行到某一时刻时，页表的部分内容和 Cache 的部分内容分别如图 3-24 和图 3-25 所示，图中页框号及标记字段的内容为十六进制形式。

虚页号	有效位	页框号	...
0	1	06	...
1	1	04	...
2	1	15	...
3	1	02	...
4	0	—	...
5	1	2B	...
6	0	—	...
7	1	32	...

图 3-24 页表的部分内容

行号	有效位	标记	...
0	1	020	...
1	0	—	...
2	1	01D	...
3	1	105	...
4	1	064	...
5	1	14D	...
6	0	—	...
7	1	27A	...

图 3-25 Cache 的部分内容

请回答下列问题：

1）虚拟地址共有几位，哪几位表示虚页号？物理地址共有几位，哪几位表示页框号（物理页号）？

2）使用物理地址访问 Cache 时，物理地址应划分成哪几个字段？要求说明每个字段的位数及在物理地址中的位置。

3）虚拟地址 001C60H 所在的页面是否在主存中？若在主存中，则该虚拟地址对应的物理地址是什么？访问该地址时是否 Cache 命中？要求说明理由。

4）假定为该机配置一个四路组相联的 TLB，共可存放 8 个页表项，若其当前内容（十六进制）如图 3-26 所示，则此时虚拟地址 024BACH 所在的页面是否存在主存中？要求说明理由。

组号	有效位	标记	页框号	有效位	标记	页框号	有效位	标记	页框号	有效位	标记	页框号
0	0	—	—	1	001	15	0	—	—	1	012	1F
1	1	013	2D	0	—	—	1	008	7E	0	—	—

图 3-26 TLB 的部分内容

2．某一个计算机系统采用虚拟页式存储管理方式，当前在处理机上执行的某一个进程的页表见表 3-3，所有的数字均为十进制，每一项的起始编号是 0，并且所有的地址均按字节编址，每页大小为 1024 字节。

表 3-3 某进程的页表

逻 辑 页 号	存 在 位	引 用 位	修 改 位	页 框 号
0	1	0	0	4
1	1	1	1	3
2	0	0	0	—
3	1	0	0	1
4	0	0	0	—
5	1	0	1	5

1）将下列逻辑地址转换为物理地址，写出计算过程，对不能计算的说明为什么。

0793，1197，2099，3320，4188，5332

2）假设程序要访问第 2 页，页面置换算法为改进的 Clock 算法（详见《操作系统》，请问该淘汰哪页？页表如何修改？上述地址的转化结果是否改变？变成多少？

3．图 3-27 表示使用快表（页表）的虚实地址转换条件，快表存放在相联存储器中，其容量为 8 个存储单元。问：

1）当 CPU 按虚拟地址 1 去访问主存时，主存的实地址码是多少？

2）当 CPU 按虚拟地址 2 去访问主存时，主存的实地址码是多少？

3）当 CPU 按虚拟地址 3 去访问主存时，主存的实地址码是多少？

页号	该页在主存中的起始位置
32	42000
25	38000
7	96000
6	60000
4	40000
15	80000
5	50000
34	70000

虚拟地址	页号	页内地址
1	15	0324
2	7	0128
3	48	0516

图 3-27　快表的虚实地址转换

4．一个两级存储器系统有 8 个磁盘上的虚拟页面需要映像到主存中的 4 个页中。某程序生成以下访存页面序列：1，0，2，2，1，7，6，7，0，1，2，0，3，0，4，5，1，5，2，4，5，6，7，6，7，2，4，2，7，3。

采用 LRU 替换策略，设初始时主存为空。

1）画出每个页号访问请求之后存放在主存中的位置。

2）计算主存的命中率。

3.7.8　答案与解析

一、单项选择题

1．C

虚拟存储系统利用的是局部性原理，故程序应当具有较好的局部性，故 C 正确。而含有输入、输出操作是产生中断，与虚存无关，故 A 错误；大小较小但可以多个程序并发执行，也可以发挥虚存的作用，故 B 错误；顺序执行的指令应当占较大比重为宜，这样可增强程序的局部性，故 D 错误。

2．A

局部性原理的含义就是一个程序执行过程中，其大部分情况下是顺序执行的，某条指令或数据使用后，在最近一段时间内较大可能再次被访问（时间局部性）；某条指令或数据使用后，其临近的指令或数据可能在近期被使用（空间局部性）。在虚拟存储管理系统中，程序只能访问主存获得指令和数据，所以 A 是正确的，B、C、D 均是局部性原理的一个方面而已。

3．D

页式虚拟存储方式对程序分页，采用页进行交互；段页式则是先按照逻辑分段，然后分页，以页为单位和主存交互，故 D 正确。

4．D

　　Cache 中存放的是主存的一部分副本，TLB（快表）中存放的是 Page（页表）的一部分副本。在同时具有虚拟页式存储器（有 TLB）和 Cache 的系统中，CPU 发出访存命令，先查找对应的 Cache 块。

　　1）若 Cache 命中，则说明所需内容在 Cache 内，其所在页面必然已调入主存，因此 Page 必然命中，但 TLB 不一定命中。

　　2）若 Cahe 未命中，并不能说明所需内容未调入主存，和 TLB、Page 命中与否没有联系。但若 TLB 命中，Page 也必然命中；而当 Page 命中，TLB 则未必命中，故 D 不可能发生。

　　主存、Cache、TLB 和 Page 的关系如下图所示。

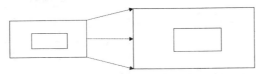

　　5．A

　　虚存需要通过对操作系统实现地址映射，因此对于操作系统的设计者——系统程序员是不透明的。而应用程序员写的程序所使用的是逻辑地址（虚地址），故而对其是透明的。

　　6．D

　　虚拟存储器中，地址映射由操作系统来完成。

　　7．B

　　引入虚拟存储器的目的是为了解决内存容量不够大的问题。

　　8．A

　　CPU 访问存储器时，无论是存取指令还是存取数据，所访问的存储单元都趋于聚集在一个较小的连续区域中，虚拟存储器正是依据了这一原理来设计的，故 I 正确。

　　页式虚拟存储器中，页面如果很小，虚拟存储器中包含的页面个数就会过多，使得页表的体积过大，导致页表本身占据的存储空间过大，这将会使操作速度变慢，故 II 错误。

　　当页面很大时，虚拟存储器中的页面个数会变少，由于主存的容量比虚拟存储器的容量小，主存中的页面个数会更少，每一次页面装入的时间会变长，每当需要装入新的页面时，速度会变慢，故 III 正确。

　　段式虚拟存储器是按照程序的逻辑性来设计的，具有易于实现程序的编译、管理和保护，也便于多道程序共享的优点，故 IV 正确。

　　9．D

　　快表采用组相连存储器组成，因此查表速度很快，而慢表存储在主存中，故选项 A、B 错误。快表仅是慢表的一个小副本，故 C 错误。

　　二、综合应用题

　　1．解答：

　　这里要明确虚地址和实地址、虚页号和页框号、标记位的作用等概念。

　　1）存储器按字节编址，虚拟地址空间大小为 16MB=2^{24}B，故虚拟地址为 24 位；页面大小为 4KB=2^{12}B，故高 12 位为虚页号。主存地址空间大小为 1MB=2^{20}B，故物理地址为 20 位；由于页内地址为 12 位，故高 8 位为页框号。

　　2）由于 Cache 采用直接映射方式，所以物理地址各字段的划分如下。

主存字块标记	Cache 字块标记	字块内地址

由于块大小为 32B，故字块内地址占 5 位；Cache 共 8 行，故 Cache 字块标记占 3 位；主存字块标记占 20−5−3=12 位。

3）虚拟地址 001C60H 的前 12 位为虚页号，即 001H，查看 001H 处的页表项，其对应的有效位为 1，故虚拟地址 001C60H 所在的页面在主存中。页表 001H 处的页框号为 04H，与页内偏移（虚拟地址后 12 位）拼接成物理地址为 04C60H。物理地址 04C60H=0000 0100 1100 0110 0000B，主存块只能映射到 Cache 的第 3 行（即第 011B 行），由于该行的有效位=1，标记（值为 105H）≠04CH（物理地址高 12 位），故未命中。

4）由于 TLB 采用 4 路组相联，故 TLB 被分为 8/4=2 个组，因此虚页号中高 11 位为 TLB 标记、最低 1 位为 TLB 组号。虚拟地址 024BACH=0000 0010 0100 1011 1010 1100B，虚页号为 0000 0010 0100B，TLB 标记为 0000 0010 010B（即 012H），TLB 组号为 0B，因此，该虚拟地址所对应物理页面只可能映射到 TLB 的第 0 组。组 0 中存在有效位=1、标记=012H 的项，因此访问 TLB 命中，即虚拟地址 024BACH 所在的页面在主存中。

总结：①在页式虚拟存储系统中，虚拟地址分为虚页号和页内地址两部分，物理地址分为页框号和页内地址两部分。②分清主存—Cache 和虚拟存储系统。

2．解答：

根据题意，每页为 1024 字节，地址又是按字节编址的，因此，所有地址均可转换为页号和页内偏移量。

地址转换过程一般先将逻辑页号取出，然后查找页表，得到页框号，再将页框号与页内偏移量相加，即可获得物理地址。若取不到页框号，则该页不在内存，于是产生缺页中断，开始请求调页。若内存有足够的物理页面，那么可以再分配一个新的页面；若没有页面了，就必须在现有页面中找到一个页，将新的页与之置换。这个页可以是系统中的任意一页，也可以是本进程中的一页。若是系统中的一页，则这种置换方式称为全局置换；若是本进程中的页面，则称为局部置换。

置换时为尽可能减少缺页中断次数，可以有多种算法来应用，本题使用的是改进的 Clock 算法。这种算法必须使用页表中的引用位和修改位，由这两位组成 4 种级别，没被引用和没修改的页面最先淘汰，没引用但修改了的页面其次，再者淘汰引用了但没有修改的页面，最后淘汰既引用又修改的页面。当页面的引用位和修改位相同时，随机淘汰一页。

1）根据题意，计算逻辑地址的页号和页内偏移量，合成物理地址如下表所示。

逻 辑 地 址	逻 辑 页 号	页 内 偏 移 量	页 框 号	物 理 地 址
0793	0	793	4	4889
1197	1	173	3	3245
2099	2	51	- -	缺页中断
3320	3	248	1	1272
4188	4	92	- -	缺页中断
5332	5	212	5	5332

注：在本题中，物理地址=页框号×1024B+页内偏移量，页内偏移量=逻辑地址−逻辑页号×1024B，逻辑页号=逻辑地址/1024B（结果向下取整）。

2）第 2 页不在内存，产生缺页中断，根据改进的 Clock 算法，第 3 页为没被引用和没修改的页面，故淘汰。新页面进入，页表修改如下：

逻 辑 页 号	存 在 位	引 用 位	修 改 位	页 框 号	备 注
0	1	1	0	4	
1	1	1	1	3	
2	0→1	0→1	0	- - →1	调入
3	1→0	0	0	1→- -	淘汰
4	0	0	0	- -	
5	1	0	1	5	

因为页面 2 调入是为了使用，所以页面 2 的引用位必须改为 1，地址转换变为下表：

逻 辑 地 址	逻 辑 页 号	页内偏移量	页 框 号	物 理 地 址
0793	0	793	4	4889
1197	1	173	3	3245
2099	2	51	1	1075
3320	3	248	- -	缺页中断
4188	4	92	- -	缺页中断
5332	5	212	5	5332

3．解答：

1）虚拟地址 1 的页号为 15，页内地址为 0324，在左表中页号 15 对应的主存起始位置为 8000，则主存的实地址码为 0324+80000=80324。

2）按 1）中的方法易知，主存的实地址码为 0128+96000=96128。

3）虚拟地址 3 的页号为 48，在左表中无对应项，故该页面在快表（页表）中无记录。

4．解答：

1）LRU 替换策略是换出最近最久未使用的页面，故每个页号访问请求之后存放在主存中的位置，如下图所示：

主存页号	虚拟页号																														
4				7	6	7	0	1	2	0	3	0	4	5	1	5	2	4	5	6	7	6	7	2	4	2	7	3
3			2	2	1	1	7	6	7	0	1	2	0	3	0	4	5	1	5	2	4	5	6	7	6	7	2	4	2	7
2		0	0	0	2	2	1	1	6	7	0	1	2	3	0	4	1	5	2	4	5	3	5	6	7	7	4	2
1	1	1	1	1	0	0	2	2	1	6	7	7	1	1	2	3	0	0	4	1	1	2	4	4	5	6	6	6	4
命中			*	*		*		*		*		*				*		*	*		*	*			*	*	

2）共 30 次访存，有 13 次命中，故而主存的命中率为 13/30=43%。

3.8 常见问题和易混淆知识点

1．存取时间 T_a 就是存储周期 T_m 吗？

不是。存取时间 T_a 是执行一次读操作或写操作的时间，分为读出时间和写入时间。读出时间为从主存接收到有效地址开始到数据稳定为止的时间；写入时间是从主存接收到有效地址开始到数据写入被写单元为止的时间。

存储周期 T_m 是指存储器进行连续两次独立地读或写操作所需的最小时间间隔。

所以存取时间 T_a 不等于存储周期 T_m。通常存储周期 T_m 大于存取时间 T_a。

2．Cache 行的大小和命中率之间有什么关系？

行的长度较大，可以充分利用程序访问的空间局部性特点，使一个比较大的局部空间被一起调到 Cache 中，因而可以增加命中机会。但是，行长也不能太大，主要原因有两个：

1）行长大使失效损失变大。也就是说，如果未命中的话，需花更多时间从主存读块。

2）行长太大，则 Cache 项数变少，因而，命中的可能性变小。

3．关于 Cache 的一些小知识

1）多级 Cache。现代计算机系统中，一般采用多级的 Cache 系统。CPU 执行指令时，先到速度最快的一级 Cache(L1 Cache)中寻找指令或数据，找不到时，再到速度次快的二级 Cache(L2 Cache)中找……最后到主存中找。

2）指令 Cache 和数据 Cache。指令和数据可以分别存储在不同的 Cache 中（一般是 L1 Cache 会这么做），这种结构也称为哈佛 Cache，其特点是允许 CPU 同时提取指令和数据。

指令系统

【考题分布】

年 份	单选题/分	综合题/分	考 查 内 容
2009 年	2 题×2	0	相对寻址原理；RISC 和 CISC 的特点
2010 年	0	1 题×11	指令格式、寻址方式及相关技术，指令编码与指令执行过程
2011 年	3 题×2	0	指令寻址的特点；标志寄存器和转移条件的关系；RISC 与指令流水
2013 年	1 题×2	√	相对寻址原理；寻址方式及相关技术；标志寄存器和转移条件的关系

指令系统是表征一台计算机性能的重要因素。读者应注意扩展操作码技术，各种寻址方式的特点、及有效地址的计算，相对寻址有关的计算，CISC 与 RISC 的特点与区别。本章知识点出选择题的概率较大，但也有可能结合其他章节出有关指令的综合题。

4.1 指令格式

指令（又称机器指令）是指示计算机执行某种操作的命令，是计算机运行的最小功能单位。一台计算机的所有指令的集合构成该机的指令系统，也称为指令集。指令系统是计算机的主要属性，位于硬件和软件的交界面上。

4.1.1 指令的基本格式

一条指令就是机器语言的一个语句，它是一组有意义的二进制代码。一条指令通常要包括操作码字段和地址码字段两部分：

操作码字段	地址码字段

其中，操作码指出指令中该指令应该执行什么性质的操作和具有何种功能。操作码是识别指令、了解指令功能与区分操作数地址内容的组成和使用方法等的关键信息。例如，指出是算术加运算，还是减运算；是程序转移，还是返回操作。

地址码用于给出被操作的信息（指令或数据）的地址，包括参加运算的一个或多个操作数所在的地址、运算结果的保存地址、程序的转移地址、被调用的子程序的入口地址等。

指令的长度是指一条指令中所包含的二进制代码的位数。指令字长取决于操作码的长度、操作数地址码的长度和操作数地址的个数。指令长度与机器字长没有固定的关系，它可以等于机器字长，也可以大于或小于机器字长。通常，把指令长度等于机器字长的指令称为**单字长指令**；指令长度等于半个机器字长的指令称为**半字长指令**；指令长度等于两个机器字长的指令称为**双字长指令**。

在一个指令系统中，若所有指令的长度都是相等的，称为**定长指令字结构**。定字长指令的执行速度快，控制简单。若各种指令的长度随指令功能而异，就称为**变长指令字结构**。但因为主存一般是按字节编址，所以指令字长多为字节的整数倍。

根据指令中的操作数地址码的数目的不同，可将指令分成以下几种格式：

1．零地址指令

零地址：
OP

只给出操作码 OP，没有显地址。这种指令有两种可能：

1）不需要操作数的指令，如空操作指令、停机指令、关中断指令等。

2）零地址的运算类指令仅用在堆栈计算机中。通常参与运算的两个操作数隐含地从栈顶和次栈顶弹出，送到运算器进行运算，运算结果再隐含地压入到堆栈中。

2．一地址指令

一地址：
OP	A₁

这种指令也有两种常见的形态，根据操作码含义确定它究竟是哪一种：

1）只有目的操作数的单操作数指令，按 A_1 地址读取操作数，进行 OP 操作后，结果存回原地址。

指令含义：$OP(A_1) \rightarrow A_1$

如操作码含义是加 1、减 1、求反、求补等。

2）隐含约定目的地址的双操作数指令，按指令地址 A_1 可读取源操作数，指令可隐含约定另一个操作数由 ACC 提供，运算结果也将存放在 ACC 中。

指令含义：$(ACC)OP(A_1) \rightarrow ACC$

若指令字长为 32 位，操作码占 8 位，1 个地址码字段占 24 位，则指令操作数的直接寻址范围为 $2^{24}=16M$。

3．二地址指令

二地址：
OP	A₁	A₂

指令含义：$(A_1)OP(A_2) \rightarrow A_1$

对于常用的算术和逻辑运算指令，往往要求使用两个操作数，需分别给出目的操作数和源操作数的地址，其中目的操作数地址还用于保存本次的运算结果。

若指令字长为 32 位，操作码占 8 位，两个地址码字段各占 12 位，则指令操作数的直接寻址范围为 $2^{12}=4K$。

4. 三地址指令

三地址：	OP	A_1	A_2	A_3（结果）

指令含义：$(A_1)OP(A_2) \rightarrow A_3$

若指令字长为 32 位，操作码占 8 位，3 个地址码字段各占 8 位，则指令操作数的直接寻址范围为 $2^8=256$。若地址字段均为主存地址，则完成一条三地址需要 4 次访问存储器（取指令 1 次，取两个操作数 2 次，存放结果 1 次）。

5. 四地址指令

四地址：	OP	A_1	A_2	A_3（结果）	A_4（下址）

指令含义：$(A_1)OP(A_2) \rightarrow A_3$，$A_4$=下一条将要执行指令的地址。

若指令字长为 32 位，操作码占 8 位，4 个地址码字段各占 6 位，则指令操作数的直接寻址范围为 $2^6=64$。

4.1.2　定长操作码指令格式

定长操作码指令是在指令字的最高位部分分配固定的若干位（定长）表示操作码。一般 n 位操作码字段的指令系统最大能够表示 2^n 条指令。

定长操作码对于简化计算机硬件设计，提高指令译码和识别速度很有利。当计算机字长为 32 位或更长时，这是常规用法。

4.1.3　扩展操作码指令格式

为了在指令字长有限的前提下仍保持比较丰富的指令种类，可采取可变长度操作码，即全部指令的操作码字段的位数不固定，且分散地放在指令字的不同位置上。显然，这将增加指令译码和分析的难度，使控制器的设计复杂化。

最常见的变长操作码方法是扩展操作码，使操作码的长度随地址码的减少而增加，不同地址数的指令可以具有不同长度的操作码，从而在满足需要的前提下，有效地缩短指令字长。图 4-1 所示即为一种扩展操作码的安排方式。

在图 4-1 中，指令字长为 16 位，其中 4 位为基本操作码字段 OP，另有 3 个 4 位长的地址字段 A_1、A_2 和 A_3。4 位基本操作码若全部用于三地址指令，则有 16 条。图 4-1 中所示的三地址指令为 15 条，1111 留作扩展操作码之用；二地址指令为 15 条，1111 1111 留作扩展操作码之用；一地址指令为 15 条，1111 1111 1111 留作扩展操作码之用；零地址指令为 16 条。

除了这种安排以外，还有其他多种扩展方法，如形成 15 条三地址指令，12 条二地址指令，63 条一地址指令和 16 条零地址指令，共 106 条指令，请读者自行分析。

在设计扩展操作码指令格式时，必须注意以下两点：

操作码的位数随地址数的减少而增加

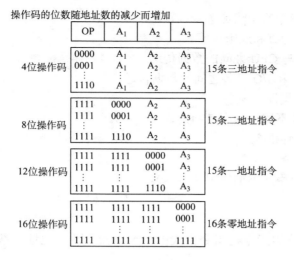

图 4-1　扩展操作码技术

1）不允许短码是长码的前缀，即短操作码不能与长操作码的前面部分的代码相同。

2）各指令的操作码一定不能重复。

通常情况下，对使用频率较高的指令，分配较短的操作码；对使用频率较低的指令，分配较长的操作码，从而尽可能减少指令译码和分析的时间。

4.1.4　本节习题精选

一、单项选择题

1. 以下有关指令系统的说法中错误的是（　　　）。

    A．指令系统是一台机器硬件能执行的指令全体

    B．任何程序运行前都要先转化为机器语言程序

    C．指令系统是计算机软件、硬件的界面

    D．指令系统和机器语言是无关的

2. 在 CPU 执行指令的过程中，指令的地址由（　　　）给出。

    A．程序计数器 PC   B．指令的地址码字段

    C．操作系统   D．程序员

3. 下列关于地址运算类指令的叙述中，正确的是（　　　）。

    A．仅有一个操作数，其地址由指令的地址码提供

    B．可能有一个操作数，也可能有两个操作数

    C．一定有两个操作数，其中一个操作数是隐含的

    D．指令的地址码字段存放的一定是操作码

4. 运算型指令的寻址与转移型指令的寻址不同点在于（　　　）。

    A．前者取操作数，后者决定程序转移地址

    B．后者取操作数，前者决定程序转移地址

    C．前者是短指令，后者是长指令

    D．前者是长指令，后者是短指令

5. 程序控制类指令的功能是（　　　）。

    A．进行算术运算和逻辑运算

    B．进行主存与 CPU 之间的数据传送

    C．进行 CPU 和 I/O 设备之间的数据传送

    D．改变程序执行的顺序

6. 下列哪种指令不属于程序控制指令（　　　）。

    A．无条件转移指令　　　　　　　　B．条件转移指令

    C．中断隐指令　　　　　　　　　　D．循环指令

7. 下列哪种指令用户不准使用（　　　）。

    A．循环指令　　　　　　　　　　　B．转换指令

    C．特权指令　　　　　　　　　　　D．条件转移指令

8. 零地址的运算类指令在指令格式中不给出操作数的地址，参加的两个操作数来自（　　　）。

    A．累加器和寄存器　　　　　　　　B．累加器和暂存器

    C．堆栈的栈顶和次栈顶单元　　　　D．堆栈的栈顶单元和暂存器

9. 以下叙述错误的是（　　　）。

    A．为了充分利用存储空间，指令的长度通常为字节的整数倍

    B．单地址指令是固定长度的指令

    C．单字长指令可加快取指令的速度

    D．单地址指令可能有一个操作数，也可能有两个操作数

10. 单地址指令中为了完成两个数的算术运算，除地址码指明一个操作数外，另一个数采用（　　　）方式。

    A．立即寻址　　　　B．隐含寻址　　　　C．间接寻址　　　　D．基址寻址

11. 关于二地址指令以下论述正确的是（　　　）。

    A．二地址指令中，运算结果通常存放在其中一个地址码所提供的地址中

    B．二地址指令中，指令的地址码字段存放的一定是操作数

    C．二地址指令中，指令的地址码字段存放的一定是寄存器号

    D．二地址指令中，指令的地址码字段存放的一定是操作数地址

12. 设机器字长为 32 位，一个容量为 16MB 的存储器，CPU 按半字寻址，其寻址单元数是（　　　）。

    A．2^{24}　　　　　B．2^{23}　　　　　C．2^{22}　　　　　D．2^{21}

13. 某指令系统有200条指令，对操作码采用固定长度二进制编码，最少需要用（　　　）位。

    A．4　　　　　　B．8　　　　　　C．16　　　　　　D．32

14. 在指令格式中，采用扩展操作码设计方案的目的是（　　　）。

    A．减少指令字长度

    B．增加指令子长度

    C．保持指令字长度不变而增加指令的数量

    D．保持指令字长度不变而增加寻址空间

15. 一个计算机系统采用 32 位单字长指令，地址码为 12 位，如果定义了 250 条二地址

指令，那么还可以有（　　　）条单地址指令。

    A．4K   B．8K   C．16K   D．24K

二、综合应用题

1．一处理器中共有 32 个寄存器，使用 16 位立即数，其指令系统结构中共有 142 条指令。在某个给定的程序中，20%的指令带有一个输入寄存器和一个输出寄存器；30%的指令带有两个输入寄存器和一个输出寄存器；25%的指令带有一个输入寄存器、一个输出寄存器、一个立即数寄存器；其余的 25%指令带有一个立即数输入寄存器和一个输出寄存器。

1）对于以上 4 种指令类型中的任意一种指令类型来说，共需要多少位？假定指令系统结构要求所有指令长度必须是 8 的整数倍。

2）与使用定长指令集编码相比，当采用变长指令集编码时，该程序能够少占用多少存储器空间？

2．假设指令字长为 16 位，操作数的地址码为 6 位，指令有零地址、一地址、二地址 3 种格式。

1）设操作码固定，若零地址指令有 M 种，一地址指令有 N 种，则二地址指令最多有几种？

2）采用扩展操作码技术，二地址指令最多有几种？

3）采用扩展操作码技术，若二地址指令有 P 条，零地址指令有 Q 条，则一地址指令最多有几种？

3．在一个 36 位长的指令系统中，设计一个扩展操作码，使之能表示下列指令：

1）7 条具有两个 15 位地址和一个 3 位地址的指令。

2）500 条具有一个 15 位地址和一个 3 位地址的指令。

3）50 条无地址指令。

4．某模型机共有 64 种操作码，位数固定，且具有以下特点：

1）采用一地址或二地址格式。

2）有寄存器寻址、直接寻址和相对寻址（位移量为 −128～+127）3 种寻址方式。

3）有 16 个通用寄存器，算术运算和逻辑运算的操作数均在寄存器中，结果也在寄存器中。

4）取数/存数指令在通用寄存器和存储器之间传送数据。

5）存储器容量为 1MB，按字节编址。

要求设计算术逻辑指令、取数/存数指令和相对转移指令的格式，并简述理由。

4.1.5　答案与解析

一、单项选择题

1．D

指令系统是计算机硬件的语言系统，这显然和机器语言有关。

2．A

PC 存放当前欲执行指令的地址，而指令的地址码字段则保存操作数地址。

3．B

一地址指令包含两类：单操作数指令（如自增、自减、取反指令）和双操作数指令（如加、减指令）。对于双操作数指令，则有一个操作数隐含在累加器 ACC 中。

4．A

运算型指令寻址的是操作数，而转移性指令寻址的则是下次欲执行的指令的地址。

5．D

程序控制类指令用于改变程序执行的顺序，并使程序具有测试、分析和判断的能力。

6．C

程序控制类指令主要包括无条件转移、有条件转移、子程序调用和返回指令、循环指令等。中断隐指令是由硬件实现的，并不是指令系统中存在的指令，更不可能是属于程序控制类指令。

7．C

特权指令是指仅用于操作系统或其他系统软件的指令。为确保系统与数据安全起见，这一类指令不提供给用户使用。

8．C

零地址的运算类指令又称堆栈运算指令，参与的两个操作数来自栈顶和次栈顶单元。

注意：堆栈指令的访存次数，取决于采用的是软堆栈还是硬堆栈。如果是软堆栈（堆栈区由内存实现），对于双目运算，需要访问 4 次内存：取指、取源数 1、取源数 2、存结果。如果是硬堆栈（堆栈区由寄存器实现），则只需在取指令时访问一次内存。

9．B

指令的地址个数与指令的长度是否固定没有必然联系。

10．B

单地址指令中只有一个地址码，在完成两个操作数的算术运算时，一个操作数由地址码指出，另一个操作数通常存放在累加寄存器（ACC）中，属于隐含寻址。

11．A

选项 B、C、D 都太绝对，地址码用于指出被操作的信息（指令或数据）的地址，包括参加运算的一个或多个操作数所在的地址、运算结果的保存地址、程序的转移地址等。

12．B

$16M=2^{24}$，由于字长为 32 位，现在按半字（16 位）寻址，相当于有 8M（$=2^{23}$）个存储单元，每个存储单元中存放 16 位。

13．B

因 $128=2^7<200<2^8=256$，故采用定长操作码时，至少需 8 位。

14．C

扩展操作码并没有改变指令的长度，而是使操作码长度随地址码的减少而增加。

15．D

地址码为 12 位，则二地址指令的操作码长度为 32-12-12=8 位，已定义了 250 条二地址指令，$2^8-250=6$，即可以设计出单地址指令 $6\times2^{12}=24K$ 条。

二、综合应用题

1．解答：

1）由于有 142 条指令，故而至少需要 8 位才能确定各条指令的操作码（2^8=256）。由于该处理器有 32 个寄存器，这也就是说要用 5 位对寄存器 ID 编码。而每个立即数需要 16 位。因此有：

20%的一个输入寄存器和一个输出寄存器指令需要 8+5+5=18 位，长度对齐到 8 的倍数，便是 24 位。

30%的两个输入寄存器和一个输出寄存器指令需要 8+5+5+5=23 位，对齐到 24 位。

25%的一个输入寄存器、一个输出寄存器、一个立即数寄存器指令需要 8+5+5+16=34 位，对齐到 40 位。

25%的一个立即数输入寄存器和一个输出寄存器指令需要 8+16+5=29 位，对齐到 32 位。

2）由于变长指令最长的长度为 40 位，所以定长指令编码每条指令长度均为 40 位。而采用变长编码，按照各个指令长度和其概率相乘，得出平均长度为 30 位。所以该程序中，变长编码能比定长编码少占用 25%的存储空间。

2．解答：

1）根据操作数地址码为 6 位，则二地址指令中操作码的位数为 16−6−6=4，这 4 位操作码可有 16 种操作。由于操作码固定，则除了零地址指令有 M 种，一地址指令有 N 种，剩下二地址指令最多有 16−M−N 种。

2）采用扩展操作码技术，操作码位数可随地址数的减少而增加。对于二地址指令，指令字长 16 位，减去两个地址码共 12 位，剩下 4 位操作码，共 16 种编码，去掉一种编码（如1111）用于一地址指令扩展，二地址指令最多可有 15 种操作。

3）采用扩展操作码技术，操作码位数可变，则二地址、一地址和零地址的操作码长度分别为 4 位、10 位和 16 位。这样二地址指令操作码每减少一个，就可以多构成 2^6 条一地址指令操作码；一地址指令操作码每减少一个，就可以多构成 2^6 条零地址指令操作码。设一地址指令有 R 条，则一地址指令最多有 $(2^4-P)\times2^6$ 条，零地址指令最多有 $[(2^4-P)\times2^6-R]\times2^6$ 条。

根据题中给出零地址指令为 Q 条，即

$$Q=[(2^4-P)\times2^6-R]\times2^6$$

则

$$R=(2^4-P)\times2^6-Q\times2^{-6}$$

3．解答：

1）

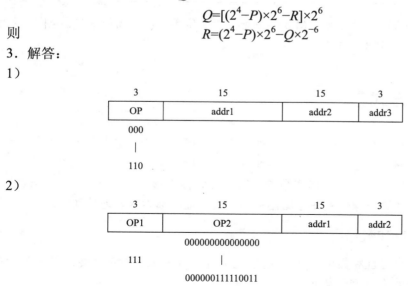

2）

000000111110011

3）

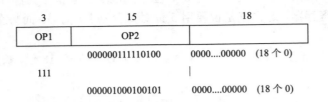

3	15	18
OP1	OP2	

000000111110100　　0000....00000　（18 个 0）

111

000001000100101　　0000....00000　（18 个 0）

4．解答：

1）算术逻辑指令格式为"寄存器—寄存器"型，取单字长为 16 位，格式如下：

6	2	4	4
OP	M	R_i	R_j

其中，OP 为操作码，6 位，可实现 64 种操作；M 为寻址特征，2 位，可反映寄存器寻址、直接寻址、相对寻址；R_i 和 R_j 各取 4 位，指出源操作数和目的操作数的寄存器编号。

2）取数/存数指令格式为"寄存器—存储器"型，取双字长为 32 位，格式如下：

6	2	4	4
OP	M	R_i	A_1
A_2			

其中，OP 为操作码，6 位不变；M 为寻址特征，2 位不变；R_i 为 4 位，为源操作数地址（存数指令）或目的操作数地址（取数指令）；A_1 和 A_2 共 20 位，为存储器地址，可直接访问按字节编址的 1MB 存储器。

3）相对转移指令为一地址格式，取单字长为 16 位，格式如下：

6	2	8
OP	M	A

其中，OP 为操作码，6 位不变；M 为寻址特征，2 位不变；A 为位移量，8 位，采用补码表示，对应偏移量为 -128～+127。

4.2　指令寻址方式

寻址方式是指寻找指令或操作数有效地址的方式，也就是指确定本条指令的数据地址，以及下一条将要执行的指令地址的方法。寻址方式分为指令寻址和数据寻址两大类。

指令中的地址码字段并不代表操作数的真实地址，称为形式地址（A）。用形式地址并结合寻址方式，可以计算出操作数在存储器中的真实地址，称为有效地址（EA）。

4.2.1　指令寻址和数据寻址

寻址方式分为指令寻址和数据寻址两大类。寻找下一条将要执行的指令地址称为指令寻址；寻找操作数的地址称为数据寻址。

1．指令寻址

指令寻址方式有两种，一种是顺序寻址方式；另一种是跳跃寻址方式。

1）顺序寻址可通过程序计数器 PC 加 1，自动形成下一条指令的地址。

2）跳跃寻址则通过转移类指令实现。所谓跳跃，是指下条指令的地址码不是由程序计数器给出，而是由本条指令给出。

2．数据寻址

数据寻址就是如何在指令中表示一个操作数的地址，如何用这种表示得到操作数或怎样计算出操作数的地址。

数据寻址方式的种类较多，为了区别各种方式，通常在指令字中设一个字段，用来指明属于哪种寻址方式。由此可得指令的格式如下所示：

操作码	寻址特征	形式地址 A

4.2.2 常见的数据寻址方式

1．隐含寻址

这种类型的指令，不是明显地给出操作数的地址，而是在指令中隐含着操作数的地址。如单地址的指令格式，就不是明显地在地址字段中指出第二操作数的地址，而是规定累加器 ACC 作为第二操作数地址，指令格式明显指出的仅是第一操作数的地址。因此，累加器 ACC 对单地址指令格式来说是隐含地址，如图 4-2 所示。

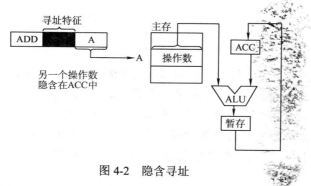

图 4-2　隐含寻址

隐含寻址的优点是有利于缩短指令字长；缺点是需增加硬件。

2．立即（数）寻址

这种类型的指令的地址字段指出的不是操作数的地址，而是操作数本身，又称为立即数。数据是采用补码形式存放的。图 4-3 所示为立即寻址示意图，图中#表示立即寻址特征，A 就是操作数本身。

立即寻址的优点是指令在执行阶段不访问主存，指令执行时间短；缺点是 A 的位数限制了立即数的范围。

3．直接寻址

指令字中的形式地址 A 就是操作数的真实地址 EA，即 EA=A，如图 4-4 所示。

直接寻址的优点是简单,指令在执行阶段仅访问一次主存,不需要专门计算操作数的地址;缺点是 A 的位数决定了该指令操作数的寻址范围,操作数的地址不易修改。

图 4-3　立即寻址　　　　　　　　　图 4-4　直接寻址

4. 间接寻址

间接寻址是相对于直接寻址而言的,指令的地址字段给出的形式地址不是操作数的真正地址,而是操作数有效地址所在的存储单元的地址,也就是操作数地址的地址,即 EA=(A),如图 4-5 所示。间接寻址可以是一次间接寻址,还可以是多次间接寻址。

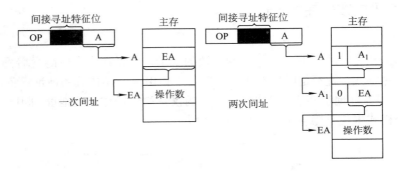

图 4-5　间接寻址

在图 4-5 中,主存字第一位为 1 时,表示取出的仍不是操作数的地址,即多次间址;当主存字第一位为 0 时,表示取得的是操作数的地址。

间接寻址的优点是可扩大寻址范围(有效地址 EA 的位数大于形式地址 A 的位数),便于编制程序(用间接寻址可以方便地完成子程序返回);缺点是指令在执行阶段要多次访存(一次间址需两次访存,多次寻址需根据存储字的最高位确定几次访存)。

5. 寄存器寻址

在指令字中直接给出操作数所在的寄存器编号,即 EA =R_i,其操作数在由 R_i 所指的寄存器内,如图 4-6 所示。

寄存器寻址的优点是指令在执行阶段不访问主存,只访问寄存器,指令字短且执行速度快,支持向量/矩阵运算;缺点是寄存器价格昂贵,计算机中寄存器个数有限。

6. 寄存器间接寻址

寄存器间接寻址是指在寄存器 R_i 中给出的不是一个操作数,而是操作数所在主存单元的地址,即 EA=(R_i),如图 4-7 所示。

寄存器间接寻址的特点是与一般间接寻址相比速度更快,但指令的执行阶段需要访问主存(因为操作数在主存中)。

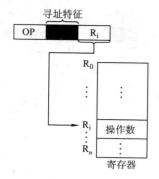

图 4-6　寄存器寻址

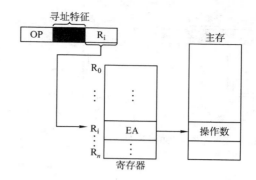

图 4-7　寄存器间接寻址

7. 相对寻址

相对寻址是把程序计数器 PC 的内容加上指令格式中的形式地址 A 而形成操作数的有效地址，即 EA=(PC)+A，其中 A 是相对于当前指令地址的位移量，可正可负，补码表示，如图 4-8 所示。

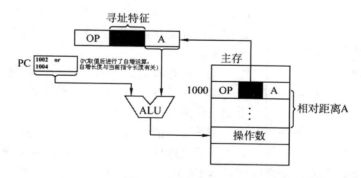

图 4-8　相对寻址方式

在图 4-8 中，A 的位数决定操作数的寻址范围。

相对寻址的优点是操作数的地址不是固定的，它随着 PC 值的变化而变化，并且与指令地址之间总是相差一个固定值，因此便于程序浮动。相对寻址广泛应用于转移指令。

值得注意的是，对于转移指令 JMP A，当 CPU 从存储器中取出一个字节时，会自动执行(PC)+1→PC。若转移指令的地址为 X，且占 2 个字节，在取出该指令后，PC 的值会增 2，即(PC)=X+2，这样在执行完该指令后，会自动跳转到 X+2+A 的地址继续执行。

8. 基址寻址

基址寻址是将 CPU 中基址寄存器（BR）的内容加上指令格式中的形式地址 A，而形成操作数的有效地址，即 EA=(BR)+A。其中基址寄存器既可采用专用寄存器，也可采用通用寄存器，如图 4-9 所示。

基址寄存器是面向操作系统的，其内容由操作系统或管理程序确定。在程序执行过程中，基址寄存器的内容不变（作为基地址），形式地址可变（作为偏移量）。当采用通用寄存器作为基址寄存器时，可由用户决定哪个寄存器作为基址寄存器，但其内容仍由操作系统确定。

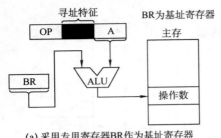

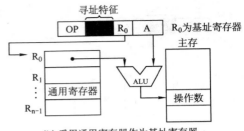

(a) 采用专用寄存器BR作为基址寄存器　　　　　(b) 采用通用寄存器作为基址寄存器

图 4-9　基址寻址

基址寻址的优点是可扩大寻址范围（基址寄存器的位数大于形式地址 A 的位数）；用户不必考虑自己的程序存于主存的哪一空间区域，故有利于多道程序设计，以及可用于编制浮动程序。

9. 变址寻址

有效地址 EA 等于指令字中的形式地址 A 与变址寄存器 IX 的内容相加之和，即 EA=

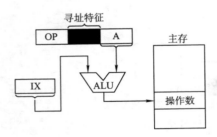

图 4-10　变址寻址

(IX)+A，其中 IX 为变址寄存器（专用），也可用通用寄存器作为变址寄存器。图 4-10 所示为采用专用寄存器 IX 的变址寻址示意图。

变址寄存器是面向用户的，在程序执行过程中，变址寄存器的内容可由用户改变（作为偏移量），形式地址 A 不变（作为基地址）。

变址寻址的优点是可扩大寻址范围（变址寄存器的位数大于形式地址 A 的位数）；在数组处理过程中，可设定 A 为数组的首地址，不断改变变址寄存器 IX 的内容，便可很容易形成数组中任一数据的地址，特别适合编制循环程序。

显然，变址寻址与基址寻址的有效地址形成过程极为相似。但从本质上来讲，两者有较大区别。基址寻址主要用于为多道程序或数据分配存储空间，故基址寄存器的内容通常由操作系统或管理程序确定，在程序的执行过程中其值不可变，而指令字中的 A 是可变的；变址寻址主要用于处理数组问题，在变址寻址中，变址寄存器的内容是由用户设定的，在程序执行过程中其值可变，而指令字中的 A 是不可变的。

10. 堆栈寻址

堆栈是存储器（或专用寄存器组）中一块特定的按"后进先出（LIFO）"原则管理的存储区，该存储区中被读/写单元的地址是用一个特定的寄存器给出的，该寄存器称为堆栈指针（SP）。堆栈可分为**硬堆栈**与**软堆栈**两种。

寄存器堆栈又称为硬堆栈。寄存器堆栈的成本比较高，不适合做大容量的堆栈；而从主存中划出一段区域来做堆栈是最合算且最常用的方法，这种堆栈称为软堆栈。

在采用堆栈结构的计算机系统中，大部分指令表面上都表现为无操作数指令的形式，因为操作数地址都隐含使用了 SP。通常情况下，在读/写堆栈中的一个单元的前后都伴有自动完成对 SP 内容的增量或减量操作。

下面对寻址方式、有效地址及访存次数做了简单地总结（不包含为了取本条指令而做的访问），见表 4-1。

表 4-1 寻址方式、有效地址及访问次数

寻 址 方 式	有 效 地 址	访 存 次 数
隐含寻址	程序指定	0
立即寻址	A 即是操作数	0
直接寻址	EA=A	1
一次间接寻址	EA=(A)	2
寄存器寻址	EA=R_i	0
寄存器间接一次寻址	EA=(R_i)	1
相对寻址	EA=(PC)+A	1
基址寻址	EA=(BR)+A	1
变址寻址	EA=(IX)+A	1

4.2.3 本节习题精选

一、单项选择题

1. 【2009 年计算机联考真题】

某机器字长为 16 位，主存按字节编址，转移指令采用相对寻址，由两个字节组成，第一字节为操作码字段，第二字节为相对位移量字段。假定取指令时，每取一个字节 PC 自动加 1。若某转移指令所在主存地址为 2000H，相对位移量字段的内容为 06H，则该转移指令成功转移以后的目标地址是（　　）。

    A. 2006H   B. 2007H   C. 2008H   D. 2009H

2. 【2011 年计算机联考真题】

偏移寻址通过将某个寄存器内容与一个形式地址相加而生成有效地址。下列寻址方式中，不属于偏移寻址方式的是（　　）。

    A. 间接寻址   B. 基址寻址   C. 相对寻址   D. 变址寻址

3. 指令系统中采用不同寻址方式的目的是（　　）。

    A. 提供扩展操作码的可能并降低指令译码难度

    B. 可缩短指令字长，扩大寻址空间，提高编程的灵活性

    C. 实现程序控制

    D. 三者都正确

4. 直接寻址的无条件转移指令的功能是将指令中的地址码送入（　　）。

    A. 程序计数器 PC   B. 累加器 ACC

    C. 指令寄存器 IR   D. 地址寄存器 MAR

5. 为了缩短指令中某个地址段的位数，有效的方法是采取（　　）。

    A. 立即寻址   B. 变址寻址   C. 间接寻址   D. 寄存器寻址

6. 简化地址结构的基本方法是尽量采用（　　）。

    A. 寄存器寻址   B. 隐地址   C. 直接寻址   D. 间接寻址

7. 在指令寻址的各种方式中，获取操作数最快的方式是（　　）。

    A．直接寻址　　　　B．立即寻址　　　　C．寄存器寻址　　　D．间接寻址

8．假定指令中地址码所给出的是操作数的有效地址，则该指令采用（　　　）。

    A．直接寻址　　　　B．立即寻址　　　　C．寄存器寻址　　　D．间接寻址

9．设指令中的地址码为 A，变址寄存器为 X，程序计数器为 PC，则变址间址寻址方式的操作数有效地址 EA 是（　　　）。

    A．((PC)+A)　　　B．((X)+A)　　　C．(X)+(A)　　　D．(X)+A

10．（　　　）便于处理数组问题。

    A．间接寻址　　　B．变址寻址　　　C．相对寻址　　　D．基址寻址

11．堆栈寻址方式中，设 A 为累加器，SP 为堆栈指示器，M_{sp} 为 SP 指示的栈顶单元。如果进栈操作的动作是：$(A) \rightarrow M_{sp}$，$(SP)-1 \rightarrow SP$，那么出栈操作的动作应为（　　　）。

    A．$(M_{sp}) \rightarrow A$，$(SP)+1 \rightarrow SP$　　　　B．$(SP)+1 \rightarrow SP$，$(M_{SP}) \rightarrow A$

    C．$(SP)-1 \rightarrow SP$，$(M_{SP}) \rightarrow A$　　　　D．$(M_{SP}) \rightarrow A$，$(SP)-1 \rightarrow SP$

12．相对寻址方式中，指令所提供的相对地址实质上是一种（　　　）。

    A．立即数

    B．内存地址

    C．以本条指令在内存中首地址为基准位置的偏移量

    D．以下条指令在内存中首地址为基准位置的偏移量

13．变址寻址、相对寻址的特点是（　　　）。

    A．利于编制循环程序、实现程序浮动

    B．实现程序浮动、处理数组问题

    C．实现转移指令、利于编制循环程序

    D．实现程序浮动、利于编制循环程序

14．在多道程序设计中，最重要的寻址方式是（　　　）。

    A．相对寻址　　　B．间接寻址　　　C．立即寻址　　　D．按内容寻址

15．指令寻址方式有顺序和跳跃两种，采用跳跃寻址方式可以实现（　　　）。

    A．程序浮动　　　　　　　　　　　B．程序的无条件浮动和条件浮动

    C．程序的无条件转移和条件转移　　D．程序的调用

16．【2011 年计算机联考真题】

某机器有一个标志寄存器，其中有进位/借位标志 CF、零标志 ZF、符号标志 SF 和溢出标志 OF，条件转移指令 bgt（无符号整数比较大于时转移）的转移条件是（　　　）。

    A．$CF + OF = 1$　　B．$\overline{SF} + ZF = 1$　　C．$\overline{CF+ZF} = 1$　　D．$\overline{CF+SF} = 1$

17．某机器指令字长为 16 位，主存按字节编址，取指令时，每取一个字节 PC 自动加 1。当前指令地址为 2000H，指令内容为相对寻址的无条件转移指令，指令中的形式地址为 40H。那么取指令后及指令执行后 PC 内容为（　　　）。

    A．2000H，2042H　　　　　　　　B．2002H，2040H

    C．2002H，2042H　　　　　　　　D．2000H，2040H

18．对按字寻址的机器，程序计数器和指令寄存器的位数各取决于（　　　）。

    A．机器字长，存储器的字数　　　　B．存储器的字数，指令字长

    C．指令字长，机器字长　　　　　　D．地址总线宽度，存储器的字数

19. 假设寄存器 R 中的数值为 200,主存地址为 200 和 300 的地址单元中存放的内容分别是 300 和 400,则（　　　）方式下访问到的操作数为 200。

    A. 直接寻址 200　　　　　　　　　　B. 寄存器间接寻址（R）

    C. 存储器间接寻址（200）　　　　　D. 寄存器寻址 R

20. 假设某条指令的第一个操作数采用寄存器间接寻址方式,假定指令中给出的寄存器编号为 8,8 号寄存器的内容为 1200H,地址为 1200H 单元中的内容为 12FCH,地址为 12FCH 单元中的内容为 38D8H,而 38D8H 单元中的内容为 88F9H,则该操作数的有效地址为（　　　）。

    A. 1200H　　　　B. 12FCH　　　　C. 38D8H　　　　D. 88F9H

21. 关于指令的功能及分类,下列叙述中正确的是（　　　）。

    A. 算术与逻辑运算指令,通常完成算术运算或逻辑运算,都需要两个数据

    B. 移位操作指令,通常用于把指定的两个操作数左移或右移一位

    C. 转移指令、子程序调用与返回指令,用于解决数据调用次序的需求

    D. 特权指令,通常仅用于实现系统软件,这类指令一般不提供给用户

二、综合应用题

1. 某计算机指令系统若采用定长操作码,变长指令码格式。回答以下问题:

1）采用什么寻址方式指令码长度最短?什么寻址方式指令码长度最长?

2）采用什么寻址方式执行速度最快?什么寻址方式执行速度最慢?

3）若指令系统采用定长指令码格式,那么采用什么寻址方式执行速度最快?

2. 某机字长为 16 位,存储器按字编址,访问内存指令格式如下:

15	11	10	8	7	0
OP		M		A	

其中,OP 为操作码;M 为寻址特征;A 为形式地址。设 PC 和 Rx 分别为程序计数器和变址寄存器,字长为 16 位,问:

1）该指令能定义多少种指令?

2）表 4-2 中各种寻址方式的寻址范围为多少?

3）写出表 4-2 中各种寻址方式的有效地址 EA 的计算公式。

表 4-2　综合应用题 2 的表

寻 址 方 式	有效地址 EA 的计算公式	寻 址 范 围
直接寻址		
间接寻址		
变址寻址		
相对寻址		

3. 一条双字长的 Load 指令存储在地址为 200 和 201 的存储位置,该指令将指定的内容装入累加器 ACC 中。指令的第一个字指定操作码和寻址方式,第二个字是地址部分。主存内容示意图如图 4-11 所示。PC 值为 200,R1 值为 400,XR 值为 100。

指令的寻址方式字段可指定任何一种寻址方式。请问在下列寻址方式中,装入 ACC 的值。

地址	主存	
200	LOAD	MOD
201	500	
202		
300	450	
400	700	
500	800	
600	900	
702	325	
800	300	

图 4-11　主存内容示意图

1）直接寻址。

2）立即寻址。

3）间接寻址。

4）相对寻址。

5）变址寻址。

6）寄存器 R1 寻址。

7）寄存器 R1 间接寻址。

4．某机的机器字长为 16 位，主存按字编址，指令格式如下：

15	10	9	8	7	0
操作码		X		D	

其中，D 为位移量；X 为寻址特征位。

X=00：直接寻址；

X=01：用变址寄存器 X1 进行变址；

X=10：用变址寄存器 X2 进行变址；

X=11：相对寻址。

设（PC）=1234H，（X1）=0037H，（X2）=1122H（H 代表十六位进制数），请确定下列指令的有效地址。

①4420H　　②2244H　　③1322H　　④3521H　　⑤6723H

5．【2010 年计算机联考真题】

某计算机字长为 16 位，主存地址空间大小为 128KB，按字编址，采用单字长指令格式，指令各字段定义如下：

15	12	11	6	5	0
OP		Ms	Rs	Md	Rd
		源操作数		目的操作数	

转移指令采用相对寻址方式，相对偏移量用补码表示，寻址方式定义见表 4-3。

表 4-3　寻址方式定义

Ms/Md	寻 址 方 式	助 记 符	含　义
000B	寄存器直接	Rn	操作数=（Rn）
001B	寄存器间接	(Rn)	操作数=（(Rn)）
010B	寄存器间接、自增	(Rn) +	操作数=（(Rn)），(Rn) +1→Rn
011B	相对	D (Rn)	转移目标地址=（PC）+ (Rn)

注：(X) 表示存储器地址 X 或寄存器 X 的内容。

请回答下列问题：

1）该指令系统最多可有多少条指令？该计算机最多有多少个通用寄存器？存储器地址寄存器（MAR）和存储器数据寄存器（MDR）至少各需要多少位？

2）转移指令的目标地址范围是多少？

3）若操作码 0010B 表示加法操作（助记符为 add），寄存器 R4 和 R5 的编号分别为 100B 和 101B，R4 的内容为 1234H，R5 的内容为 5678H，地址 1234H 中的内容为 5678H，5678H 中的内容为 1234H，则汇编语言为 "add（R4），（R5）+"（逗号前为源操作数，逗号后为目的操作数）对应的机器码是什么（用十六进制表示）？该指令执行后，哪些寄存器和存储单元的内容会改变？改变后的内容是什么？

4.2.4　答案与解析

一、单项选择题

1. C

相对寻址 EA=(PC)+A，先计算取指后的 PC 值。转移指令由两个字节组成，每取一个字节 PC 加 1，在取指后 PC 值为 2002H，故 EA=(PC)+A=2002H+06H=2008H。本题易误选 A 或 B，选项 A 没有考虑 PC 值的自动更新，选项 B 虽然考虑了 PC 值要自动更新，但没有注意到该转移指令是一条两字节指令，PC 值仅仅 "+1" 而不是 "+2"。

2. A

间接寻址不需要寄存器，EA=(A)。基址寻址：EA=A+(BR)；相对寻址：EA=A+(PC)；变址寻址：EA=A+(IX)（BR 表示基址寄存器，PC 表示程序计数器，IX 表示变址寄存器）。

3. B

采用不同寻址方式的目的是为了缩短指令字长，扩大寻址空间，提高编程的灵活性，这也提高了指令译码的复杂度。而实现程序控制是靠转移指令实现的，而不是寻址方式。

4. A

无条件转移指令是程序转移到新的地址后继续执行，因此必须给出下一条指令的执行地址，并送入程序计数器 PC。

5. D

寄存器寻址中，只需指定寄存器的编号，故能有效地缩短地址码的位数；而在间接寻址中，地址码字段仍然是一个主存地址，不能缩短地址码位数。

6. B

隐地址不给出明显的操作数地址，而是在指令中隐含操作数的地址，故而可以简化地址结构，如零地址指令。

7. B

立即寻址最快，指令直接给出操作数；寄存器寻址次之，只需访问一次寄存器；直接寻址再次之，访问一次内存；间接寻址最慢，要访问两次以上内存。

注意：寄存器间接寻址取操作数的速度接近直接寻址。

8. A

指令字中的形式地址为操作数的有效地址，这种方式为直接寻址。

9. B

变址寻址的有效地址是(X)+A，再进行间址，即从(X)+A 中取出的内容作为真实地址 EA，即 EA=((X)+A)。

寄存器中的内容和指令地址码相加得到的为操作数的地址码。

10. B

变址寻址便于处理数组问题。基址寻址与变址寻址的区别见下表。

	基 址 寻 址	变 址 寻 址
有效地址	EA=(BR)+A	EA=(IX)+A
访存次数	1	1
寄存器内容	由操作系统或管理程序确定	由用户设定
程序执行过程中值可变否	不可变	可变
特点	有利于多道程序设计和编制浮动程序	有利于处理数组问题和编制循环程序

11. B

进、出堆栈时对栈顶指针的操作顺序是不同的，进栈时是先压入数据(A)→M_{SP}，后修改指针(SP)−1→SP，说明栈指针是指向栈顶的空单元，所以出栈时，就要先修改指针(SP)+1→SP，然后才能弹出数据(M_{SP})→A。

12. D

相对寻址中，有效地址 EA=(PC)+A（A 为形式地址），当执行本条指令时，PC 已完成加 1 操作，PC 中保存的是下一条指令的地址，故以下一条指令的地址为基准位置的偏移量。

13. A

变址寻址便于处理数组问题和编制循环程序；而相对寻址的有效地址是将 PC 的内容与指令中的形式地址 A 相加而成的，这样程序的转移地址不固定，可随 PC 值的变化而变，因此可以很方便地将程序装入到主存的任意区域，有利于浮动程序的编制。

14. A

在多道程序设计中，各个程序段可能在内存中要浮动，而相对寻址特别有利于程序浮动，故选 A。

15. C

跳跃寻址通过转移类指令（如相对寻址）来实现，可用来实现程序的条件或无条件转移。

16. C

假设两个无符号整数 A 和 B，bgt 指令会将 A 和 B 进行比较，也就是将 A 和 B 相减。如果 $A>B$，则 $A−B$ 肯定无进位/借位，也不为 0（为 0 时表示两数相同），故而 CF 和 ZF 均为 0，选 C。其余选项中用到了符号标志 SF 和溢出标志 OF，显然应当排除。

17. C

指令字长为 16 位，2 字节，故取指令后 PC 的内容为(PC)+2=2002H；无条件转移指令将下一条指令的地址送至 PC，形式地址为 40H，指令执行后 PC=2002H+0040H=2042H。

18. B

机器按字寻址，程序计数器 PC 给出下一条指令字的访存地址（指令在内存中的地址），故取决于存储器的字数；指令寄存器 IR 用于接收取得的指令，故取决于指令字长。

19. D

直接寻址 200 的操作数为 300，寄存器间接寻址（R）的操作数为 300，存储器间接寻址（200）的操作数是 400，寄存器寻址 R 的操作数是 200。

20. A

寄存器间接寻址中操作数的有效地址 EA=(R_i)，8 号寄存器内容为 1200H，故 EA=1200H。

21．D

算术与逻辑运算指令用于完成对一个（如自增、取反等）或两个数据的算术运算或逻辑运算，故 A 错误。移位操作用于把一个操作数左移或右移一位或多位，故 B 错误。转移指令、子程序调用与返回指令用于解决变动程序中指令执行次序的需求，而不是数据调用次序的需求，故 C 错误。

二、综合应用题

1．解答：

1）由于通用寄存器的数量有限，可以用较少的二进制位来编码，所以通常采用寄存器寻址方式和寄存器间接寻址方式的指令码长度最短。

因为需要在指令中表示数据和地址，所以立即寻址方式、直接寻址方式和间接寻址方式的指令码长度最长。如果指令码长度太短，则无法表示范围较大的立即数和寻址到较大的内存地址空间。

2）由于通用寄存器位于 CPU 内部，无需到内存读取操作数，所以寄存器寻址方式执行速度最快。

而间接寻址方式需要读内存两次，第一次由操作数的间接地址读到操作数的地址，第二次再由操作数的地址读到操作数，所以间接寻址方式的执行速度最慢。

3）若指令系统采用定长指令码格式，所有指令（包括采用立即寻址方式的指令）所包含的二进制位数均相同，则立即寻址方式执行速度最快，因为读到指令的同时，便立即取得操作数。

如果采用变长指令码格式时，由于要表示一定范围内的立即数，包含立即数的指令通常需要较多的二进制位，取指令时，可能需要不止一次地读内存来完成取指令。因此，采用变长指令码格式时，寄存器寻址方式执行速度最快。

2．解答：

1）因为 OP 字段长为 5 位，所以指令能定义 2^5=32 种指令。

2、3）各种寻址方式的有效地址 EA 的计算公式、寻址范围见下表。

寻 址 方 式	有效地址 EA 的计算公式	寻 址 范 围
直接寻址	EA=A	2^8=256
间接寻址	EA=(A)	2^{16}=64K
变址寻址	EA=(Rx)+A	2^{16}=64K
相对寻址	EA=(PC)+A	2^8=256（PC 附近 256）

3．解答：

1）直接寻址时，有效地址是指令中的地址码部分 500，装入 ACC 的是 800。

2）立即寻址时，指令的地址码部分是操作数而不是地址，所以将 500 装入 ACC。

3）间接寻址时，操作数的有效地址存储在地址为 500 的单元中，由此得到有效地址为 800，操作数是 300。

4）相对寻址时，有效地址 EA=(PC)+A=202+500=702，所以装入 ACC 的操作数是 325。

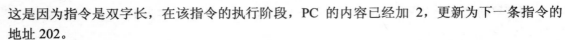

这是因为指令是双字长，在该指令的执行阶段，PC 的内容已经加 2，更新为下一条指令的地址 202。

5）变址寻址时，有效地址 EA=(XR)+A=100+500=600，所以装入 ACC 的操作数是 900。

6）寄存器寻址时，R1 的内容 400 装入 ACC。

7）寄存器间接寻址时，有效地址是 R1 的内容 400，装入 ACC 的操作数是 700。

4．解答：

取指后，PC=1235H（注意，不是 1236H，因主存按字编址）。

① X=00，D=20H，有效地址 EA=20H。

② X=10，D=44H，有效地址 EA=1122H+44H=1166H。

③ X=11，D=22H，有效地址 EA=1235H+22H=1257H。

④ X=01，D=21H，有效地址 EA=0037H+21H=0058H。

⑤ X=11，D=23H，有效地址 EA=1235H+23H=1258H。

5．解答：

1）操作码占 4 位，则该指令系统最多可有 2^4=16 条指令。操作数占 6 位，其中寻址方式占 3 位、寄存器编号占 3 位，因此该机最多有 2^3=8 个通用寄存器。主存地址空间大小为 128KB，按字编址，字长为 16 位，共有 128KB/2B=2^{16} 个存储单元，因此 MAR 至少为 16 位；因为字长为 16 位，故 MDR 至少为 16 位。

2）寄存器字长为 16 位，PC 和 Rn 可表示的地址范围均为 $0\sim2^{16}-1$，而主存地址空间为 2^{16}，故转移指令的目标地址范围为 0000H~FFFFH（$0\sim2^{16}-1$）。

3）汇编语句"add (R4), (R5)+"，对应的机器码为

字段	OP	Ms	Rs	Md	Rd
内容	0010	001	100	010	101
说明	add	寄存器间接	R4	寄存器间接、自增	R5

将对应的机器码写成十六进制形式为 0010 0011 0001 0101B=2315H。

该指令的功能是将 R4 的内容所指存储单元的数据与 R5 的内容所指存储单元的数据相加，并将结果送入 R5 的内容所指存储单元中。(R4)=1234H, (1234H)=5678H；(R5)=5678H, (5678H)=1234H；执行加法操作 5678H+1234H=58ACH。之后 R5 自增。

该指令执行后，R5 和存储单元 5678H 的内容会改变，R5 的内容从 5678H 变为 5679H，存储单元 5678H 中的内容变为该指令的计算结果 68ACH。

4.3　CISC 和 RISC 的基本概念

指令系统的发展有两种截然不同的方向，一种是增强原有指令的功能，设置更为复杂的新指令实现软件功能的硬化，这类机器称为复杂指令系统计算机（CISC），典型的有采用 X86 架构的计算机；另一种是减少指令种类和简化指令功能，提高指令的执行速度，这类机器称为精简指令系统计算机（RISC），典型的是 ARM、MIPS 架构的计算机。

4.3.1 复杂指令系统计算机 CISC

随着 VLSI 技术的发展，硬件成本不断下降，软件成本不断上升，促使人们在指令系统中增加更多更复杂的指令，以适应不同的应用领域，构成了复杂指令系统计算机（CISC）。

CISC 的主要特点有：

1）指令系统复杂庞大，指令数目一般为 200 条以上。

2）指令的长度不固定，指令格式多，寻址方式多。

3）可以访存的指令不受限制。

4）各种指令使用频度相差很大。

5）各种指令执行时间相差很大，大多数指令需多个时钟周期才能完成。

6）控制器大多数采用微程序控制。

7）难以用优化编译生成高效的目标代码程序。

如此庞大的指令系统，对指令的设计提出了极高的要求，研制周期变得很长。后来人们发现，一味追求指令系统的复杂和完备程度不是提高计算机性能的唯一途径。在对传统 CISC 指令系统的测试表明，各种指令的使用频率相差悬殊，大概只有 20%的比较简单的指令被反复使用，约占整个程序的 80%；而有 80%左右的指令则很少使用，约占整个程序的 20%。从这一事实出发，人们开始了对指令系统合理性的研究，于是 RISC 随之诞生。

4.3.2 精简指令系统计算机 RISC

精简指令系统计算机（RISC）的中心思想是要求指令系统简化，尽量使用寄存器—寄存器操作指令，指令格式力求一致，RISC 的主要特点有：

1）选取使用频率最高的一些简单指令，复杂指令的功能由简单指令的组合来实现。

2）指令长度固定，指令格式种类少，寻址方式种类少。

3）只有 Load/Store（取数/存数）指令访存，其余指令的操作都在寄存器之间进行。

4）CPU 中通用寄存器数量相当多。

5）采用指令流水线技术，大部分指令在一个时钟周期内完成。

6）以硬布线控制为主，不用或少用微程序控制。

7）特别重视编译优化工作，以减少程序执行时间。

值得注意的是，从指令系统兼容性看，CISC 大多能实现软件兼容，即高档机包含了低档机的全部指令，并可加以扩充。但 RISC 简化了指令系统，指令条数少，格式也不同于老机器，因此大多数 RISC 机不能与老机器兼容。

4.3.3 CISC 和 RISC 的比较

CISC 和 RISC 的对比见表 4-4。

和 CISC 相比，RISC 的优点主要体现在如下几点：

1）RISC 更能充分利用 VLSI 芯片的面积。CISC 的控制器大多采用微程序控制，其控制存储器在 CPU 芯片内所占的面积为 50%以上，而 RISC 控制器采用组合逻辑控制，其硬布线逻辑只占 CPU 芯片面积的 10%左右。

表 4-4　CISC 与 RISC 的对比

类别 对比项目	CISC	RISC
指令系统	复杂，庞大	简单，精简
指令数目	一般大于 200 条	一般小于 100 条
指令字长	不固定	定长
可访存指令	不加限制	只有 Load/Store 指令
各种指令执行时间	相差较大	绝大多数在一个周期内完成
各种指令使用频度	相差很大	都比较常用
通用寄存器数量	较少	多
目标代码	难以用优化编译生成高效的目标代码程序	采用优化的编译程序，生成代码较为高效
控制方式	绝大多数为微程序控制	绝大多数为组合逻辑控制

2）RISC 更能提高运算速度。RISC 的指令数、寻址方式和指令格式种类少，又设有多个通用寄存器，采用流水线技术，所以运算速度更快，大多数指令在一个时钟周期内完成。

3）RISC 便于设计，可降低成本，提高可靠性。RISC 指令系统简单，故机器设计周期短；其逻辑简单，故可靠性高。

4）RISC 有利于编译程序代码优化。RISC 指令少，寻址方式少，使编译程序容易选择更有效地指令和寻址方式。

4.3.4　本节习题精选

一、单项选择题

1. 以下叙述中（　　）是正确的。
   A．RISC 机一定采用流水技术　　　　B．采用流水技术的机器一定是 RISC 机
   C．RISC 机的兼容性优于 CISC 机　　D．CPU 配备很少的通用寄存器

2.【2009 年计算机联考真题】
   下列关于 RISC 说法中，错误的是（　　）。
   A．RISC 普遍采用微程序控制器
   B．RISC 大多数指令在一个时钟周期内完成
   C．RISC 的内部通用寄存器数量相对 CISC 多
   D．RISC 的指令数、寻址方式和指令合适种类相对 CISC 少

3.【2011 年计算机联考真题】
   下列给出的指令系统特点中，有利于实现指令流水线的是（　　）。
   Ⅰ．指令格式规整且长度一致　　Ⅱ．指令和数据按边界对齐存放
   Ⅲ．只有 Load/Store 指令才能对操作数进行存储访问
   A．仅Ⅰ、Ⅱ　　　　B．仅Ⅱ、Ⅲ　　　　C．仅Ⅰ、Ⅲ　　　　D．Ⅰ、Ⅱ、Ⅲ

4. 下列描述中，不符合 RISC 指令系统特点是（　　）。
   A．指令长度固定，指令种类少
   B．寻址方式种类尽量减少，指令功能尽可能强
   C．增加寄存器的数目，以尽量减少访存次数

　　D．选取使用频率最高的一些简单指令，以及很有用但不复杂的指令

5．以下有关 RISC 的描述中，描述正确的是（　　　）。

　　A．为了实现兼容，各公司新设计的 RISC，是从原来 CISC 系统的指令系统中挑选一部分实现的

　　B．早期的计算机比较简单，采用 RISC 技术后，计算机的体系结构又恢复到了早期的情况

　　C．RISC 的主要目标是减少指令数，因此允许以增加每条指令的功能的方法来减少指令系统所包含的指令数

　　D．以上说法都不对

4.3.5　答案与解析

一、单项选择题

1．A

RISC 必然采用流水线技术，这也是其指令的特点决定的。而 CISC 则无此强制要求，但为了提高指令执行速度，CISC 也往往采用流水线技术，因此流水线技术并非 RISC 的专利。

2．A

相对于 CISC，RISC 的特点是指令条数少；指令长度固定，指令格式和寻址种类少；只有取数/存数指令访问存储器，其余指令的操作均在寄存器之间进行；CPU 中通用寄存器多；大部分指令在一个或者小于一个机器周期内完成；以硬布线逻辑为主，不用或者少用微程序控制。选项 B、C、D 都是 RISC 的特点，选项 A 是错误的，因为 RISC 的速度快，所以普遍采用硬布线控制器，而非微程序控制器。

3．D

指令长度一致、按边界对齐存放、仅 Load/Store 指令访存，这些都是 RISC 的特征，它们使取指令、取操作数的操作简化且时间长度固定，能够有效地简化流水线的复杂度。

4．B

A、C、D 选项都是 RISC 的特点。B 选项中，寻址方式种类尽量减少是正确的，而 RISC 是尽量简化单条指令的功能，复杂指令的功能由简单指令的组合来实现，而增强指令的功能则是 CISC 的特点。

5．D

RISC 的指令基本上都被 CISC 指令包含，但 RISC 并不是为了实现兼容才挑选的，而是选择最常用的简短的指令，故 A 错误。B 明显错误，体系结构由于流水线和 RISC 技术，实现了很大的进步。RISC 的指令功能简单，通过简单指令的组合来实现复杂指令的功能，故 C 错误。

4.4　常见问题和易混淆知识点

1．简述各常见指令寻址方式的特点和适用情况。

立即寻址操作数获取便捷，通常用于给寄存器赋初值。

直接寻址相对于立即寻址，缩短了指令长度。

间接寻址扩大了寻址范围，便于编制程序，易于完成子程序返回。

寄存器寻址的指令字较短，指令执行速度较快。

寄存器间接寻址扩大了寻址范围。

基址寻址扩大了操作数寻址范围，适用于多道程序设计，常用于为程序或数据分配存储空间。

变址寻址主要用于处理数组问题，适合编址循环程序。

相对寻址用于控制程序的执行顺序、转移等。

基址寻址和变址寻址的区别：两种方式有效地址的形成都是寄存器内容+偏移地址，但是基址寻址中，程序员操作的是偏移地址，基址寄存器的内容由操作系统控制，在执行过程中是动态调整的；而变址寻址中，程序员操作的是变址寄存器，偏移地址是固定不变的。

2．数据（包括指令和操作数）在存储器中可以按"边界对齐"和"边界不对齐"两种方式存储，那么这两种方式的区别和优缺点分别是什么？

设存储字长 32 位，可按字节、半字和字寻址。对于机器字长为 32 位的计算机，数据对齐方式存放，半字地址一定是 2 的整数倍，字地址一定是 4 的整数倍，这样无论所取的数据是字节、半字还是字，均可一次访存取出。当所存储的数据不满足上述要求时，通过填充空白字节使其符合要求。这样虽然浪费了一些存储空间，但可以提高取指令和取数的速度。

当数据按不对齐方式存储时，可以充分利用存储空间，但是半字长或者字长的指令可能会存储在两个存储字中，此时需要两次访存，并且对高低字节的位置进行调整、连接之后才能得到所要的指令或者数据，从而影响了指令的执行效率。

例如，有如下数据：字节、字节、字节、半字、半字、半字、字，按序存放在存储器中，按对齐和不对齐存放时，格式如图 4-12 和图 4-13 所示。

字节 1	字节 2	字节 3	半字 1-1
半字 1-2	半字 2		半字 3-1
半字 3-2	字 1-1		
字 1-2			

图 4-12　边界不对齐方式

字节 1	字节 2	字节 3	填充
半字 1		半字 2	
半字 3		填充	
字 1			

图 4-13　边界对齐方式

边界对齐方式相对边界不对齐方式是一种空间换时间的思想。RISC 如 ARM 采用边界对齐方式，而 CISC 如 x86 对齐和不对齐都支持。因为对齐方式取指令时间相同，故而能适应指令流水。

3．一个操作数在内存可能占多个单元，怎样在指令中给出操作数的地址？

现代计算机都是采用字节编址方式，即一个内存单元只能存放一个字节的信息。一个操作数（如 char、int、float、double）可能是 8 位、16 位、32 位或 64 位等，因此，可能占用 1 个、2 个、4 个或 8 个内存单元。也就是说，一个操作数可能有多个内存地址对应。

有两种不同的地址指定方式：大端方式和小端方式。

大端方式：指令中给出的地址是操作数最高有效字节(MSB) 所在的地址。

小端方式：指令中给出的地址是操作数最低有效字节(LSB) 所在的地址。

4．装入/存储（Load/Store）型指令有什么特点？

装入/存储型指令是用在规整型指令系统中的一种通用寄存器型指令风格。为了规整指令格式，使指令具有相同的长度，规定只有 Load/Store 指令才能访问内存。而运算指令不能直接访问内存，只能从寄存器取数进行运算，运算的结果也只能送到寄存器。因为，寄存器编号较短，而主存地址位数较长，通过某种方式可以使运算指令和访存指令的长度一致。

这种装入/存储型风格的指令系统最大的特点是指令格式规整，指令长度一致，一般为 32 位。由于只有 Load/Store 指令才能访问内存，程序中可能会包含许多装入指令和存储指令，与一般通用寄存器型指令风格相比，其程序长度会更长。

第 5 章

中央处理器

【考纲内容】

（一）CPU 的功能和基本结构

（二）指令执行过程

（三）数据通路的功能和基本结构

（四）控制器的功能和工作原理

1. 硬布线控制器

2. 微程序控制器

微程序、微指令和微命令，微指令格式，微命令的编码方式，微地址的形式方式

（五）指令流水线

指令流水线的基本概念；指令流水线的基本实现

超标量和动态流水线的基本概念

（六）多核处理器的基本概念

【真题分布】

年　份	单选题/分	综合题/分	考 查 内 容
2009 年	2 题×2	1 题×13	指令流水线的特点；两种控制器的优缺点；指令执行阶段的节拍安排、功能和控制信号的安排
2010 年	2 题×2	0	各种寄存器的分类与特点；引起指令流水阻塞的原因
2011 年	1 题×2	0	指令的执行过程
2012 年	1 题×2	1 题×12	字段直接编码的相关计算；流水线的分析、阻塞流水线的原因分析
2013 年	1 题×2	√	指令流水线的吞吐量；各种寄存器的分类与特点；指令的执行过程

中央处理器是计算机的中心，也是本书的难点。其中，数据通路的分析、指令执行阶段的节拍与控制信号的安排、流水线技术与性能分析易出综合题。而关于各种寄存器的特点，指令执行的各种周期与特点，控制器的相关概念，流水线的相关概念也极易出选择题。

5.1　CPU 的功能和基本结构

5.1.1　CPU 的功能

中央处理器（CPU）由运算器和控制器组成。其中，控制器的功能是负责协调并控制计算机各部件执行程序的指令序列，包括取指令、分析指令和执行指令；运算器的功能是对数

据进行加工。CPU 的具体功能包括：

1）**指令控制**。完成取指令、分析指令和执行指令的操作，即程序的顺序控制。

2）**操作控制**。一条指令的功能往往是由若干操作信号的组合来实现的。CPU 管理并产生由内存取出的每条指令的操作信号，把各种操作信号送往相应的部件，从而控制这些部件按指令的要求进行动作。

3）**时间控制**。对各种操作加以时间上的控制。时间控制要为每条指令按时间顺序提供应有的控制信号。

4）**数据加工**。对数据进行算术和逻辑运算。

5）**中断处理**。对计算机运行过程中出现的异常情况和特殊请求进行处理。

5.1.2 CPU 的基本结构

计算机系统中，中央处理器主要是由运算器和控制器两大部分组成的，如图 5-1 所示。

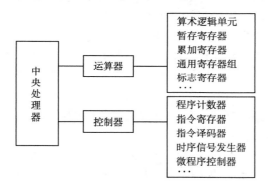

图 5-1 中央处理器的构成

1. 运算器

运算器接收从控制器送来的命令并执行相应的动作，对数据进行加工和处理。运算器是计算机对数据进行加工处理的**中心**。它主要由算术逻辑单元（ALU）、暂存寄存器、累加寄存器（ACC）、通用寄存器组、程序状态字寄存器（PSW）、移位器、计数器（CT）等组成。

1）算术逻辑单元：主要功能是进行算术/逻辑运算。

2）暂存寄存器：用于暂存从主存读来的数据，这个数据不能存放在通用寄存器中，否则会破坏其原有内容。

3）累加寄存器：它是一个通用寄存器，用于暂时存放 ALU 运算的结果信息，用于实现加法运算。

4）通用寄存器组：如 AX、BX、CX、DX、SP 等，用于存放操作数（包括源操作数、目的操作数及中间结果）和各种地址信息等。SP 是堆栈指针，用于指示栈顶的地址。

5）程序状态字寄存器：保留由算术逻辑运算指令或测试指令的结果而建立的各种状态信息，如溢出标志（OP）、符号标志（SF）、零标志（ZF）、进位标志（CF）等。PSW 中的这些位参与并决定微操作的形成。

6）移位器：对运算结果进行移位运算。

7）计数器：控制乘除运算的操作步数。

2. 控制器

控制器是整个系统的指挥中枢，在控制器的控制下，使运算器、存储器和输入/输出设备等功能部件构成一个有机的整体，根据指令的要求指挥全机协调工作。控制器的基本功能就是执行指令，每条指令的执行是由控制器发出的一组微操作实现的。

控制器有硬布线控制器和微程序控制器两种类型（5.4 节）。

控制器由程序计数器（PC）、指令寄存器（IR）、指令译码器、存储器地址寄存器（MAR）、存储器数据寄存器（MDR）、时序系统和微操作信号发生器组成。

1）程序计数器：用于指出下一条指令在主存中的存放地址。CPU 就是根据 PC 的内容去主存中取指令的。因程序中指令（通常）是顺序执行的，所以 PC 有自增功能。

2）指令寄存器：用于保存当前正在执行的那条指令。

3）指令译码器：仅对操作码字段进行译码，向控制器提供特定的操作信号。

4）存储器地址寄存器：用于存放所要访问的主存单元的地址。

5）存储器数据寄存器：用于存放向主存写入的信息或从主存中读出的信息。

6）时序系统：用于产生各种时序信号，它们都是由统一时钟（CLOCK）分频得到的。

7）微操作信号发生器：根据 IR 的内容（指令）、PSW 的内容（状态信息）及时序信号，产生控制整个计算机系统所需的各种控制信号，其结构有组合逻辑型和存储逻辑型两种。

控制器的工作原理是根据指令操作码、指令的执行步骤（微命令序列）和条件信号来形成当前计算机各部件要用到的控制信号。计算机整机各硬件系统在这些控制信号的控制下协同运行，产生预期的执行结果。

注意：CPU 内部寄存器大致可以分为两类，一类是用户可见的寄存器，可对这类寄存器编程，如通用寄存器组、程序状态字寄存器；另一类是用户不可见的寄存器，对用户是透明的，不可以对这类寄存器编程，如存储器地址寄存器、存储器数据寄存器、指令寄存器。

5.1.3　本节习题精选

一、单项选择题

1.【2010 年计算机联考真题】

下列寄存器中，汇编语言程序员可见的是（　　　）。

    A．存储器地址寄存器（MAR）　　　　B．程序计数器（PC）

    C．存储器数据寄存器（MDR）　　　　D．指令寄存器（IR）

2．下列部件不属于控制器的是（　　　）。

    A．指令寄存器　　　　　　　　　　　B．程序计数器

    C．程序状态字　　　　　　　　　　　D．时序电路

3．通用寄存器是（　　　）。

    A．可存放指令的寄存器

    B．可存放程序状态字的寄存器

    C．本身具有计数逻辑与移位逻辑的寄存器

    D．可编程指定多种功能的寄存器

4．CPU 中保存当前正在执行指令的寄存器是（　　　）。

A. 指令寄存器　　　　　　　　　　　　B. 指令译码器

C. 数据寄存器　　　　　　　　　　　　D. 地址寄存器

5. 在 CPU 中，跟踪后继指令地址的寄存器是（　　　）。

A. 指令寄存器　　　　　　　　　　　　B. 程序计数器

C. 地址寄存器　　　　　　　　　　　　D. 状态寄存器

6. 条件转移指令执行时所依据的条件来自（　　　）。

A. 指令寄存器　　　　　　　　　　　　B. 标志寄存器

C. 程序计数器　　　　　　　　　　　　D. 地址寄存器

7. 所谓 n 位的 CPU，这里的 n 是指（　　　）。

A. 地址总线线数　　　　　　　　　　　B. 数据总线线数

C. 控制总线线数　　　　　　　　　　　D. I/O 线数

8. 在 CPU 的寄存器中，（　　　）对用户是透明的。

A. 程序计数器　　　　　　　　　　　　B. 状态寄存器

C. 指令寄存器　　　　　　　　　　　　D. 通用寄存器

9. 程序计数器（PC）属于（　　　）。

A. 运算器　　　　B. 控制器　　　　C. 存储器　　　　D. ALU

10. 下面有关程序计数器（PC）的叙述中，错误的是（　　　）。

A. PC 中总是存放指令地址

B. PC 的值由 CPU 在执行指令过程中进行修改

C. 转移指令时，PC 的值总是修改为转移目标指令的地址

D. PC 的位数一般和存储器地址寄存器（MAR）的位数一样

11. 在一条无条件跳转指令的指令周期内，PC 的值被修改（　　　）次。

A. 1　　　　　　B. 2　　　　　　C. 3　　　　　　D. 无法确定

12. 程序计数器的位数取决于（　　　）。

A. 存储器的容量　　　　　　　　　　　B. 机器字长

C. 指令字长　　　　　　　　　　　　　D. 都不对

13. 指令寄存器的位数取决于（　　　）。

A. 存储器的容量　　　　　　　　　　　B. 机器字长

C. 指令字长　　　　　　　　　　　　　D. 存储字长

14. CPU 中通用寄存器的位数取决于（　　　）。

A. 存储器的容量　　　　　　　　　　　B. 指令的长度

C. 机器字长　　　　　　　　　　　　　D. 都不对

15. CPU 中的通用寄存器，（　　　）。

A. 只能存放数据，不能存放地址

B. 可以存放数据和地址

C. 既不能存放数据，也不能存放地址

D. 可以存放数据和地址，还可以替代指令寄存器

16. 在计算机系统中表征程序和机器运行状态的部件是（　　　）。

A. 程序计数器　　　　　　　　　　　　B. 累加寄存器

C．中断寄存器　　　　　　　　　D．程序状态字寄存器
17．数据寄存器中既能存放源操作数，又能存放结果的是（　　）。
　　A．锁存器　　　　B．堆栈　　　　C．累加器　　　　D．触发器
18．状态寄存器用来存放（　　）。
　　A．算术运算结果
　　B．逻辑运算结果
　　C．运算类型
　　D．算术、逻辑运算及测试指令的结果状态
19．控制器的全部功能是（　　）。
　　A．产生时序信号
　　B．从主存中取出指令并完成指令操作码译码
　　C．从主存中取出指令、分析指令并产生有关的操作控制信号
　　D．都不对
20．指令译码是对（　　）进行译码。
　　A．整条指令　　　　　　　　　　B．指令的操作码字段
　　C．指令的地址码字段　　　　　　D．指令的地址
21．CPU 中不包括（　　）。
　　A．存储器地址寄存器　　　　　　B．指令寄存器
　　C．地址译码器　　　　　　　　　D．程序计数器
22．以下关于计算机系统中的概念，正确的是（　　）。
　　Ⅰ．CPU 中不包括地址译码器
　　Ⅱ．CPU 中程序计数器中存放的是操作数地址
　　Ⅲ．CPU 中决定指令执行顺序的是程序计数器
　　Ⅳ．在 CPU 中状态寄存器对用户是完全透明的
　　A．Ⅰ、Ⅲ　　　B．Ⅲ、Ⅳ　　　C．Ⅱ、Ⅲ、Ⅳ　　　D．Ⅰ、Ⅲ、Ⅳ
23．间址周期结束时，CPU 内寄存器 MDR 中的内容为（　　）。
　　A．指令　　　　B．操作数地址　　　C．操作数　　　D．无法确定

二、综合应用题

CPU 中有哪些专用寄存器？

5.1.4　答案与解析

一、单项选择题

1．B

汇编语言程序员可见，即汇编语言程序员通过汇编程序可以对某个寄存器进行访问。汇编程序员可以通过指定待执行指令的地址来设置 PC 的值，如转移指令、子程序调用指令等。而 IR、MAR、MDR 是 CPU 的内部工作寄存器，对程序员不可见。

2．C

控制器由程序计数器（PC）、指令寄存器（IR）、存储器地址寄存器（MAR）、存储器数

据寄存器（MDR）、指令译码器、时序电路和微操作信号发生器组成。而程序状态字寄存器（PSW）属于运算器的组成部分。

3．D

存放指令的寄存器是指令寄存器，故 A 错。存放程序状态字的寄存器是程序状态字寄存器，故 B 错，通用寄存器并不一定本身具有计数和移位逻辑功能，故 C 错。

4．A

指令寄存器用于存放当前正在执行的指令。

5．B

程序计数器用于存放下一条指令在主存中的地址，具有自增功能。

6．B

指令寄存器用于存放当前正在执行的指令；程序计数器用于存放下一条指令的地址；地址寄存器用于暂存指令或数据的地址；程序状态字寄存器用于保存系统的运行状态。条件转移指令执行时，需对标志寄存器的内容进行测试，判断是否满足转移条件。

7．B

数据总线的位数与处理器的位数相同，也就表示了 CPU 一次能处理的数据的位数，即 CPU 的位数。

8．C

指令寄存器中存放当前执行的指令，不需要用户的任何干预，所以对用户是透明的。其他三种寄存器的内容可由程序员指定。

9．B

控制器是计算机中处理指令的部件，包含程序计数器。

10．C

PC 中存放下一条要执行的指令的地址，故 A 正确。PC 的值会根据 CPU 在执行指令的过程中修改（确切说是取指周期末），或自增或转移到程序的某处，故 B 正确。转移指令时，需要判别转移是否成功，若成功则 PC 修改为转移目标指令的地址，否则下一条指令的地址仍然为 PC 自增后的地址，故 C 错误。PC 与 MAR 的位数一样，故 D 正确。

11．B

取指周期结束后，PC 值自动加 1；执行周期中，PC 值修改为要跳转到的地址，故在这个指令周期内，PC 值被修改两次。

12．A

程序计数器的内容为指令在主存中的地址，所以程序计数器的位数与存储器地址的位数相等，而存储器地址取决于存储器的容量，可知选项 A 正确。

13．C

指令寄存器中保存当前正在执行的指令，所以其位数取决于指令字长。

14．C

通用寄存器用于存放操作数和各种地址信息等，其位数与机器字长相等，这样便于操作控制。

15．B

通用寄存器供用户自由编程，可以存放数据和地址。而指令寄存器是专门用于存放指令的专用寄存器，不能由通用寄存器代替。

16．D

程序状态字寄存器用于存放程序状态字，而程序状态字的各位表征程序和机器运行状态，如含有进位标志 C、结果为零标志 Z 等。

17．C

累加器内容可以作为源操作数，也可以暂时存放 ALU 运算的结果信息。

18．D

程序状态字寄存器用于保留算术、逻辑运算及测试指令的结果状态。

19．C

控制器的功能是取指令、分析指令和执行指令，并产生有关操作控制信号。

20．B

指令包括操作码字段和地址码字段，但指令译码器仅对操作码字段进行译码，借以确定指令的操作功能。

21．C

地址译码器是主存等存储器的组成部分，其作用是根据输入的地址码唯一选定一个存储单元，它不是 CPU 的组成部分。而 MAR、IR、PC 则都是 CPU 的组成部分。

22．A

地址译码器位于存储器，Ⅰ正确；程序计数器中存放的是欲执行指令的地址，Ⅱ错误；程序计数器决定程序的执行顺序，Ⅲ正确；程序状态字寄存器对用户不透明，Ⅳ错误。

23．B

间址周期的作用是取操作数的有效地址，故间址周期结束后，MDR 中的内容为操作数地址。

二、综合应用题

解答：

CPU 中专用寄存器有程序计数器（PC）、指令寄存器（IR）、存储器数据寄存器（MDR）、存储器地址寄存器（MAR）和程序状态字寄存器（PSW）。

5.2　指令执行过程

5.2.1　指令周期

CPU 从主存中每取出并执行一条指令所需的全部时间称为**指令周期**，也就是 CPU 完成一条指令的时间。

指令周期常常用若干机器周期来表示，一个机器周期又包含若干时钟周期（也称为节拍或 T 周期，它是 CPU 操作的最基本单位）（机器周期与时钟周期详见 5.4.1 节）。每个指令周期内机器周期数可以不等，每个机器周期内的节拍数也可以不等。图 5-2 反映了上述关系。图 5-2（a）所示为定长的机器周期，每个机器周期包含 4 个节拍（T）；图 5-2（b）所示为不定长的机器周期，每个机器周期包含的节拍数可以为 4 个，也可以为 3 个。

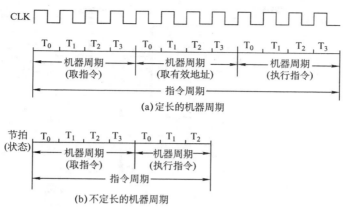

图 5-2　指令周期、机器周期、节拍和时钟周期的关系

对于无条件转移指令 JMP X，在执行时不需要访问主存，只包含取指阶段（包括取指和分析）和执行阶段，所以其指令周期仅包含取指周期和执行周期。

对于间接寻址的指令，为了取操作数，需要先访问一次主存，取出有效地址，然后再访问主存，取出操作数，所以还需包括间址周期。间址周期介于取指周期和执行周期之间。

当 CPU 采用中断方式实现主机和 I/O 设备交换信息时，CPU 在每条指令执行结束前，都要发中断查询信号，如果有中断请求，CPU 则进入中断响应阶段，又称中断周期。这样，一个完整的指令周期应包括取指、间址、执行和中断 4 个周期，如图 5-3 所示。

图 5-3　带有间址周期、中断周期的指令周期

上述 4 个工作周期都有 CPU 访存操作，只是访存的目的不同。取指周期是为了取指令，间址周期是为了取有效地址，执行周期是为了取操作数，中断周期是为了保存程序断点。

为了区别不同的工作周期，在 CPU 内设置 4 个标志触发器 FE、IND、EX 和 INT，分别对应取指、间址、执行和中断周期，并以"1"状态表示有效，它们分别由 1→FE、1→IND、1→EX 和 1→INT 这 4 个信号控制。

注意：中断周期中进栈操作是将 SP 减 1，和传统意义上的进栈操作相反，原因是计算机的堆栈中都是向低地址增加，所以进栈操作是减 1，不是加 1。

5.2.2　指令周期的数据流

数据流是根据指令要求依次访问的数据序列。在指令执行的不同阶段，要求依次访问的数据序列是不同的。而且对于不同的指令，它们的数据流往往也是不同的。

1. 取指周期

取指周期的任务是根据 PC 中的内容从主存中取出指令代码并存放在 IR 中。

取指周期的数据流如图 5-4 所示。PC 中存放的是指令的地址，根据此地址从内存单元中取出的是指令，并放在指令寄存器 IR 中，取指令的同时，PC 加 1。

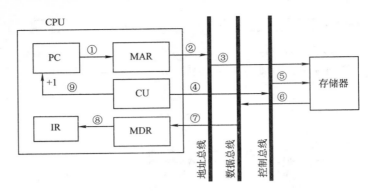

图 5-4　取指周期的数据流

取指周期的数据流向如下：

1）PC①MAR②地址总线③主存。

2）CU 发出控制信号④控制总线⑤主存。

3）主存⑥数据总线⑦MDR⑧IR（存放指令）。

4）CU 发出读命令⑨PC 内容加 1。

2．间址周期

间址周期的任务是取操作数有效地址。以一次间址（图 5-5）为例，将指令中的地址码送到 MAR 并送至地址总线，此后 CU 向存储器发读命令，以获取有效地址并存至 MDR。

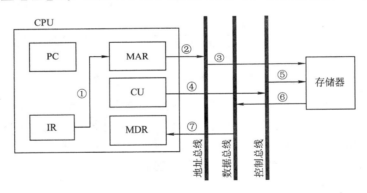

图 5-5　一次间址周期的数据流

间址周期的数据流向如下：

1）Ad(IR)（或 MDR）①MAR②地址总线③主存。

2）CU 发出读命令④控制总线⑤主存。

3）主存⑥数据总线⑦MDR（存放有效地址）。

其中，Ad(IR)表示取出 IR 中存放的指令字的地址字段。

3．执行周期

执行周期的任务是根据 IR 中的指令字的操作码和操作数通过 ALU 操作产生执行结果。不同指令的执行周期操作不同，因此没有统一的数据流向。

4．中断周期

中断周期的任务是处理中断请求。假设程序断点存入堆栈中，并用 SP 指示栈顶地址，而且进栈操作是先修改栈顶指针，后存入数据，数据流如图 5-6 所示。

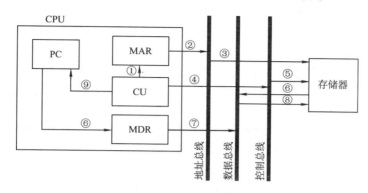

图 5-6　中断周期的数据流

中断周期的数据流向如下：

1）CU 控制将 SP 减 1，SP①MAR②地址总线③主存。

2）CU 发出写命令④控制总线⑤主存。

3）PC⑥MDR⑦数据总线⑧主存（程序断点存入主存）。

4）CU（中断服务程序的入口地址）⑨PC。

5.2.3　指令执行方案

一个指令周期通常要包括几个时间段（执行步骤），每个步骤完成指令的一部分功能，几个依次执行的步骤完成这条指令的全部功能。出于性能和硬件成本等考虑，可以选用 3 种不同的方案来安排指令的执行步骤。

1．单指令周期

对所有指令都选用相同的执行时间来完成，称为单指令周期方案。此时每一条指令都在固定的时钟周期内完成，指令之间串行执行，即下一条指令只能在前一条指令执行结束之后才能启动。因此，指令周期取决于执行时间最长的指令的执行时间。对于那些本来可以在更短时间内完成的指令，要使用这个较长的周期来完成，会降低整个系统的运行速度。

2．多指令周期

对不同类型的指令选用不同的执行步骤来完成，称为多指令周期方案。指令之间串行执行，即下一条指令只能在前一条指令执行结束之后才能启动。但可选用不同个数的时钟周期来完成不同指令的执行过程，指令需要几个周期就为其分配几个周期，而不再要求所有指令占用相同的执行时间。

3．流水线方案

指令之间可以并行执行的方案，称为流水线方案，其追求的目标是力争在每个时钟脉冲周期完成一条指令的执行过程（只在理想情况下，才能达到该效果）。通过在每一个时钟周期启动一条指令，尽量让多条指令同时运行，但各自处在不同的执行步骤中。

5.2.4 本节习题精选

一、单项选择题

1.【2009 年计算机联考真题】

冯·诺依曼计算机中指令和数据均以二进制形式存放在存储器中，CPU 区分它们的依据是（　　）。

    A．指令操作码的译码结果　　　　　B．指令和数据的寻址方式

    C．指令周期的不同阶段　　　　　　D．指令和数据所在的存储单元

2.【2011 年计算机联考真题】

假定不采用 Cache 和指令预取技术，且机器处于"开中断"状态，则在下列有关指令执行的叙述中，错误的是（　　）。

    A．每个指令周期中 CPU 都至少访问内存一次

    B．每个指令周期一定大于或等于一个 CPU 时钟周期

    C．空操作指令的指令周期中任何寄存器的内容都不会被改变

    D．当前程序在每条指令执行结束时都可能被外部中断打断

3．计算机工作的最小时间周期是（　　）。

    A．时钟周期　　　　　　　　　　　B．指令周期

    C．CPU 周期　　　　　　　　　　　D．工作脉冲

4．采用 DMA 方式传递数据时，每传送一个数据就要占用（　　）。

    A．指令周期　　　　　　　　　　　B．时钟周期

    C．机器周期　　　　　　　　　　　D．存取周期

5．指令周期是指（　　）。

    A．CPU 从主存取出一条指令的时间

    B．CPU 执行一条指令的时间

    C．CPU 从主存取出一条指令加上执行这条指令的时间

    D．时钟周期时间

6．指令（　　）从主存中读出。

    A．总是根据程序计数器

    B．有时根据程序计数器，有时根据转移指令

    C．根据地址寄存器

    D．有时根据程序计数器，有时根据地址寄存器

7．在取指操作后，程序计数器中存放的是（　　）。

    A．当前指令的地址　　　　　　　　B．程序中指令的数量

    C．已执行的指令数量　　　　　　　D．下一条指令的地址

8．以下叙述中错误的是（　　）。

    A．指令周期的第一个操作是取指令

    B．为了进行取指操作，控制器需要得到相应的指令

    C．取指操作是控制器自动进行的

    D．指令执行时有些操作是相同或相似的

9. 指令周期由一个到几个机器周期组成，在第一个机器周期时（　　）。

　　A．从主存中取出指令字　　　　　　　B．从主存中取出指令操作码

　　C．从主存中取出指令地址码　　　　　D．从主存中取出指令的地址

10. 由于 CPU 内部操作的速度较快，而 CPU 访问一次存储器的时间较长，因此机器周期通常由（　　）来确定。

　　A．指令周期　　　　　　　　　　　　B．存取周期

　　C．间址周期　　　　　　　　　　　　D．中断周期

11. 以下有关机器周期的叙述中，错误的是（　　）。

　　A．通常把通过一次总线事务访问一次主存或 I/O 的时间定为一个机器周期

　　B．一个指令周期通常包含多个机器周期

　　C．不同的指令周期所包含的机器周期数可能不同

　　D．每个指令周期都包含一个中断响应机器周期

12. 下列说法中，合理的是（　　）。

　　A．执行各条指令的机器周期数相同，各机器周期的长度均匀

　　B．执行各条指令的机器周期数相同，各机器周期的长度可变

　　C．执行各条指令的机器周期数可变，各机器周期的长度均匀

　　D．执行各条指令的机器周期数可变，各机器周期的长度可变

13. 以下关于间址周期的描述中正确的是（　　）。

　　A．所有指令的间址操作都是相同的

　　B．凡是存储器间接寻址的指令，它们的操作都是相同的

　　C．对于存储器间接寻址和寄存器间接寻址，它们的操作是不同的

　　D．都不对

14. CPU 响应中断的时间是（　　）。

　　A．一条指令执行结束　　　　　　　　B．I/O 设备提出中断

　　C．取指周期结束　　　　　　　　　　D．指令周期结束

15. 以下叙述中，错误的是（　　）。

　　A．取指操作是控制器固有的功能，不需要在操作码控制下完成

　　B．所有指令的取指操作是相同的

　　C．在指令长度相同的情况下，所有指令的取指操作是相同的

　　D．中断周期是在指令执行完成后出现的

16. （　　）可区分存储单元中存放的是指令还是数据。

　　A．控制器　　　　　B．运算器　　　　　C．存储器　　　　　D．数据通路

17. 下列说法正确的是（　　）。

　　Ⅰ．指令字长等于机器字长的前提下，取指周期等于机器周期

　　Ⅱ．指令字长等于存储字长的前提下，取指周期等于机器周期

　　Ⅲ．指令字长和机器字长的长度没有任何关系

　　Ⅳ．为了硬件设计方便，指令字长都和存储字长一样大

　　A．Ⅱ、Ⅲ　　　　　　　　　　　　　B．Ⅱ、Ⅲ、Ⅳ

　　C．Ⅰ、Ⅲ、Ⅳ　　　　　　　　　　　D．Ⅰ、Ⅳ

二、综合应用题

1．指令和数据都存于存储器中，CPU如何区分它们？
2．中断周期的前、后各是CPU的什么工作周期？

5.2.5　答案与解析

一、单项选择题

1．C

冯·诺依曼计算机根据指令周期的不同阶段来区分从存储器取出的是指令还是数据，取指周期取出的是指令，执行周期取出的是数据。

2．C

由于不采用指令预取技术，每个指令周期都需要取指令，而不采用Cache技术，则每次取指令都至少要访问内存一次（当指令字长与存储字长相等且按边界对齐时），A正确。时钟周期是CPU的最小时间单位，每个指令周期一定大于或等于一个CPU时钟周期，B正确。即使是空操作指令，在取指操作后，PC也会自动加1，C错误。由于机器处于"开中断"状态，在每条指令执行结束时都可能被外部中断打断。

3．A

时钟周期是计算机操作的最小单位时间，由计算机的主频确定，是主频的倒数。工作脉冲是控制器的最小时间单位，起定时触发作用，一个时钟周期有一个工作脉冲。指令周期则可由多个CPU周期组成。CPU周期，即机器周期，包含若干个时钟周期。

4．D

CPU从主存中每取出并执行一条指令所需的全部时间称为指令周期；时钟周期通常称为节拍或T周期，它是CPU操作的最基本单位；CPU周期也称为机器周期，一个机器周期包含若干时钟周期；存取周期是指存储器进行两次独立的存储器操作（连续两次读或写操作）所需的最小间隔时间。

5．C

指令周期是指CPU从主存取出一条指令加上执行这条指令的时间。而间址周期不是必须要有的。

6．A

程序计数器用于指出下一条指令在主存中的存放地址，执行转移指令后也需将目标指令地址传到程序计数器中。CPU正是根据程序计数器中的内容去主存取指的。

7．D

在取指操作后，程序计数器中的内容将被修改为下一条指令的地址，而不是当前指令的地址。

8．B

取指操作是自动进行的，控制器不需要得到相应的指令。

9．A

指令周期的第一个机器周期是取指周期，即从主存中取出指令字。

10．B

存储器进行一次读或写操作所需的时间称为存储器的访问时间（或读写时间），而连续启动两次独立的读或写操作（如连续的两次读操作）所需的最短时间称为存取周期。机器周期通常由存取周期确定。

11．D

在指令的执行周期完成后，处理器会判断是否出现中断请求，只有在出现中断请求时才会进入中断周期。

12．D

机器周期是指令执行中每一步操作（如取指令、存储器读、存储器写等）所需要的时间，每个机器周期内的节拍数可以不等，故其长度是可变的。因为各种指令的功能不同，所以各指令执行时所需的机器周期数是可变的。

13．C

指令的间址有一次间址、两次间址和多次间址，因此它们的操作是不同的，所以选项 A、B 错误。存储器间址通过形式地址访存，寄存器间址通过寄存器内容访存，因此选项 C 正确。

14．A

中断周期用于响应中断，如果有中断，则在指令的执行周期后进入中断周期。

15．B

不同长度的指令，其取指操作可能是不同的。例如，双字指令、三字指令与单字指令的取指操作是不同的。

16．A

存储器本身无法区分存储单元中存放的是指令还是数据。而在控制器的控制下，计算机在不同的阶段对存储器进行读写操作时，取出的代码也就有不同的用处。而在取指阶段读出的二进制代码为指令，在执行阶段读出的二进制代码则可能为数据；运算器和数据通路显然不能区分。

17．A

指令字长一般都取存储字长的整数倍，如果指令字长等于存储字长的 2 倍，就需要两次访存，取指周期等于机器周期的 2 倍；如果指令字长等于存储字长，取指周期等于机器周期，故 I 错。根据 I 的分析可知，II 正确。指令字长取决于操作码的长度、操作数地址的长度和操作数地址的个数，与机器字长没有必然的联系。但为了硬件设计方便，指令字长一般取字节或存储字长的整数倍，故III正确。根据III的分析可知，指令字长一般取字节或存储字长的整数倍，而不一定都是和存储字长一样大，故IV错误。综上所述，II、III正确。

二、综合应用题

1．解答：

通常完成一条指令可分为取指阶段和执行阶段。在取指阶段通过访问存储器可将指令取出；在执行阶段通过访问存储器可以将操作数取出。因此虽然指令和数据都是以二进制代码形式存放在存储器中，但 CPU 可以根据指令周期的不阶段判断出从存储器取出的二进制代码是指令还是数据。

2．解答：

中断周期之前是执行周期，之后是下一条指令的取指周期。

5.3 数据通路的功能和基本结构

5.3.1 数据通路的功能

数据在功能部件之间传送的路径称为数据通路。运算器与各寄存器之间的传送路径就是中央处理器内部数据通路。

数据通路描述了信息从什么地方开始，中间经过哪个寄存器或多路开关，最后传送到哪个寄存器，这些都要加以控制。

建立数据通路的任务是由"操作控制部件"来完成的。数据通路的功能是实现 CPU 内部的运算器与寄存器以及寄存器之间的数据交换。

5.3.2 数据通路的基本结构

数据通路的基本结构主要有以下两种：

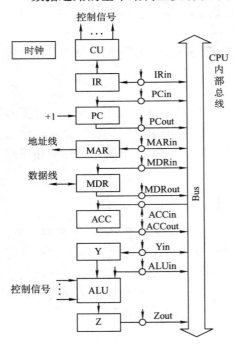

图 5-7　CPU 内部总线的
数据通路和控制信号

1）CPU 内部总线方式。将所有寄存器的输入端和输出端都连接到一条或多条公共的通路上，这种结构比较简单，但数据传输存在较多的冲突现象，性能较低。如果连接各部件的总线只有一条，称为单总线结构；如果 CPU 中有两条或更多的总线，则构成双总线结构或多总线结构。图 5-7 所示为 CPU 内部总线的数据通路。

2）专用数据通路方式。根据指令执行过程中的数据和地址的流动方向安排连接线路，避免使用共享的总线，性能比较高，但硬件量大。

在图 5-7 中，规定各部件用大写字母表示，字母加"in"表示该部件的允许输入控制信号；字母加"out"表示该部件的允许输出控制信号。

注意：内部总线是指同一部件，如 CPU 内部连接各寄存器及运算部件之间的总线；系统总线是指同一台计算机系统的各部件，如 CPU、内存、通道和各类 I/O 接口间互相连接的总线。

1. 寄存器之间数据传送

寄存器之间的数据传送可以通过 CPU 内部总线完成。以图 5-7 为例，某寄存器 AX 的输出和输入分别由 AXout 和 AXin 控制。这里以 PC 寄存器为例，把 PC 内容送至 MAR，实现传送操作的流程及控制信号为

PC→Bus	PCout 有效，PC 内容送总线
Bus→MAR	MARin 有效，总线内容送 MAR

2．主存与 CPU 之间的数据传送

主存与 CPU 之间的数据传送也要借助 CPU 内部总线完成。现以 CPU 从主存读取指令为例说明数据在数据通路中的传送过程。实现传送操作的流程及控制信号为

PC→Bus→MAR　　　　　　　PCout 和 MARin 有效，现行指令地址→MAR

1→R　　　　　　　　　　　CU 发读命令

MEM(MAR)→MDR　　　　　 MDRin 有效

MDR→Bus→IR　　　　　　　MDRout 和 IRin 有效，现行指令→IR

3．执行算术或逻辑运算

当执行算术或逻辑操作时，由于 ALU 本身是没有内部存储功能的组合电路，因此如要执行加法运算，被相加的两个数必须在 ALU 的两个输入端同时有效。图 5-7 中的暂存器 Y 即用于该目的。先将一个操作数经 CPU 内部总线送入暂存器 Y 保存起来，Y 的内容在 ALU 的左输入端始终有效，再将另一个操作数经总线直接送到 ALU 的右输入端。这样两个操作数都送入了 ALU，运算结果暂存在暂存器 Z 中。

Ad(IR)→Bus→MAR　　　　　MDRout 和 MARin 有效

1→R　　　　　　　　　　　CU 发读命令

MEM→数据线→MDR　　　　 操作数从存储器→数据线→MDR

MDR→Bus→Y　　　　　　　 MDRout 和 Yin 有效，操作数→Y

(ACC)+(Y)→Z　　　　　　　ACCout 和 ALUin 有效，CU 向 ALU 发加命令，结果→Z

Z→ACC　　　　　　　　　　Zout 和 ACCin 有效，结果→ACC

数据通路结构直接影响 CPU 内各种信息的传送路径，数据通路不同，指令执行过程的微操作序列的安排也不同，它关系着微操作信号形成部件的设计。

5.3.3　本节习题精选

一、单项选择题

1．下列不属于 CPU 数据通路结构的是（　　）。

　A．单总线结构　　　　　　　　B．多总线结构

　C．部件内总线结构　　　　　　D．专用数据通路结构

2．在单总线的 CPU 中（　　）。

　A．ALU 的两个输入端及输出端都可与总线相连

　B．ALU 的两个输入端可与总线相连，但输出端需通过暂存器与总线相连

　C．ALU 的一个输入端可与总线相连，其输出端也可与总线相连

　D．ALU 只能有一个输入端可与总线相连，另一输入端需通过暂存器与总线相连

3．采用 CPU 总线结构的数据通路与不采用 CPU 内部总线的数据通路相比（　　）。

　A．前者性能较高　　　　　　　B．后者的数据冲突问题较严重

　C．前者的硬件量大，实现难度高　D．以上说法都不对

4．CPU 的读/写控制信号的作用是（　　）。

　A．决定数据总线上的数据流方向　B．控制存储器操作的读/写类型

　C．控制流入、流出存储器信息的方向　D．以上都是

二、综合应用题

1.【2009 年计算机联考真题】

某计算机字长 16 位，采用 16 位定长指令字结构，部分数据通路结构如图 5-8 所示。图中所有控制信号为 1 时表示有效，为 0 时表示无效。例如，控制信号 MDRinE 为 1 表示允许数据从 DB 打入 MDR，MDRin 为 1 表示允许数据从内总线打入 MDR。假设 MAR 的输出一直处于使能状态。加法指令"ADD (R1)，R0"的功能为(R0)+((R1))→(R1)，即将 R0 中的数据与 R1 的内容所指主存单元的数据相加，并将结果送入 R1 的内容所指主存单元中保存。

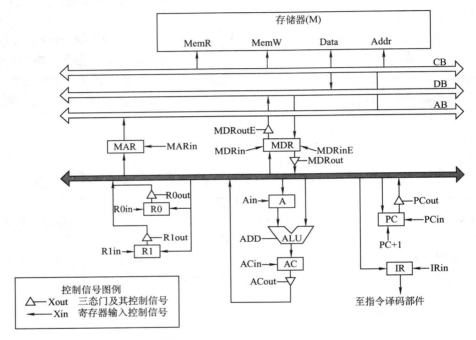

图 5-8　数据通路结构图（1）

表 5-1 给出了上述指令取指和译码阶段每个节拍（时钟周期）的功能和有效控制信号，请按表中描述方式用表格列出指令执行阶段每个节拍的功能和有效控制信号。

表 5-1　指令取指和译码阶段每个节拍的功能和有效控制信号

时　钟	功　能	有效控制信号
C1	MAR←(PC)	PCout,MARin
C2	MDR←M(MAR) PC←(PC)+1	MemR,MDRinE,PC+1
C3	IR←(MDR)	MDRout,IRin
C4	指令译码	无

2. 某计算机的数据通路结构如图 5-9 所示，写出实现 ADD　R1,(R2)的微操作序列（含取指令及确定后继指令地址）。

3. 设 CPU 内部结构如图 5-7 所示，此外还设有 B、C、D、E、H、L 等 6 个寄存器（图中未画出），它们各自的输入和输出端都与内部总线相通，并分别受控制信号控制（如 Bin

为寄存器 B 的输入控制；Bout 为寄存器 B 的输出控制），假设 ALU 的结果直接送入 Z 寄存器中。要求从取指令开始，写出完成下列指令的微操作序列及所需的控制信号。

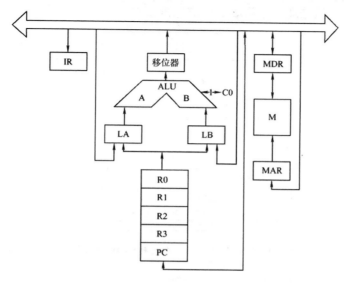

图 5-9　数据通路结构图（2）

ADD　B,C　　　　　　　　(B)+(C)→B
SUB　A,H　　　　　　　　(AC)−(H)→AC

4. 设有如图 5-10 所示的单总线结构，分析指令 ADD @R0,R1 的指令流程和控制信号。

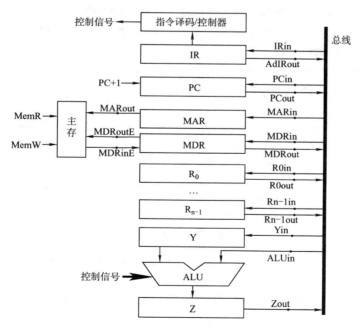

图 5-10　CPU 单总线数据通路

5. 图 5-11 是一个简化了的 CPU 与主存连接结构示意图（图中省略了所有的多路选择

器）。其中有一个累加寄存器（ACC）、一个状态数据寄存器和其他 4 个寄存器：主存地址寄存器（MAR）、主存数据寄存器（MDR）、程序寄存器（PC）和指令寄存器（IR），各部件及其之间的连线表示数据通路，箭头表示信息传递方向。

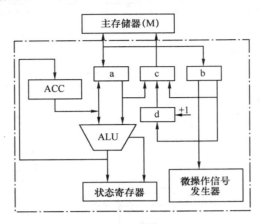

图 5-11　CPU 与主存连接结构示意图

要求：

1）请写出图中 a、b、c、d 4 个寄存器的名称。

2）简述图中取指令的数据通路。

3）简述数据在运算器和主存之间进行存/取访问的数据通路。

4）简述完成指令 LDA X 的数据通路（X 为主存地址，LDA 的功能为(X)→ACC）。

5）简述完成指令 ADD Y 的数据通路（Y 为主存地址，ADD 的功能为(ACC)+(Y)→ACC）。

6）简述完成指令 STA Z 的数据通路（Z 为主存地址，STA 的功能为(ACC)→Z）。

6. 某机主要功能部件如图 5-12 所示，其中 M 为主存，MDR 为主存数据寄存器，MAR 为主存地址寄存器，IR 为指令寄存器，PC 为程序计数器（并假设当前指令地址在 PC 中），R0～R3 为通用寄存器，C、D 为暂存器。

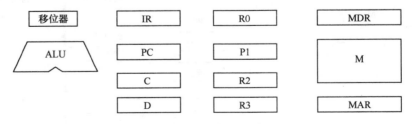

图 5-12　某机主要功能部件

1）请补充各部件之间的主要连接线（总线自己画），并注明数据流动方向。

2）画出"ADD （R1），（R2）+"指令周期流程图。该指令的含义是进行求和运算，源操作数地址在 R1 中，目标操作数寻址方式为自增型寄存器间接寻址方式（先取地址后加 1），并将相加结果写回 R2 寄存器中。

7. 已知单总线计算机结构如图 5-13 所示，其中 M 为主存，XR 为变址寄存器，EAR 为有效地址寄存器，LATCH 为暂存器。假设指令地址已存在于 PC 中，请给出 ADD X,D 指令周期信息流程和相应的控制信号。说明：

1）ADD X,D 指令字中 X 为变址寄存器 XR，D 为形式地址。

2）寄存器的输入/输出均采用控制信号控制，如 PC_i 表示 PC 的输入控制信号，MDR_0 表示 MDR 的输出控制信号。

3）凡是需要经过总线的传送，都需要注明，如（PC）→MAR，相应的控制信号为 PC_0 和 MAR_i。

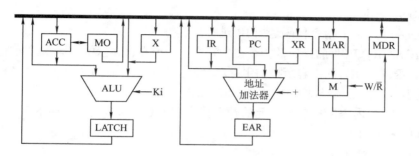

图 5-13　单总线计算机结构

5.3.4　答案与解析

一、单项选择题

1. C

对 CPU 而言，数据通路的基本结构有总线结构和专用数据通路结构。其中，总线结构又分为单总线结构、双总线结构、多总线结构。

2. D

由于 ALU 是一个组合逻辑电路，故其运算过程中必须保持两个输入端的内容不变。又由于 CPU 内部采用单总线结构，故为了得到两个不同的操作数，ALU 的一个输入端与总线相连，另一个输入端需通过一个寄存器与总线相连。此外，ALU 的输出端也不能直接与内部总线相连，否则其输出又会通过总线反馈到输入端，影响运算结果，故输出端需通过一个暂存器（用来暂存结果的寄存器）与总线相连。

3. D

采用 CPU 内部总线方式的数据通路特点：结构简单，实现容易，性能较低，存在较多的冲突现象；不采用 CPU 内部总线方式的数据通路特点：结构复杂，硬件量大，不易实现，性能高，基本不存在数据冲突现象。

4. D

读/写控制信号线决定了是从存储器读还是向存储器写，显然 A、B、C 选项都正确。

二、综合应用题

1. 解答：

题干已给出取值和译码阶段每个节拍的功能和有效控制信号，我们应以弄清楚取指阶段中数据通路的信息流动作为突破口，读懂每个节拍的功能和有效控制信号。然后应用到解题思路中，包括划分执行步骤、确定完成的功能、需要的控制信号。

先分析题干中提供的示例（本部分解题时不做要求）：

取指令的功能是根据 PC 的内容所指主存地址，取出指令代码，经过 MDR，最终送至 IR。这部分和后面的指令执行阶段的取操作数、存运算结果的方法是相通的。

C1：(PC)→MAR

在读写存储器前，必须先将地址（这里为(PC)）送至 MAR。

C2：M(MAR)→MDR，(PC)+1→PC

读写的数据必须经过 MDR，指令取出后 PC 自增 1。

C3：(MDR)→IR

然后将读到 MDR 中指令代码送至 IR 进行后续操作。

指令"ADD (R1),R0"的操作数一个在主存中，一个在寄存器中，运算结果在主存中。根据指令功能，要读出 R1 的内容所指的主存单元，必须先将 R1 的内容送至 MAR，即(R1)→MAR。而读出的数据必须经过 MDR，即 M(MAR)→MDR。

因此，将 R1 的内容所指主存单元的数据读出到 MDR 的节拍安排如下：

C5：(R1)→MAR

C6：M(MAR)→MDR

ALU 一端是寄存器 A，MDR 或 R0 中必须有一个先写入 A 中，如 MDR。

C7：(MDR)→A

然后执行加法操作，并将结果送入寄存器 AC。

C8：(A)+(R0)→AC

之后将加法结果写回到 R1 的内容所指主存单元，注意 MAR 中的内容没有改变。

C9：(AC)→MDR

C10：(MDR)→M(MAR)

有效控制信号的安排并不难，只需看数据是流入还是流出，如流入寄存器 X 就是 Xin，流出寄存器 X 就是 Xout。还需注意其他特殊控制信号，如 PC+1、Add 等。

于是得到参考答案如下：

时　钟	功　能	有效控制信号
C5	MAR←(R1)	R1out, MARin
C6	MDR←M(MAR)	MemR, MDRinE
C7	A←(MDR)	MDRout, Ain
C8	AC←(A)+(R0)	R0out, Add, ACin
C9	MDR←(AC)	ACout, MDRin
C10	M(MAR)←(MDR)	MDRoutE, MemW

本题答案不唯一，如果在 C6 执行 M(MAR)→MDR 的同时，完成(R0)→A（即选择将(R0)写入 A），并不会发生总线冲突，这种方案可节省 1 个节拍，见下表。

时　钟	功　能	有效控制信号
C5	MAR←(R1)	R1out, MARin
C6	MDR←M(MAR)，A←(R0)	MemR, MDRinE,R0out, Ain
C7	AC←(MDR)+(A)	MDRout, Add, ACin
C8	MDR←(AC)	ACout, MDRin
C9	M(MAR)←(MDR)	MDRoutE, MemW

2. 解答：

实现 ADD　R1，(R2)的微操作序列为

微操作	控制信号
(PC)→MAR	PC→BUS，BUS→MAR
M→MDR	READ
(PC)+1→PC	+1
MDR→IR	MDR→BUS，BUS→IR
R1→LA	R1→LA
(R2)→MAR	R2→BUS，BUS→MAR
M→MDR	READ
MDR→LB	MDR→BUS，BUS→LB
(LA)+(LB)→R1	+，移位器→BUS，BUS→R1

3. 解答：

两条指令的微操作序列如下：

1）ADD　B，C 指令

微操作	控制信号
(PC)→MAR	PCout，MARin
(PC)+1→PC	+1
M(MAR)→MDR→IR	MDRout，IRin
B→Y	Bout，Yin
(Y)+(C)→Z	Cout，ALUin，"+"
(Z)→B	Zout，Bin

2）SUB　A，H 指令

微操作	控制信号
(PC)→MAR	PCout，MARin
(PC)+1→PC	+1
M(MAR)→MDR→IR	MDRout，IRin
ACC→Y	ACCout，Yin
(Y)−(H)→Z	Hout，ALUin，"−"
(Z)→ACC	Zout，ACCin

注：Y 是与 ALU 的 A 端相连接的暂存器。

4. 解答：

指令 ADD @R0，R1 的功能是把 R0 的内容作为地址送到主存中取得一个操作数，再与 R1 中内容相加，最后将结果送回主存中，即实现((R0))+(R1)→(R0)。其流程和控制信号如下：

1）取指周期：公共操作。

时　序	微　操　作	有效控制信号	具　体　功　能
1	(PC)→MAR，Read	PCout，MARin	将 PC 经内部总线送至 MAR
2	M(MAR)→MDR	MemR，MARout，MDRinE	主存通过数据总线将 MAR 所指示的单元的内容送至 MDR

（续表）

时　序	微　操　作	有效控制信号	具　体　功　能
3	(MDR)→IR	MDRout, IRin	将 MDR 的内容送至 IR
4	指令译码	—	操作字开始控制 CU
5	(PC)+1→PC	—	当 PC+1 有效时，使 PC 内容加 1

2）间址周期：完成取数操作，被加数在主存中，加数已经放在寄存器 R1 中。

时　序	微　操　作	有效控制信号	具　体　功　能
1	(R0)→MAR	R0out, MARin	将 R0 中的地址（形式地址）送至存储器地址寄存器
2	M(MAR)→MDR	MemR, MARout, MDRinE	主存通过数据总线将 MAR 所指单元的内容（有效地址）送至 MDR 中
3	(MDR)→Y	MDRout, Yin	将 MDR 中数据通过数据总线送至 Y

3）执行周期：完成加法运算，并将结果返回主存。

时　序	微　操　作	有效控制信号	具　体　功　能
1	(R1)+(Y)→Z	R1out, ALUin, CU 向 ALU 发 ADD 控制信号	R1 的内容和 Y 的内容相加，结果送至寄存器 Z
2	(Z)→MDR	Zout, MDRin	将运算结果送至 MDR
3	(MDR)→M(MAR)	MemW, MDRoutE	向主存写入数据

5．解答：

1）图中 a 为 MDR，b 为 IR，c 为 MAR，d 为 PC。

2）取指令的数据通路为（指令地址在 PC 中）

$$PC→MAR→主存→MDR→IR$$

3）存储器读的数据通路为（读取的数据放在 ACC 中）

$$MAR（先置数据地址），主存 M→MDR→ALU→ACC$$

存储器写的数据通路为（被写的数据放在 ACC 中）

$$MAR（先置数据地址），ACC→MDR→主存 M$$

4）指令 LDA X 的数据通路为

$$X→MAR→主存→MDR→ALU→ACC$$

5）指令 ADD Y 的数据通路为

6）指令 STA Z 的数据通路为（ACC 中的数据需放在主存中）

$$Z→MAR，ACC→MDR→主存$$

6．解答：

1）各功能部件的连接关系，以及数据通路如下图所示。

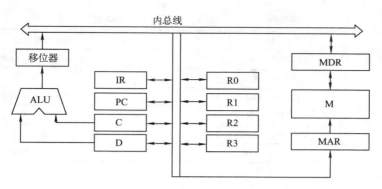

2）分析过程如下：

- 取指令地址送到 IR 并译码。
- 取源操作数和目的操作数。
- 将源操作数和目的操作数相加送到 MAR，随之送到以前目的操作数在内存的地址。
- 将寄存器 R2 的内容加 1。

取指周期流程如下图所示。

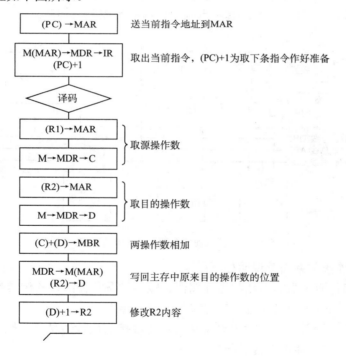

(PC)→MAR	送当前指令地址到MAR
M(MAR)→MDR→IR (PC)+1	取出当前指令，(PC)+1为取下条指令作好准备
译码	
(R1)→MAR	取源操作数
M→MDR→C	
(R2)→MAR	取目的操作数
M→MDR→D	
(C)+(D)→MBR	两操作数相加
MDR→M(MAR) (R2)→D	写回主存中原来目的操作数的位置
(D)+1→R2	修改R2内容

7．解答：

ADD X，D 指令周期信息流程和相应的控制信号见下表。

周 期	微 操 作	有效控制信号
取指周期	(PC)→MAR	PC_o，MAR_i
	M(MAR)→MDR	MAR_o，R/W，MDR_i
	(PC)+1→PC	+1
	(MDR)→IR	MDR_o，IR_i

（续表）

周　　期	微　操　作	有效控制信号
执行周期	$(XR)+Ad(IR)\rightarrow EAR$	XR_o，IR_o，+，EAR_i
	$(EAR)\rightarrow MAR$	EAR_o，MAR_i
	$M(MAR)\rightarrow MDR$	MAR_o，R/W，MDR_i
	$(MDR)\rightarrow X$	MAR_o，X_i
	$(ACC)+(X)\rightarrow LATCH$	ACC_o，X_o，K_i=+，$LATCH_i$
	$(LATCH)\rightarrow ACC$	$LATCH_o$，ACC_i

注：题目中的 D 即为 Ad(IR)。

5.4 控制器的功能和工作原理

5.4.1 控制器的结构和功能

从图 5-14 可以看到计算机硬件系统的五大功能部件及其连接关系。它们通过数据总线、地址总线和控制总线连接在一起，其中点画线框内的是控制器部件。

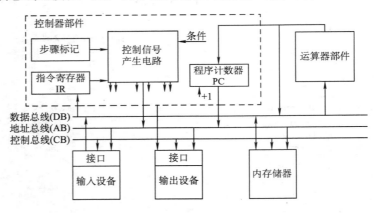

图 5-14 计算机硬件系统和控制器部件的组成

现对其主要连接关系简单说明如下：

1）运算器部件通过数据总线与内存储器、输入设备和输出设备传送数据。

2）输入设备和输出设备通过接口电路与总线相连接。

3）内存储器、输入设备和输出设备从地址总线接收地址信息，从控制总线得到控制信号，通过数据总线与其他部件传送数据。

4）控制器部件从数据总线接收指令信息，从运算器部件接收指令转移地址，送出指令地址到地址总线，还要向系统中的部件提供它们运行所需要的控制信号。

控制器是计算机系统的指挥中心，控制器的主要功能有：

1）从主存中取出一条指令，并指出下一条指令在主存中的位置。

2）对指令进行译码或测试，产生相应的操作控制信号，以便启动规定的动作。

3）指挥并控制 CPU、主存、输入和输出设备之间的数据流动方向。

根据控制器产生微操作控制信号的方式的不同，控制器可分为硬布线控制器和微程序控制器，两类控制器中的 PC 和 IR 是相同的，但确定和表示指令执行步骤的办法，以及给出控制各部件运行所需要的控制信号的方案是不同的。

5.4.2　硬布线控制器

硬布线控制器的基本原理是根据指令的要求、当前的时序及外部和内部的状态情况，按时间的顺序发送一系列微操作控制信号。它由复杂的组合逻辑门电路和一些触发器构成，因此又称为组合逻辑控制器。

1. 硬布线控制单元图

指令的操作码是决定控制单元发出不同操作命令（控制信号）的关键。为了简化控制单元（CU）的逻辑，将指令的操作码译码和节拍发生器从 CU 分离出来，便可得到简化的控制单元图，如图 5-15 所示。

CU 的输入信号来源如下：

1）经指令译码器译码产生的指令信息。现行指令的操作码决定了不同指令在执行周期所需完成的不同操作，故指令的操作码字段是控制单元的输入信号，它与时钟配合产生不同的控制信号。

2）时序系统产生的机器周期信号和节拍信号。为了使控制单元按一定的先后顺序、一定的节奏发出各个控制信号，控制单元必须受时钟控制，即一个时钟脉冲使控制单元发送一个操作命令，或发送一组需要同时执行的操作命令。

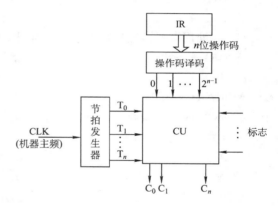

图 5-15　带指令译码器和节拍输入的控制单元图

3）来自执行单元的反馈信息即标志。控制单元有时需依赖 CPU 当前所处的状态产生控制信号，如 BAN 指令，控制单元要根据上条指令的结果是否为负而产生不同的控制信号。

图 5-15 中，节拍发生器产生各机器周期中的节拍信号，使不同的微操作命令 C_i（控制信号）按时间的先后发出。个别指令的操作不仅受操作码控制，还受状态标志控制，因此 CU 的输入来自操作码译码电路 ID、节拍发生器及状态标志，其输出至 CPU 内部或外部控制总线上。

注意：控制单元还接受来自系统总线（控制总线）的控制信号，如中断请求、DMA 请求。

2. 硬布线控制器的时序系统及微操作

1）时钟周期。用时钟信号控制节拍发生器，可以产生节拍，每个节拍的宽度正好对应一个时钟周期。在每个节拍内机器可完成一个或几个需同时执行的操作。

2）机器周期。机器周期可看做是所有指令执行过程中的一个基准时间。不同指令的操作不同，指令周期也不同。访问一次存储器的时间是固定的，因此，通常以存取周期作为基准时间，即机器周期。在存储字长等于指令字长的前提下，取指周期也可看做机器周期。

在一个机器周期里可完成若干微操作，每个微操作都需一定的时间，可用时钟信号来控制产生每一个微操作命令。

3）指令周期。指令周期详见 5.2.1 节。

4）微操作命令分析。控制单元具有发出各种操作命令（即控制信号）序列的功能。这些命令与指令有关，而且必须按一定次序发出，才能使机器有序地工作。

执行程序的过程中，对于不同的指令，控制单元需发出各种不同的微操作命令。一条指令分为 3 个工作周期：取指周期、间址周期和执行周期，下面分析各个子周期的微操作命令。

① 取指周期的微操作命令。无论是什么指令，取指周期都需有下列微操作命令：

PC→MAR	现行指令地址→MAR
1→R	命令存储器读
M(MAR)→MDR	现行指令从存储器中读至 MDR
MDR→IR	现行指令→IR
OP(IR)→CU	指令的操作码→CU 译码
(PC)+1→PC	形成下一条指令的地址

② 间址周期的微操作命令。间址周期完成取操作数地址的任务，具体微操作命令如下：

Ad(IR)→MAR	将指令字中的地址码（形式地址）→MAR
1→R	命令存储器读
M(MAR)→MDR	将有效地址从存储器读至 MDR

③ 执行周期的微操作命令。执行周期的微操作命令视不同指令而定。

第 1 章　非访存指令。

CLA	清 ACC	$0 \rightarrow ACC$
COM	取反	$\overline{ACC} \rightarrow ACC$
SHR	算术右移	$L(ACC) \rightarrow R(ACC)$，$ACC_0 \rightarrow ACC_0$
CSL	循环左移	$R(ACC) \rightarrow L(ACC)$，$ACC_0 \rightarrow ACC_n$
STP	停机指令	$0 \rightarrow G$

第 2 章　访存指令。

ADD X	加法指令	Ad(IR)→MAR
1→R		
M(MAR)→MDR		
(ACC)+(MDR)→ACC		
STA X	存数指令	Ad(IR)→MAR
1→W		
ACC→MDR		
MDR→M(MAR)		
LDA X	取数指令	Ad(IR)→MAR
1→R		
M(MAR)→MDR		
MDR→ACC		

第 3 章　转移指令。

| JMP X | 无条件转移 | $Ad(IR) \rightarrow PC$ |
| BAN X | 条件转移（负则转） | $A_0Ad(IR)+\overline{A}_0(PC) \rightarrow PC$ |

3．CPU 的控制方式

控制单元控制一条指令执行的过程，实质上是依次执行一个确定的微操作序列的过程。由于不同指令所对应的微操作数及复杂程度不同，因此，每条指令和每个微操作所需的执行时间也不同。主要有以下 3 种控制方式：

（1）同步控制方式

所谓同步控制方式，就是系统有一个统一的时钟，所有的控制信号均来自这个统一的时钟信号。通常以最长的微操作序列和最烦琐的微操作作为标准，采取完全统一的、具有相同时间间隔和相同数目的节拍作为机器周期来运行不同的指令。

同步控制方式的优点是控制电路简单，缺点是运行速度慢。

（2）异步控制方式

异步控制方式不存在基准时标信号，各部件按自身固有的速度工作，通过应答方式进行联络。

异步控制方式的优点是运行速度快，缺点是控制电路比较复杂。

（3）联合控制方式

联合控制方式是介于同步、异步之间的一种折中。这种方式对各种不同的指令的微操作实行大部分采用同步控制、小部分采用异步控制的办法。

4．硬布线控制单元设计步骤

硬布线控制单元设计步骤包括：

1）列出微操作命令的操作时间表。先根据微操作节拍安排，列出微操作命令的操作时间表。操作时间表中包括各个机器周期、节拍下的每条指令完成的微操作控制信号。

表 5-2 列出了 CLA、COM、SHR 等 10 条机器指令微操作命令的操作时间表。表中 FE、IND 和 EX 为 CPU 工作周期标志，$T_0 \sim T_2$ 为节拍，I 为间址标志，在取指周期的 T_2 时刻，若测得 I=1，则 IND 触发器置"1"，标志进入间址周期；若 I=0，则 EX 触发器置"1"，标志进入执行周期。同理，在间址周期的 T_2 时刻，若测得 IND=0（表示一次间接寻址），则 EX 触发器置"1"，进入执行周期；若测得 IND=1（表示多次间接寻址），则继续间接寻址。在执行周期的 T_2 时刻，CPU 要向所有中断源发中断查询信号，若检测到有中断请求并满足响应条件，则 INT 触发器置"1"，标志进入中断周期。表中未列出 INT 触发器置"1"的操作和中断周期的微操作。表中第一行对应 10 条指令的操作码，代表不同的指令。若某指令有表中所列出的微操作命令，其对应的单元格内为 1。

表 5-2　操作时间表

工作周期标记	节拍	状态条件	微操作命令信号	CLA	COM	SHR	CSL	STP	ADD	STA	LDA	JMP	BAN
FE 取指	T_0		PC→MAR	1	1	1	1	1	1	1	1	1	1
			1→R	1	1	1	1	1	1	1	1	1	1
	T_1		M(MAR)→MDR	1	1	1	1	1	1	1	1	1	1
			(PC)+1→PC	1	1	1	1	1	1	1	1	1	1

（续表）

工作周期标记	节拍	状态条件	微操作命令信号	CLA	COM	SHR	CSL	STP	ADD	STA	LDA	JMP	BAN
FE 取指	T_2		MDR→IR	1	1	1	1	1	1	1	1	1	1
			OP(IR)→ID	1	1	1	1	1	1	1	1	1	1
		I	I→IND						1	1	1	1	1
		$\bar{I}$	I→EX	1	1	1	1	1	1	1	1	1	1
IND 间接寻址	T_0		Ad(IR)→MAR						1	1	1	1	1
			I→R						1	1	1	1	1
	T_1		M(MAR)→MDR						1	1	1	1	1
	T_2		MDR→Ad(IR)						1	1	1	1	1
		$\overline{IND}$	I→EX						1	1	1	1	1
EX 执行	T_0		Ad(IR)→MAR						1	1	1		
			1→R						1		1		
			1→W							1			
	T_1		M(MAR)→MDR						1		1		
			AC→MDR							1			
	T_2		(AC)+(MDR)→AC						1				
			MDR→M(MAR)							1			
			MDR→AC								1		
			0→AC	1									
			$\overline{AC}$→AC		1								
			L(AC)→R(AC), ACo 不变			1							
			$\rho^{-1}(AC)$				1						
			Ad(IR)→PC									1	
	A_0		Ad(IR)→PC										1
			0→G					1					

2）进行微操作信号综合。在列出微操作时间表之后，即可对它们进行综合分析、归类，根据微操作时间表可以写出各微操作控制信号的逻辑表达式并进行适当的简化。表达式一般包括下列因素：

微操作控制信号=机器周期∧节拍∧脉冲∧操作码∧机器状态条件

根据表 5-2 便可列出每一个微操作命令的初始逻辑表达式，经化简、整理便可获得能用现有门电路实现的微操作命令逻辑表达式。

例如，根据表 5-2 可写出 M（MAR）→MDR 微操作命令的逻辑表达式：

M（MAR）→MDR

=FE·T_1+IND·T_1（ADD+STA+LDA+JMP+BAN）+EX·T_1(ADD+LDA)

=T_1{FE+IND(ADD+STA+LDA+JMP+BAN)+EX(ADD+LDA)}

式中，ADD、STA、LDA、JMP、BAN 均来自操作码译码器的输出。

3）画出微操作命令的逻辑图。根据逻辑表达式可画出对应每一个微操作信号的逻辑电路图，并用逻辑门电路实现。

例如，M(MAR)→MDR 的逻辑表达式所对应的逻辑图如图 5-16 所示，图中未考虑门的扇入系数。

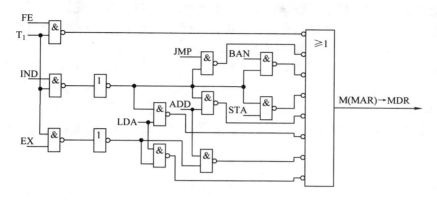

图 5-16　产生 M(MAR)→MDR 命令的逻辑图

5.4.3　微程序控制器

微程序控制器采用存储逻辑实现，也就是把微操作信号代码化，使每条机器指令转化成为一段微程序并存入一个专门的存储器（控制存储器）中，微操作控制信号由微指令产生。

1. 微程序控制的基本概念

微程序设计思想就是将每一条机器指令编写成一个微程序，每一个微程序包含若干条微指令，每一条微指令对应一个或几个微操作命令。这些微程序可以存到一个控制存储器中，用寻址用户程序机器指令的办法来寻址每个微程序中的微指令。目前，大多数计算机都采用微程序设计技术。

微程序设计技术涉及的基本术语有：

1) **微命令与微操作**。一条机器指令可以分解成一个微操作序列，这些微操作是计算机中最基本的、不可再分解的操作。在微程序控制的计算机中，将控制部件向执行部件发出的各种控制命令称为微命令，它是构成控制序列的最小单位。例如，打开或关闭某个控制门的电位信号、某个寄存器的打入脉冲等。微命令和微操作是一一对应的。微命令是微操作的控制信号，微操作是微命令的执行过程。

微命令有相容性和互斥性之分。相容性微命令是指那些可以同时产生、共同完成某一些微操作的微命令；而互斥性微命令是指在机器中不允许同时出现的微命令。相容和互斥都是相对的，一个微命令可以和一些微命令相容，和另一些微命令互斥。

注意：在组合逻辑控制器中也存在微命令与微操作这两个概念，它们并非只是微程序控制器的专有概念。

2) **微指令与微周期**。微指令是若干微命令的集合。存放微指令的控制存储器的单元地址称为微地址。一条微指令通常至少包含两大部分信息：

① 操作控制字段，又称为微操作码字段，用于产生某一步操作所需的各种操作控制信号。

② 顺序控制字段，又称为微地址码字段，用于控制产生下一条要执行的微指令地址。

微周期通常指从控制存储器中读取一条微指令并执行相应的微操作所需的时间。

3）主存储器与控制存储器。 主存储器用于存放程序和数据，在 CPU 外部，用 RAM 实现；控制存储器（CM）用于存放微程序，在 CPU 内部，用 ROM 实现。

4）程序与微程序。 程序是指令的有序集合，用于完成特定的功能；微程序是微指令的有序集合，一条指令的功能由一段微程序来实现。

微程序和程序是两个不同的概念。微程序是由微指令组成的，用于描述机器指令。微程序实际上是机器指令的实时解释器，是由计算机设计者事先编制好并存放在控制存储器中的，一般不提供给用户。对于程序员来说，计算机系统中微程序的结构和功能是透明的，无须知道。而程序最终由机器指令组成，是由软件设计人员事先编制好并存放在主存或辅存中的。

读者应注意区分以下寄存器。

① 地址寄存器（MAR）：用于存放主存的读/写地址。

② 微地址寄存器（CMAR）：用于存放控存的读/写微指令的地址。

③ 指令寄存器（IR）：用于存放从主存中读出的指令。

④ 微指令寄存器（CMDR 或μIR）：用于存放从控存中读出的微指令。

2. 微程序控制器组成和工作过程

（1）微程序控制器的基本组成

图 5-17 所示为一个微程序控制器的基本结构，主要画出了微程序控制器比组合逻辑控制器多出的部件，包括：

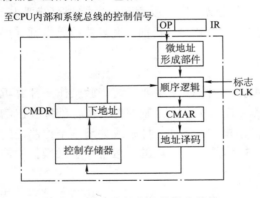

图 5-17　微程序控制器的基本结构

① 控制存储器：它是微程序控制器的核心部件，用于存放各指令对应的微程序，控制存储器可用只读存储器 ROM 构成。

② 微指令寄存器：用于存放从 CM 中取出的微指令，它的位数同微指令字长相等。

③ 微地址形成部件：用于产生初始微地址和后继微地址，以保证微指令的连续执行。

④ 微地址寄存器：接收微地址形成部件送来的微地址，为在 CM 中读取微指令作准备。

（2）微程序控制器的工作过程

微程序控制器的工作过程实际上就是在微程序控制器的控制下计算机执行机器指令的过程，这个过程可以描述如下：

① 执行取微指令公共操作。具体的执行是：在机器开始运行时，自动将取指微程序的入口地址送入 CMAR，并从 CM 中读出相应的微指令送入 CMDR。取指微程序的入口地址一般为 CM 的 0 号单元，当取指微程序执行完后，从主存中取出的机器指令就已存入指令寄存器中了。

② 由机器指令的操作码字段通过微地址形成部件产生该机器指令所对应的微程序的入口地址，并送入 CMAR。

③ 从 CM 中逐条取出对应的微指令并执行。

④ 执行完对应于一条机器指令的一个微程序后又回到取指微程序的入口地址，继续第①步，以完成取下一条机器指令的公共操作。

以上是一条机器指令的执行过程，如此周而复始，直到整个程序执行完毕为止。

（3）微程序和机器指令

通常，一条机器指令对应一个微程序。由于任何一条机器指令的取指令操作都是相同的，因此，可将取指令操作的微命令统一编成一个微程序，这个微程序只负责将指令从主存单元中取出送至指令寄存器中。

此外，也可以编出对应间址周期的微程序和中断周期的微程序。这样，控制存储器中的微程序个数应为机器指令数再加上对应取指、间址和中断周期等共用的微程序数。

注意：若指令系统中具有 n 种机器指令，则控制存储器中的微程序数至少是 $n+1$ 个（1 为公共的取指微程序）。

3．微指令的编码方式

微指令的编码方式又称为微指令的控制方式，它是指如何对微指令的控制字段进行编码，以形成控制信号。编码的目标是在保证速度的情况下，尽量缩短微指令字长。

（1）直接编码（直接控制）方式

微指令的直接编码方式如图 5-18 所示。直接编码法无须进行译码，微指令的微命令字段中每一位都代表一个微命令。设计微指令时，选用或不选用某个微命令，只要将表示该微命令的对应位设置成 1 或 0 即可。每个微命令对应并控制数据通路中的一个微操作。

这种编码的优点是简单、直观，执行速度快，操作并行性好。其缺点是微指令字长过长，n 个微命令就要求微指令的操作字段有 n 位，造成控存容量极大。

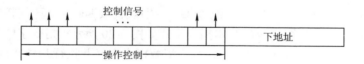

图 5-18　微指令的直接编码方式

（2）字段直接编码方式

将微指令的微命令字段分成若干小字段，把互斥性微命令组合在同一字段中，把相容性微命令组合在不同的字段中，每个字段独立编码，每种编码代表一个微命令且各字段编码含义单独定义，与其他字段无关，这就是字段直接编码方式，如图 5-19 所示。

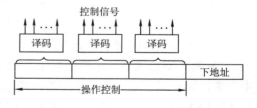

图 5-19　微指令的字段直接编码方式

这种方式可以缩短微指令字长，但因为要通过译码电路后再发出微命令，因此比直接编码方式慢。

微命令字段分段的原则：

① 互斥性微命令分在同一段内，相容性微命令分在不同段内。

② 每个小段中包含的信息位不能太多，否则将增加译码线路的复杂性和译码时间。

③ 一般每个小段还要留出一个状态，表示本字段不发出任何微命令。因此，当某字段

的长度为 3 位时，最多只能表示 7 个互斥的微命令，通常用 000 表示不操作。

（3）字段间接编码方式

一个字段的某些微命令需由另一个字段中的某些微命令来解释，由于不是靠字段直接译码发出的微命令，故称为字段间接编码，又称隐式编码。这种方式可进一步缩短微指令字长，但因削弱了微指令的并行控制能力，因此，通常作为字段直接编码方式的一种辅助手段。

4．微指令的地址形成方式

后继微地址的形成主要有以下两大基本类型：

1）直接由微指令的下地址字段指出。微指令格式中设置一个下地址字段，由微指令的下地址字段直接指出后继微指令的地址，这种方式又称为断定方式。

2）根据机器指令的操作码形成。当机器指令取至指令寄存器后，微指令的地址由操作码经微地址形成部件形成。

实际上，微指令序列地址的形成方式还有以下几种：

① 增量计数器法，即(CMAR)+1→CMAR，适用于后继微指令的地址是连续的情况。

② 根据各种标志决定微指令分支转移的地址。

③ 通过网络测试形成。

④ 由硬件直接产生微程序入口地址。

当电源加电后，第一条微指令的地址可由专门的硬件电路产生，也可由外部直接向 CMAR 输入微指令的地址，这个地址即为取指周期微程序的入口地址。

5．微指令的格式

微指令格式与微指令的编码方式有关，通常分水平型微指令和垂直型微指令两种。

1）水平型微指令。从编码方式看，直接编码、字段直接编码、字段间接编码和混合编码都属水平型微指令。水平型微指令的基本指令格式如图 5-20 所示，指令字中的一位对应一个控制信号，有输出时为 1，否则为 0。一条水平型微指令定义并执行几种并行的基本操作。

A_1	A_2	…	A_{n-1}	A_n	判断测试字段	后继地址字段
操作控制					顺序控制	

图 5-20 水平型微指令格式

水平型微指令的优点是微程序短，执行速度快；缺点是微指令长，编写微程序较麻烦。

2）垂直型微指令。垂直型微指令的特点是采用类似机器指令操作码的方式，在微指令中设置微操作码字段，采用微操作码编译法，由微操作码规定微指令的功能，其基本的指令格式如图 5-21 所示。一条垂直型微指令只能定义并执行一种基本操作。

μOP	Rd	Rs
微操作码	目的地址	源地址

图 5-21 垂直型微指令格式

垂直型微指令格式的优点是微指令短、简单、规整，便于编写微程序；缺点是微程序长，执行速度慢，工作效率低。

3）混合型微指令。在垂直型的基础上增加一些不太复杂的并行操作。微指令较短，仍便于编写；微程序也不长，执行速度加快。

4）水平型微指令和垂直型微指令的比较如下：

① 水平型微指令并行操作能力强、效率高、灵活性强；垂直型微指令则较差。

② 水平型微指令执行一条指令的时间短；垂直型微指令执行的时间长。

③ 由水平型微指令解释指令的微程序，具有微指令字比较长但微程序短的特点；垂直型微指令则相反，其微指令字比较短而微程序长。

④ 水平型微指令用户难以掌握，而垂直型微指令与指令比较相似，相对容易掌握。

6. 微程序控制单元的设计步骤

微程序控制单元设计的主要任务是编写各条机器指令所对应的微程序，具体的设计步骤有以下三步：

1）写出对应机器指令的微操作命令及节拍安排。无论是组合逻辑设计，还是微程序设计，对应相同的 CPU 结构，两种控制单元的微操作命令和节拍安排都是极相似的。如微程序控制单元在取指阶段发出的微操作命令及节拍安排如下：

T_0 PC→MAR，1→R

T_1 M(MAR)→MDR，(PC)+1→PC

T_2 MDR→IR，OP(IR)→微地址形成部件

与硬布线控制单元相比，只在 T_2 节拍内的微操作命令不同。微程序控制单元在 T_2 节拍内要将指令的操作码送至微地址形成部件，即 OP(IR)→微地址形成部件，以形成该条机器指令的微程序首地址。而硬布线控制单元在 T_2 节拍内要将指令的操作码送至指令译码器，以控制 CU 发出相应的微命令，即 OP(IR)→ID。

如果把一个节拍 T 内的微操作安排在一条微指令中完成，上述微操作对应 3 条微指令。但是由于微程序控制的所有控制信号都来自微指令，而微指令又存在控存中，因此，欲完成上述这些微操作，必须先将微指令从控存中读出，即必须先给出这些微指令的地址。在取指微程序中，除第一条微指令外，其余微指令的地址均由上一条微指令的下地址字段直接给出，因此上述每一条微指令都需增加一个将微指令下地址字段送至 CMAR 的微操作，记为 Ad(CMDR)→CMAR。取指微程序的最后一条微指令，其后继微指令的地址是由微地址形成部件形成的，即微地址形成部件→CMAR。为了反映该地址与操作码有关，故记为 OP(IR)→微地址形成部件→CMAR。

综上所述，考虑到需要形成后继微指令地址，上述分析的取指操作共需 6 条微指令完成，即

T_0 PC→MAR，1→R

T_1 Ad(CMDR)→CMAR

T_2 M(MAR)→MDR，(PC)+1→PC

T_3 Ad(CMDR)→CMAR

T_4 MDR→IR

T_5 OP(IR)→微地址形成部件→CMAR

执行阶段的微操作命令及节拍安排，分配原则类似。与硬布线控制单元微操作命令的节拍安排相比，多了将下一条微指令地址送至 CMAR 的微操作命令，即 Ad(CMDR)→CMAR。

其余的微操作命令与硬布线控制单元相同。

注意： 这里为了理解，应将微指令和机器指令相联系，因为每执行完一条微指令后要得到下一条微指令的地址。

2）确定微指令格式。微指令格式包括微指令的编码方式、后继微指令地址的形成方式和微指令字长等。

根据微操作个数决定采用何种编码方式，以确定微指令的操作控制字段的位数。由微指令数确定微指令的顺序控制字段的位数。最后按操作控制字段位数和顺序控制字段位数就可确定微指令字长。

3）编写微指令码点。根据操作控制字段每一位代表的微操作命令，编写每一条微指令的码点。

7. 动态微程序设计和毫微程序设计

1）动态微程序设计。在一台微程序控制的计算机中，假如能根据用户的要求改变微程序，那么这台机器就具有动态微程序设计功能。

动态微程序的设计需要可写控制寄存器的支持，否则难以改变微程序的内容。实现动态微程序设计可采用可擦除可编程只读存储器（EPROM）。

2）毫微程序设计。在普通的微程序计算机中，从主存取出的每条指令是由放在控制存储器中的微程序来解释执行的，通过控制线对硬件进行直接控制。

如果硬件不由微程序直接控制，而是通过存放在第二级控制存储器中的毫微程序来解释的，这个第二级控制存储器称为毫微存储器，直接控制硬件的是毫微微指令。

8. 硬布线和微程序控制器的特点

1）硬布线控制器的特点。硬布线控制器的优点是由于控制器的速度取决于电路延迟，所以速度快；缺点是由于将控制部件看做专门产生固定时序控制信号的逻辑电路，所以把用最少元件和取得最高速度作为设计目标，一旦设计完成，不可能通过其他额外修改添加新功能。

2）微程序控制器的特点。微程序控制器的优点是同组合逻辑控制器相比，微程序控制器具有规整性、灵活性、可维护性等一系列优点；缺点是由于微程序控制器采用了存储程序原理，所以每条指令都要从控制存储器中取一次，影响了速度。

为了便于比较，下面以表格的形式对比二者的不同，见表5-3。

表5-3 微程序控制器与硬布线控制器的对比

类 别 对 比 项 目	微程序控制器	硬布线控制器
工作原理	微操作控制信号以微程序的形式存放在控制存储器中，执行指令时读出即可	微操作控制信号由组合逻辑电路根据当前的指令码、状态和时序，即时产生
执行速度	慢	快
规整性	较规整	烦琐、不规整
应用场合	CISC CPU	RISC CPU
易扩充性	易扩充修改	困难

5.4.4　本节习题精选

一、单项选择题

1.【2009 年计算机联考真题】

相对于微程序控制器，硬布线控制器的特点是（　　）。

　　A．指令执行速度慢，指令功能的修改和扩展容易

　　B．指令执行速度慢，指令功能的修改和扩展难

　　C．指令执行速度快，指令功能的修改和扩展容易

　　D．指令执行速度快，指令功能的修改和扩展难

2．取指令操作（　　）。

　　A．受到上一条指令的操作码控制

　　B．受到当前指令的操作码控制

　　C．受到下一条指令的操作码控制

　　D．是控制器固有的功能，不需要在操作码控制下进行

3．在组合逻辑控制器中，微操作控制信号的形成主要与（　　）信号有关。

　　A．指令操作码和地址码　　　　　　　B．指令译码信号和时钟

　　C．操作码和条件码　　　　　　　　　D．状态信息和条件

4．微程序控制器中，形成微程序入口地址的是（　　）。

　　A．机器指令的地址码字段　　　　　　B．微指令的微地址码字段

　　C．机器指令的操作码字段　　　　　　D．微指令的微操作码字段

5．下列不属于微指令结构设计所追求的目标是（　　）。

　　A．提高微程序的执行速度　　　　　　B．提供微程序设计的灵活性

　　C．缩短微指令的长度　　　　　　　　D．增大控制存储器的容量

6．微程序控制器的速度比硬布线控制器慢，主要是因为（　　）。

　　A．增加了从磁盘存储器读取微指令的时间

　　B．增加了从主存读取微指令的时间

　　C．增加了从指令寄存器读取微指令的时间

　　D．增加了从控制存储器读取微指令的时间

7．微程序控制存储器属于（　　）的一部分。

　　A．主存　　　　　　B．外存　　　　　　C．CPU　　　　　　D．缓存

8．以下说法正确的是（　　）。

　　A．采用微程序控制器是为了提高速度

　　B．控制存储器采用高速 RAM 电路组成

　　C．微指令计数器决定指令执行顺序

　　D．一条微指令存放在控制器的一个控存单元中

9．硬布线控制器与微程序控制器相比（　　）。

　　A．硬布线控制器的时序系统比较简单

　　B．微程序控制器的时序系统比较简单

　　C．两者的时序系统复杂程度相同

    D．可能是硬布线控制器的时序系统比较简单，也可能是微程序控制器的时序系统比较简单

10．微程序控制器中，控制部件向执行部件发出的某个控制信号称为（　　）。

    A．微程序   B．微指令   C．微操作   D．微命令

11．在微程序控制器中，机器指令与微指令的关系是（　　）。

    A．每一条机器指令由一条微指令来执行

    B．每一条机器指令由若干微指令组成的微程序来解释执行

    C．若干条机器指令组成的程序可由一个微程序来执行

    D．每一条机器指令由若干微程序执行

12．微指令格式分为水平型和垂直型，水平型微指令的位数（　　），用它编写的微程序（　　）。

    A．较少   B．较多   C．较长   D．较短

13．水平型微指令与垂直型微指令相比（　　）。

    A．前者一次只能完成一个基本操作

    B．后者一次只能完成一个基本操作

    C．两者都是一次只能完成一个基本操作

    D．两者都能一次完成多个基本操作

14．【2012年计算机联考真题】

某计算机的控制器采用微程序控制方式，微指令中的操作控制字段采用字段直接编码法，共有33个微命令，构成5个互斥类，分别包含7、3、12、5和6个微命令，则操作控制字段至少有（　　）。

    A．5位   B．6位   C．15位   D．33位

15．某带中断的计算机指令系统共有101种操作，采用微程序控制方式时，控制存储器中相应最少有（　　）个微程序。

    A．101   B．102   C．103   D．104

16．兼容性微命令指几个微命令是（　　）。

    A．可以同时出现的   B．可以相继出现的

    C．可以相互代替的   D．可以相处容错的

17．在微程序控制方式中，以下说法正确的是（　　）。

    Ⅰ．采用微程序控制器的处理器称为微处理器

    Ⅱ．每一条机器指令由一段微程序来解释执行

    Ⅲ．在微指令的编码中，效率最低的是直接编码方式

    Ⅳ．水平型微指令能充分利用数据通路的并行结构

    A．Ⅰ、Ⅱ   B．Ⅱ、Ⅳ   C．Ⅰ、Ⅲ   D．Ⅲ、Ⅳ

18．下列说法正确的是（　　）。

    Ⅰ．微程序控制方式和硬布线方式相比较，前者可以使指令的执行速度更快

    Ⅱ．若采用微程序控制方式，则可用μPC取代PC

    Ⅲ．控制存储器可以用ROM实现

    Ⅳ．指令周期也称为CPU周期

  A. Ⅰ、Ⅲ   B. Ⅱ、Ⅲ   C. 只有Ⅲ   D. Ⅰ、Ⅲ、Ⅳ

19. 通常情况下，一个微程序的周期对应一个（　　　）。

  A. 指令周期   B. 主频周期   C. 机器周期   D. 工作周期

20. 下列部件中属于控制部件的是（　　　）。

  Ⅰ. 指令寄存器 Ⅱ. 操作控制器 Ⅲ. 程序计数器 Ⅳ. 状态条件寄存器

  A. Ⅰ、Ⅲ、Ⅳ   B. Ⅰ、Ⅱ、Ⅲ

  C. Ⅰ、Ⅱ、Ⅳ   D. Ⅰ、Ⅱ、Ⅲ、Ⅳ

21. 下例部件中属于执行部件的是（　　　）。

  Ⅰ. 控制器 Ⅱ. 存储器 Ⅲ. 运算器 Ⅳ. 外围设备

  A. Ⅰ、Ⅲ、Ⅳ   B. Ⅱ、Ⅲ、Ⅳ

  C. Ⅱ、Ⅳ   D. Ⅰ、Ⅱ、Ⅲ、Ⅳ

二、综合应用题

1. 若某机主频为 200MHz，每个指令周期平均为 2.5CPU 周期，每个 CPU 周期平均包括 2 个主频周期，问：

1）该机平均指令执行速度为多少 MIPS？

2）若主频不变，但每条指令平均包括 5 个 CPU 周期，每个 CPU 周期又包含 4 个主频周期，平均指令执行速度又为多少 MIPS？

3）由此可得出什么结论？

2. 1）若存储器容量为 64K×32 位，指出主机中各寄存器的位数。

2）写出硬布线控制器完成 STA　X（X 为主存地址）指令发出的全部微操作命令及节拍安排。

3）若采用微程序控制，还需增加哪些微操作？

3. 假设某机器有 80 条指令，平均每条指令由 4 条微指令组成，其中有一条取指微指令是所有指令公用的。已知微指令长度为 32 位，请估算控制存储器 CM 容量。

4. 某微程序控制器中，采用水平型直接控制（编码）方式的微指令格式，后续微指令地址由微指令的下地址字段给出。已知机器共有 28 个微命令，6 个互斥的可判定的外部条件，控制存储器的容量为 512×40 位。试设计其微指令的格式，并说明理由。

5. 某机共有 52 个微操作控制信号，构成 5 个相斥类的微命令组，各组分别包含 5、8、2、15、22 个微命令。已知可判定的外部条件有两个，微指令字长 28 位。

1）按水平型微指令格式设计微指令，要求微指令的下地址字段直接给出后继微指令地址。

2）指出控制存储器的容量。

6. 设 CPU 中各部件及其相互连接关系如图 5-22 所示，其中，W 是写控制标志；R 是读控制标志；R1、R2 是暂存器。

1）写出指令 ADD #a（#为立即寻址特征，隐含的操作数在 ACC 寄存器中）在执行阶段所完成的微操作命令及节拍安排。

2）假设要求在取指周期实现 PC+1→PC，且由 ALU 完成此操作（ALU 可以对它的一个源操作数完成加 1 的运算）。以最少的节拍写出取指周期全部微操作命令及节拍安排。

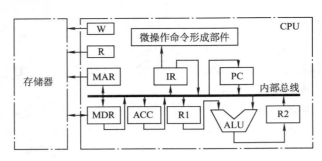

图 5-22　CPU 中各部件及其相互连接关系

5.4.5　答案与解析

一、单项选择题

1．D

微程序控制器采用了"存储程序"的原理，每条机器指令对应一个微程序，因此修改和扩充容易，灵活性好，但每条指令的执行都要访问控制存储器，所以速度慢。硬布线控制器采用专门的逻辑电路实现，其速度主要取决于逻辑电路的延迟，因此速度快，但修改和扩展困难，灵活性差。

2．D

取指令阶段完成的任务是将现行指令从主存中取出来并送至指令寄存器，这个操作是公共的操作是每条指令都要进行的，与具体的指令无关，所以不需要操作码的控制。

3．B

CU 的输入信号来源如下：①经指令译码器译码产生的指令信息；②时序系统产生的机器周期信号和节拍信号；③来自执行单元的反馈信息即标志。而前两者是主要因素。

4．C

当执行完公用的取指微程序从主存中取出机器指令之后，由机器指令的操作码字段指出各个微程序的入口地址（初始微地址）。

5．D

微指令的设计目标和指令结构的设计目标类似，都是基于执行速度、灵活性和指令长度这 3 个主要方面考虑的。而控制存储器容量的大小与微指令的设计目标无关。

6．D

在微程序控制中，控制存储器中存放有微指令，在执行时需要从中读出相应的微指令，从而增加了时间消耗。

7．C

微程序控制存储器用来存放微程序，是微程序控制器的核心部件，属于 CPU 的一部分，而不属于主存。

8．D

硬布线控制器采用硬件电路，速度较快，但是设计难度大、成本高。微程序控制器的速度较慢，但灵活性高。通常控制存储器采用 ROM 组成。微指令计数器决定的是微指令执行顺序。

9．B

硬布线控制器需要结合各微操作的节拍安排，综合分析，写出逻辑表达式，再设计成逻辑电路图，因此时序系统比较复杂；而微程序只需按照节拍的安排，顺序执行微指令，因此时序系统比较简单。

10．D

在微程序控制器中，控制部件向执行部件发出的控制信号称为微命令，微命令执行的操作称为微操作。微指令则是若干微命令的集合，若干条微指令的有序集合称为微程序。

11．B

在一个 CPU 周期中，一组实现一定功能的微命令的组合构成一条微指令，有序的微指令序列构成一段微程序，微程序的作用是实现一条对应的机器指令。

12．①B　②D

由水平型微指令解释指令的微程序，具有微指令字较长，但微程序短的特点；垂直型微指令则相反，其微指令字比较短而微程序较长。

13．B

一条水平型微指令能定义并执行几种并行的基本操作；一条垂直型微指令只能定义并执行一种基本操作。

14．C

字段直接编码法将微命令字段分成若干个小字段，互斥性微命令组合在同一字段中，相容性微命令分在不同字段中，每个字段还要留出一个状态，表示本字段不发出任何微命令。5 个互斥类，分别包含 7、3、12、5 和 6 个微命令，需要 3、2、4、3 和 3 位，共 15 位。

15．D

若指令系统中具有 n 种机器指令，则控制存储器中的微程序数至少是 $n+2$ 个（增加的 1 个为公共的取指微程序；1 个为对应中断周期的微程序）。若指令是间接寻址，其操作也是可以预测的，也可先编出对应间指周期的微程序，则控存中的微程序数可以为 $n+3$ 个。

16．A

兼容性微命令是指那些可以同时产生、共同完成某一些微操作的微命令。

17．B

微处理器是相对于一些大型的处理器而言,微程序控制器则是相对于 CPU 的控制器而言的，Ⅰ错误。有序的微指令序列构成一段微程序。微程序的作用是实现一条对应的机器指令，Ⅱ正确。Ⅲ说法不准确，"效率"可以理解为编码的效率，也可以理解为执行的效率。从前者的角度来说，直接编码方式效率低；而从后者的角度来说，直接编码效率较高，Ⅳ正确。

18．C

微程序控制方式是采用编程方式来执行指令，而硬布线方式则是采用硬件方式来执行指令，因此硬布线方式速度较快，Ⅰ错误。μPC 无法取代 PC，因为它只在微程序中指向下一条微指令地址的寄存器。因此它也必然不可能知道这段微程序执行完毕后下一条是什么指令，Ⅱ错误。由于每一条微指令执行时所发出的控制信号是事先设计好的，不需要改变，故存放所有控制信号的存储器应为 ROM，Ⅲ正确。指令周期是从一条指令的启动到下一条指令的启动的间隔时间，而 CPU 周期是机器周期，是指令执行中每一步操作所需的时间，Ⅳ

错误。

19．C

在设计微指令时，设计者的目的是尽可能地使得每一个微指令都能够在一个时钟周期内完成，这样才便于提高 CPU 的执行效率。

20．B

CPU 控制器主要由 3 个部件组成：指令寄存器、程序计数器和操作控制器。而状态条件寄存器通常属于运算器的部件，保存由算术指令和逻辑指令运行或测试的结果建立的各种条件码内容，如运算结果进位标志（C）、运算结果溢出标志（V）等。

21．B

一台数字计算机基本上可以划分为两大部分：控制部件和执行部件。控制器就是控制部件，而运算器、存储器、外围设备相对控制器来说就是执行部件。

二、综合应用题

1．解答：

1）主频为 200MHz，所以主频周期=1/200MHz=0.005μs。

每个指令周期平均为 2.5CPU 周期，每个 CPU 周期平均包括 2 个主频周期，所以一条指令的执行时间=2×2.5×0.005μs=0.025μs。

该机平均指令执行速度=1/0.025=40MIPS。

2）每条指令平均包括 5 个 CPU 周期，每个 CPU 周期又包含 4 个主频周期，所以一条指令的执行时间=4×5×0.005μs=0.1μs。

该机平均指令执行速度=1/0.1=10MIPS

3）由此可见：指令的复杂程度会影响指令的平均执行速度。

2．解答：

1）主机中各寄存器的位数如下图所示。

ACC	MQ	ALU	X	IR	MDR	PC	MAR
32	32	32	32	32	32	16	16

存储容量=存储单元个数×存储字长，64K=2^{16}，故 PC 和 MAR 为 16 位，而 MDR 为 32 位，其他寄存器的位数与 MDR 相等。

2）微操作命令及节拍安排如下：

T_0　　PC→MAR，1→R

T_1　　M(MAR)→MDR，(PC)+1→PC

T_2　　MDR→IR，OP(IR)→ID

T_0　　Ad(IR)→MAR，1→W

T_1　　ACC→MDR

T_2　　MDR→M(MAR)

3）若采用微程序控制，还需增加下列微操作：

取指周期：

Ad(CMDR)→CMAR

OP(IR)→CMAR

执行周期：

Ad(CMDR)→CMAR

3．解答：

总的微指令条数=(4−1)×80+1=241 条，每条微指令占一个控存单元，控存 CM 容量为 2 的 n 次幂，而 241 刚好小于 256，所以 CM 的容量=256×32 位=1KB

4．解答：

水平型微指令由操作控制字段、判别测试字段和下地址字段三部分构成。因为微指令采用直接控制（编码）方式，所以其操作控制字段的位数等于微命令数，为 28 位。又由于后继微指令地址由下地址字段给出，故其下地址字段的位数可根据控制存储器的容量（512×40 位）确定为 9 位（512=2^9）。当微程序出现分支时，后续微指令地址的形成取决于状态条件——6 个互斥的可判定外部条件，因此状态位应编码成 3 位。非分支时的后续微指令地址由微指令的下地址字段直接给出。微指令的格式如下图所示。

操作控制字段	判别测试字段	后继地址字段
28 位	3 位	9 位

5．解答：

1）根据 5 个互斥类的微命令组，各组分别包含 5、8、2、15、22 个微命令，考虑到每组必须增加一种不发命令的情况，条件测试字段应包含一种不转移的情况，则 5 个控制字段分别需给出 6、9、3、16、23 种状态，对应 3、4、2、4、5 位（共 18 位），条件测试字段取 2 位。根据微指令字长为 28 位，下地址字段取 28−18−2=8 位，则其微指令格式如下图所示。

5 个 微命令	8 个 微命令	2 个 微命令	15 个 微命令	22 个 微命令	2 个 判断条件	后继地址
					条件测试	后继地址
3 位	4 位	2 位	4 位	5 位	2 位	8 位

2）根据后继地址字段为 8 位，微指令字长为 28 位，得出控制存储器的容量为 2^8×28 位。

6．解答：

1）立即寻址的加法指令执行周期的微操作命令及节拍安排如下：

T_0	Ad(IR)→R1	立即数→R1
T_1	(R1)+(ACC)→R2	ACC 通过总线送 ALU
T_2	(R2)→ACC	结果→ACC

2）由于(PC)+1→PC 需由 ALU 完成，因此 PC 的值可作为 ALU 的一个源操作数，在 ALU 做加 1 运算得到(PC)+1 后，结果送至与 ALU 输出端相连的 R2，然后送至 PC。

此题关键是要考虑总线冲突的问题，故取指周期的微操作命令及节拍安排如下：

T_0	PC→MAR，1→R
T_1	M(MAR)→MDR，(PC)+1→R2
T_2	MDR→IR，OP(IR)→微操作命令形成部件
T_3	(R2)→PC

5.5 指令流水线

5.5.1 指令流水线的基本概念

计算机的流水线是把一个重复的过程分解为若干子过程，每个子过程与其他子过程并行执行，采用流水线技术只需增加少量硬件就能把计算机的运算速度提高几倍，成为计算机中普遍使用的一种并行处理技术。

1. 指令流水的定义

一条指令的执行过程可以分成多个阶段（或过程）。根据计算机的不同，具体的分法也不同。如图 5-23 把一条指令的执行过程分为如下 3 个阶段：

图 5-23　一条指令执行过程的划分

取指：根据 PC 内容访问主存储器，取出一条指令送到 IR 中。

分析：对指令操作码进行译码，按照给定的寻址方式和地址字段中的内容形成操作数的有效地址 EA，并从有效地址 EA 中取出操作数。

执行：根据操作码字段，完成指令规定的功能，即把运算结果写到通用寄存器或主存中。

当多条指令在处理器中执行时，可以采用以下三种方式：

（1）顺序执行方式

指令按顺序执行，前一条指令执行完后，才启动下一条指令，如图 5-24（a）。设取指、分析、执行 3 个阶段的时间都相等，用 t 表示，则顺序执行 n 条指令所用时间 T 为：

$$T=3nt$$

传统冯·诺依曼机采用顺序执行方式，又称串行执行方式。其优点是控制简单，硬件代价小。其缺点是执行指令的速度较慢，在任何时刻，处理机中只有一条指令在执行，各功能部件的利用率很低。如取指时，内存是忙碌的，而指令执行部件是空闲的。

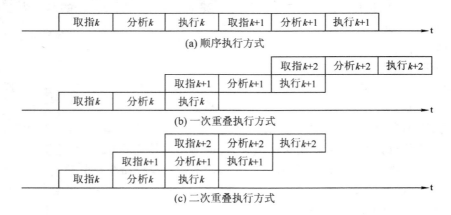

图 5-24　指令的三种执行方式

（2）一次重叠执行方式

这种方式把第 k 条指令的执行阶段和第 $k+1$ 条指令的取指阶段同时进行，如图 5-24（b）

所示。采用此种方式时，执行 n 条指令所用的时间为：

$$T=(1+2n)t$$

采用一次重叠执行方式的优点是程序的执行时间缩短了 1/3，各功能部件的利用率明显提高。但为此需要付出硬件上较大开销的代价，控制过程也比顺序执行复杂了。

（3）二次重叠执行方式

为了进一步提高指令的执行速度，可以把取 $k+1$ 条指令提前到分析第 k 条指令的期间完成，而将分析第 $k+1$ 条指令与执行第 k 条指令同时进行，如图 5-24（c）所示。采用此种方式时，执行 n 条指令所用的时间为：

$$T=(2+n)t$$

与顺序执行方式相比，采用二次重叠执行方式能够使指令的执行时间缩短近 2/3。这是一种理想的指令执行方式，在正常情况下，处理机中同时有 3 条指令在执行。

若每条指令需要通过 4 个或 5 个执行步骤完成，则可以采取 3 次或 4 次重叠执行方式。

2．流水线的表示方法

通常用时空图的表示方法来直观地描述流水线的工作过程，如图 5-25 所示。

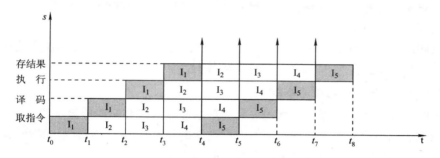

图 5-25　4 个功能段的指令流水线时空图

在时空图中，横坐标表示时间，也就是输入到流水线中的各个任务在流水线中所经过的时间。当流水线中各个流水段的执行时间都相等时，横坐标就被分割成相等长度的时间段。纵坐标表示空间，即流水线的每一个流水段（对应各执行部件）。

在图 5-25 中，第一条指令 I_1 在时刻 t_0 进入流水线，在时刻 t_4 流出流水线。第二条指令 I_2 在时刻 t_1 进入流水线，在时刻 t_5 流出流水线。依次类推，每经过一个 Δt 时间，便有一条指令进入流水线，从时刻 t_4 开始有一条指令流出流水线。

从图 5-25 中可以看出，当 $t_8=8\Delta t$ 时，流水线上便由 5 条指令流出。如果采用串行方式执行指令，当 $t_8=8\Delta t$ 时，只能执行 2 条指令，可见使用流水线方式成倍地提高了计算机的速度。

3．流水线方式的特点

与传统的串行执行方式相比，采用流水线方式具有如下特点：

1）把一个任务（一条指令或一个操作）分解为几个有联系的子任务，每个子任务由一个专门的功能部件来执行，并依靠多个功能部件并行工作来缩短程序的执行时间。

2）流水线每一个功能段部件后面都要有一个缓冲寄存器，或称为锁存器，其作用是保存本流水段的执行结果，提供给下一流水段使用。

3）流水线中各功能段的时间应尽量相等，否则将引起堵塞、断流。

4）只有连续不断地提供同一种任务时才能发挥流水线的效率，所以在流水线中处理的必须是连续任务。在采用流水线方式工作的处理机中，要在软件和硬件设计等多方面尽量为流水线提供连续的任务。

5）流水线需要有装入时间和排空时间。装入时间是指第一个任务进入流水线到输出流水线的时间。排空时间是指最后一个任务进入流水线到输出流水线的时间。

5.5.2 流水线的分类

按照不同的分类标准，可以把流水线分成多种不同的种类。下面从几个不同的角度介绍流水线的基本分类方法。

1．部件功能级、处理机级和处理机间级流水线

根据流水线使用的级别的不同，流水线可分为部件功能级流水线、处理机级流水线和处理机间流水线。

部件功能级流水就是将复杂的算术逻辑运算组成流水线工作方式。例如，可将浮点加法操作分成求阶差、对阶、尾数相加以及结果规格化等4个子过程。

处理机级流水是把一条指令解释过程分成多个子过程，如前面提到的取指、译码、执行、访存及写回等5个子过程。

处理机间流水是一种宏流水，其中每一个处理机完成某一专门任务，各个处理机所得到的结果需存放在与下一个处理机所共享的存储器中。

2．单功能流水线和多功能流水线

按流水线可以完成的功能，流水线可分为单功能流水线和多功能流水线。

单功能流水线指只能实现一种固定的专门功能的流水线；多功能流水线指通过各段间的不同连接方式可以同时或不同时地实现多种功能的流水线。

3．动态流水线和静态流水线

按同一时间内各段之间的连接方式，流水线可分为静态流水线和动态流水线。

静态流水线指在同一时间内，流水线的各段只能按同一种功能的连接方式工作。

动态流水线指在同一时间内，当某些段正在实现某种运算时，另一些段却正在进行另一种运算。这样对提高流水线的效率很有好处，但会使流水线控制变得很复杂。

4．线性流水线和非线性流水线

按流水线的各个功能段之间是否有反馈信号，流水线可分为线性流水线与非线性流水线。

线性流水线中，从输入到输出，每个功能段只允许经过一次，不存在反馈回路。非线性流水线存在反馈回路，从输入到输出过程中，某些功能段将数次通过流水线，这种流水线适合于进行线性递归的运算。

流水线的每个子过程由专用的功能段实现，各功能段所需时间应尽量相等。否则，时间长的功能段将成为流水线的瓶颈。

5.5.3 影响流水线的因素

流水线中存在一些相关的情况，它使下一条指令无法在设计的时钟周期内执行。这些相关将降低流水线性能。主要有 3 种类型的相关：

1. 结构相关（资源冲突）

由于多条指令在同一时刻争用同一资源而形成的冲突称为结构相关，有以下两种解决办法：

1）前一指令访存时，使后一条相关指令（以及其后续指令）暂停一个时钟周期。

2）单独设置数据存储器和指令存储器，使两项操作各自在不同的存储器中进行，这属于资源重复配置。

2. 数据相关（数据冲突）

数据相关指在一个程序中，存在必须等前一条指令执行完才能执行后一条指令的情况，则这两条指令即为数据相关。当多条指令重叠处理时就会发生冲突，解决的办法有以下两种：

1）把遇到数据相关的指令及其后续指令都暂停一至几个时钟周期，直到数据相关问题消失后再继续执行。

2）设置相关专用通路，即不等前一条指令把计算结果写回寄存器组，下一条指令也不再读寄存器组，而是直接把前一条指令的 ALU 的计算结果作为自己的输入数据开始计算过程，使本来需要暂停的操作变得可以继续执行，称之为数据旁路技术。

3. 控制相关（控制冲突）

当流水线遇到转移指令和其他改变 PC 值的指令而造成断流时，会引起控制相关。解决的办法有以下几种：

1）尽早判别转移是否发生，尽早生成转移目标地址。

2）预取转移成功和不成功两个控制流方向上的目标指令。

3）加快和提前形成条件码。

4）提高转移方向的猜准率。

在不过多增加硬件成本的情况下，如何尽可能地提高指令流水线的运行效率（处理能力）是选用指令流水线技术必须解决的关键问题。

5.5.4 流水线的性能指标

衡量流水线性能的主要指标有吞吐率、加速比和效率。下面以线性流水线为例，分析流水线的主要性能指标。其分析方法和有关公式也适用于非线性流水线。

1. 流水线的吞吐率

在指令级流水线中，吞吐率是指在单位时间内流水线所完成的任务数量，或是输出结果的数量。计算流水线吞吐率（TP）的最基本的公式为

$$TP = \frac{n}{T_k}$$

式中，n 是任务数；T_k 是处理完成 n 个任务所用的时间。下面以流水线中各段执行时间都相等为例来讨论流水线的吞吐率。

图 5-26 所示为各段执行时间均相等的流水线时空图。当输入到流水线中的任务是连续的理想情况下，一条 k 段线性流水线能够在 $k+n-1$ 个时钟周期内完成 n 个任务。图 5-26 中，

k 为流水线的段数；Δt 为时钟周期。得出流水线的实际吞吐率为

$$TP = \frac{n}{(k+n-1)\Delta t}$$

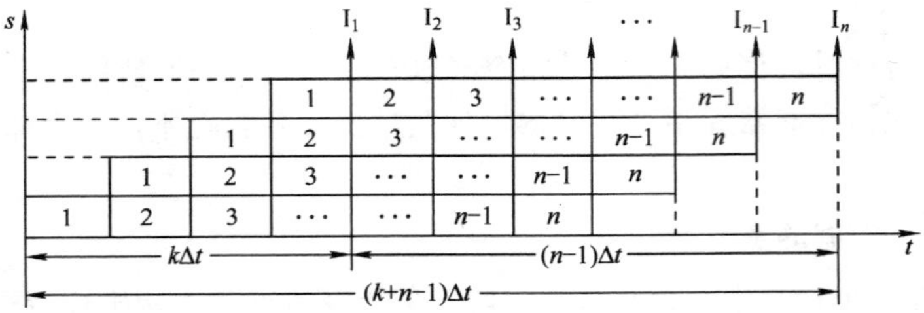

图 5-26 各段执行时间均相等的流水线时空图

当连续输入的任务 $n \to \infty$ 时，得最大吞吐率为 $TP_{max}=1/\Delta t$。

2．流水线的加速比

完成同样一批任务，不使用流水线所用的时间与使用流水线所用的时间之比称为流水线的加速比。

设 T_0 表示不使用流水线时的执行时间，即顺序执行所用的时间；T_k 表示使用流水线时的执行时间，则计算流水线加速比（S）的基本公式为

$$S = \frac{T_0}{T_k}$$

如果流水线各段执行时间都相等，则一条 k 段流水线完成 n 个任务所需的时间为 $T_k=(k+n-1)\Delta t$。而不使用流水线，即顺序执行 n 个任务时，所需的时间为 $T_0=kn\Delta t$。将 T_0 和 T_k 值代入上式，得实际加速比为

$$S = \frac{kn\Delta t}{(k+n-1)\Delta t} = \frac{kn}{k+n-1}$$

当连续输入的任务 $n \to \infty$ 时，最大加速比为 $S_{max}=k$。

3．流水线的效率

流水线的设备利用率称为流水线的效率。在时空图上，流水线的效率定义为完成 n 个任务占用的时空区有效面积与 n 个任务所用的时间与 k 个流水段所围成的时空区总面积之比。因此，流水线的效率包含了时间和空间两个因素。

n 个任务占用的时空区有效面积就是顺序执行 n 个任务所使用的总时间 T_0，而 n 个任务所用的时间与 k 个流水段所围成的时空区总面积为 kT_k，其中 T_k 是流水线完成 n 个任务所使用的总时间，计算流水线效率（E）的一般公式为

$$E = \frac{n\text{个任务占用的时空区有效面积}}{n\text{个任务所用的时间与}k\text{个流水段所围成的时空区总面积}} = \frac{T_0}{kT_k}$$

如果流水线的各段执行时间相等，上式中的分子部分是 n 个任务实际占用的有效面积，分母部分是完成 n 个任务所用的时间与 k 个流水段所围成的总面积。因此，通过时空图来计算流水线的效率非常方便。

流水线的各段执行时间均相等，当连续输入的任务 $n \to \infty$ 时，最高效率为 $E_{max}=1$。

5.5.5　超标量流水线的基本概念

1．超标量流水线技术

每个时钟周期内可并发多条独立指令，即以并行操作方式将两条或多条指令编译并执行，为此需配置多个功能部件。

超标量计算机不能调整指令的执行顺序，通过编译优化技术，把可并行执行的指令搭配起来，挖掘更多的指令并行性，如图 5-27 所示。

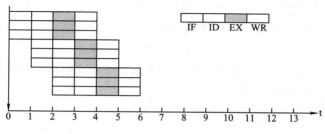

图 5-27　超标量流水线技术

2．超流水线技术

在一个时钟周期内再分段，在一个时钟周期内一个功能部件使用多次。

不能调整指令的执行顺序，靠编译程序解决优化问题，如图 5-28 所示。

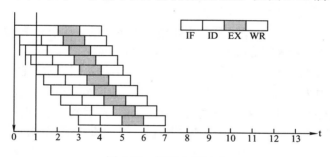

图 5-28　超流水线技术

3．超长指令字

由编译程序挖掘出指令间潜在的并行性，将多条能并行操作的指令组合成一条具有多个操作码字段的超长指令字（可达几百位），为此需要采用多个处理部件。

5.5.6　本节习题精选

一、单项选择题

1．【2009 年计算机联考真题】

某计算机的指令流水线由 4 个功能段组成，指令流经各功能段的时间（忽略各功能段之间的缓存时间）分别为 90ns、80ns、70ns 和 60ns，则该计算机的 CPU 周期至少是（　　）。

　　A．90ns　　　　　　B．80ns　　　　　　C．70ns　　　　　　D．60ns

2．【2010 年计算机联考真题】

下列不会引起指令流水线阻塞的是（　　）。

    A．数据旁路   B．数据相关

    C．条件转移   D．资源冲突

3．下列描述流水 CPU 基本概念正确的句子是（　　　）。

    A．流水 CPU 是以空间并行性为原理构造的处理器

    B．流水 CPU 一定是 RISC 机器

    C．流水 CPU 一定是多媒体 CPU

    D．流水 CPU 是一种非常经济而实用的时间并行技术

4．下列关于超标量流水线不正确的是（　　　）。

    A．在一个时钟周期内一条流水线可执行一条以上的指令

    B．一条指令分为多段指令来由不同电路单元完成

    C．超标量是通过内置多条流水线来同时执行多个处理器，其实质是以空间换取时间

    D．超标量流水线是指运算操作并行

5．下列关于动态流水线正确的是（　　　）。

    A．动态流水线是在同一时间内，当某些段正在实现某种运算时，另一些段却正在进行另一种运算，这样对提高流水线的效率很有好处，但会使流水线控制变得很复杂

    B．动态流水线是指运算操作并行

    C．动态流水线是指指令步骤并行

    D．动态流水线是指程序步骤并行

6．流水 CPU 是由一系列叫做"段"的处理线路组成的。一个 m 段流水线稳定时的 CPU 的吞吐能力，与 m 个并行部件的 CPU 的吞吐能力相比（　　　）。

    A．具有同等水平的吞吐能力   B．不具备同等水平的吞吐能力

    C．吞吐能力大于前者的吞吐能力   D．吞吐能力小于前者的吞吐能力

7．设指令由取指、分析、执行 3 个子部件完成，并且每个子部件的时间均为 Δt，若采用常规标量单流水线处理机（即处理机的度为 1），连续执行 12 条指令，共需（　　　）。

    A．12Δt B．14Δt C．16Δt D．18Δt

8．若采用度为 4 的超标量流水线处理机，连续执行上述 20 条指令，只需（　　　）。

    A．3Δt B．5Δt C．7Δt D．9Δt

9．设指令流水线把一条指令分为取指、分析、执行 3 个部分，且 3 部分的时间分别是 $t_{取指}$=2ns，$t_{分析}$=2ns，$t_{执行}$=1ns，则 100 条指令全部执行完毕需（　　　）。

    A．163ns   B．183ns   C．193ns   D．203ns

10．设指令由取指、分析、执行 3 个子部件完成，并且每个子部件的时间均为 t，若采用常规标量单流水线处理机，连续执行 8 条指令，则该流水线的加速比为（　　　）。

    A．3   B．2   C．3.4   D．2.4

11．指令流水线中出现数据相关时流水线将受阻，（　　　）可解决数据相关问题。

    A．增加硬件资源   B．采用旁路技术

    C．采用分支预测技术   D．以上都可以

12．关于流水线技术的说法，错误的是（　　　）。

    A．超标量技术需要配置多个功能部件和指令译码电路等

B. 与超标量技术和超流水线技术相比，超长指令字技术对优化编译器要求更高，而无其他硬件要求

C. 流水线按序流动时，在 RAW、WAR 和 WAW 中，只可能出现 RAW 相关

D. 超流水线技术相当于将流水线再分段，从而提高每个周期内功能部件的使用次数

二、综合应用题

1. 现有四级流水线，分别完成取指令、指令译码并取数、运算、回写四步操作，现假设完成各部操作的时间依次为 100ns、100ns、80ns 和 50ns。试问：

1）流水线的操作周期应设计为多少？

2）试给出相邻两条指令发生数据相关的例子（假设在硬件上不采取措施），试分析第二条指令要推迟多少时间进行才不会出错。

3）如果在硬件设计上加以改进，至少需要推迟多少时间？

2. 假设指令流水线分为取指（IF）、译码（ID）、执行（EX）、回写（WB）4 个过程，共有 10 条指令连续输入此流水线。

1）画出指令周期流程图。

2）画出非流水线时空图。

3）画出流水线时空图。

4）假设时钟周期为 100ns，求流水线的实际吞吐量（单位时间执行完毕的指令数）。

3. 流水线中有 3 类数据相关冲突：写后读（RAW）相关；读后写（WAR）相关；写后写（WRW）相关。判断以下 3 组指令各存在哪种类型的数据相关。

第一组 I1　ADD　R1，R2，R3　　　　　（R2+R3）→R1

I2　SUB　R4，R1，R5　　　　　　　（R1−R5）→R4

第二组 I3　STA　M(x)，R3　　　　　（R3）→M(x)，M(x)是存储器单元

I4　ADD　R3，R4，R5　　　　　　（R4+R5）→R3

第三组 I5　MUL　R3，R1，R2　　　　　（R1）×（R2）→R3

I6　ADD　R3，R4，R5　　　　　　（R4+R5）→R3

4. 某台单流水线多操作部件处理机，包含有取指、译码、执行 3 个功能段，在该机上执行以下程序。取指和译码功能段各需要 1 个时钟周期，MOV 操作需要两个时钟周期，ADD 操作需要 3 个时钟周期，MUL 操作需要 4 个时钟周期，每个操作都是在第一个时钟周期接收数据，在最后一个时钟周期把结果写入通用寄存器。

K：　　　　　MOV R1，R0　　　　　（R0）→R1

K+1：　　　　MUL R0，R1，R2　　　（R1）×（R2）→R0

K+2：　　　　ADD R0，R2，R3　　　（R2）+（R3）→R0

1）画出流水线功能段结构图。

2）画出指令执行过程流水线的时空图。

5.【2012 年计算机联考真题】

某 16 位计算机中，带符号整数用补码表示，数据 Cache 和指令 Cache 分离。下表给出了指令系统中部分指令格式，其中 Rs 和 Rd 表示寄存器，mem 表示存储单元地址，（x）表示寄存器 x 或存储单元 x 的内容。

表 指令系统中部分指令格式

名 称	指令的汇编格式	指 令 功 能
加法指令	ADD Rs, Rd	(Rs)+(Rd)->Rd
算术/逻辑左移	SHL Rd	2*(Rd)->Rd
算术右移	SHR Rd	(Rd)/2->Rd
取数指令	LOAD Rd, mem	(mem)->Rd
存数指令	STORE Rs, mem	Rs->(mem)

该计算机采用 5 段流水方式执行指令，各流水段分别是取指（IF）、译码/读寄存器（ID）、执行/计算有效地址（EX）、访问存储器（M）和结果写回寄存器（WB），流水线采用"按序发射，按序完成"方式，没有采用转发技术处理数据相关，并且同一寄存器的读和写操作不能在同一个时钟周期内进行。请回答下列问题。

1）若 int 型变量 x 的值为−513，存放在寄存器 R1 中，则执行"SHR R1"后，R1 中的内容是多少？（用十六进制表示）

2）若在某个时间段中，有连续的 4 条指令进入流水线，在其执行过程中没有发生任何阻塞，则执行这 4 条指令所需的时钟周期数为多少？

3）若高级语言程序中某赋值语句为 x=a+b，x、a 和 b 均为 int 型变量，它们的存储单元地址分别表示为[x]、[a]和[b]。该语句对应的指令序列及其在指令流中的执行过程如下图所示。

```
I1    LOAD      R1，[a]
I2    LOAD      R2，[b]
I3    ADD       R1，R2
I4    STORE     R2，[x]
```

指令	1	2	3	4	5	6	7	8	9	10	11	12	13	14
						时间单元								
I_1	IF	ID	EX	M	WB									
I_2		IF	ID	EX	M	WB								
I_3			IF				ID	EX	M	WB				
I_4							IF				ID	EX	M	WB

图 指令序列及其执行过程示意图

则这 4 条指令执行过程中 I3 的 ID 段和 I4 的 IF 段被阻塞的原因各是什么？

4）若高级语言程序中某赋值语句为 x=x*2+a，x 和 a 均为 unsigned int 类型变量，它们的存储单元地址分别表示为[x]、[a]，则执行这条语句至少需要多少个时钟周期？要求模仿上图画出这条语句对应的指令序列及其在流水线中的执行过程示意图。

5.5.7 答案与解析

一、单项选择题

1. A

时钟周期应以各功能段的最长执行时间为准，否则用时较长的流水段的功能将不能正确完成，故应选 90ns。

2．A

采用流水线方式，相邻或相近的两条指令可能会因为存在某种关联，后一条指令不能按照原指定的时钟周期运行，从而使流水线断流。有三种相关可能引起指令流水线阻塞：①结构相关，又称为资源相关；②数据相关；③控制相关，主要由转移指令引起。

数据旁路技术，其主要思想是直接将执行结果送到其他指令所需要的地方，使流水线不发生停顿，故不会引起流水线阻塞。

3．D

空间并行即资源重复，主要指多个功能部件共同执行同一任务的不同部分，典型的如多处理机系统。时间并行即时间重叠，让多个功能部件在时间上相互错开，轮流重叠执行不同任务的相同部分，因此流水 CPU 利用的是时间并行性，故 A 错误。RISC 都采用流水线技术，以提高资源利用率。但是反过来并不成立，因为大部分的 CISC 也同样采用了流水线技术，故 B 错误。流水 CPU 和多媒体 CPU 无必然联系，故 C 错误。

4．D

超标量流水线是指在一个时钟周期内一条流水线可执行一条以上的指令，故 A 正确。一条指令分为多段指令，由不同电路单元完成，故 B 正确。超标量是通过内置多条流水线来同时执行多个处理器，其实质是以空间换取时间，故 C 正确。

5．A

动态流水线是相对于静态流水线来说的，静态流水线上下段连接方式固定，而动态流水线的连接方式是可变的。

6．A

吞吐能力是指单位时间内完成的指令数。m 段流水线在第 m 个时钟周期后，每个时钟周期都可以完成一条指令；而 m 个并行部件在 m 个时钟周期后能完成全部的 m 条指令，等价于平均每个时钟周期完成一条指令。故两者的吞吐能力等同。

7．B

单流水线处理机执行 12 条指令的时间为 $[3+(12-1)]\Delta t=14\Delta t$。

8．C

这个超标量流水线处理机可以发送 4 条指令，所以执行指令的时间为 $[3+(20-4)/4]\Delta t=7\Delta t$。

9．D

每个功能段的时间设定为取指、分析和执行部分的最长时间 2ns，第一条指令在第 5ns 时执行完毕，其余的 99 条指令每隔 2ns 执行完一条，所以 100 条指令全部执行完毕所需时间为 $[5+99×2]ns=203ns$。

10．D

当采用流水线时，第一条指令完成的时间是 $3t$，以后每经过 t 都有一条指令完成，故总共需要的时间为 $3t+(8-1)t=10t$；而不采用流水线时，完成 12 条指令总共需要的时间为 $8×3t=24t$，所以流水线的加速比 $=24t/10t=2.4$。

11．B

处理数据相关问题有两种方法：一种是暂停相关指令的执行，即暂停流水线，直到能够

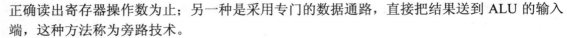

正确读出寄存器操作数为止；另一种是采用专门的数据通路，直接把结果送到 ALU 的输入端，这种方法称为旁路技术。

12．B

要实现超标量技术，要求处理机中配置多个功能部件和指令译码电路，以及多个寄存器端口和总线，以便能实现同时执行多个操作，故 A 正确；超长指令字技术对 Cache 的容量要求更大，因为需要执行的指令长度也许会很长，故 B 错误；流水线按序流动，肯定不会出现先读后写（WAR）和写后写（WAW）相关（根据定义可以知道）。只可能会出现没有等到上一条指令写入，当前指令就去读寄存器的错误（此时可以采用旁路相关来解决），故 C 正确。由超流水线技术的定义，易知 A 正确。

二、综合应用题

1．解答：

1）流水线操作的时钟周期 T 应按四步操作中所需时间最长的一个步骤来考虑，所以 $T=100ns$。

2）两条指令发生数据相关冲突的例子如下：

ADD R1，R2，R3 # R2+R3→R1 　将寄存器 R2 和 R3 的内容相加存储到寄存器 R1

SUB R4，R1，R5 # R1−R5→R4 　将寄存器 R1 的内容减去寄存器 R5 的内容，并将相减的结果存储到寄存器 R4

分析如下：

首先该两条指令发生写后读相关，并且两条指令在流水线中执行情况如下图所示。

指　令 　\　　时　钟	1	2	3	4	5	6	7
ADD	取指	指令译码并取数	运算	写回			
SUB		取指	指令译码并取数	运算	写回		

ADD 指令在时钟 4 时将结果写入寄存器堆（R1），但 SUB 指令在时钟 3 时读寄存器堆 (R1)。本来 ADD 指令应先写入 R1，SUB 指令后读 R1，结果变成 SUB 指令先读 R1，ADD 指令后写入 R1，因而发生数据冲突。如果硬件上不采取措施，第二条指令 SUB 至少应该推迟两个时钟周期（2×100ns），即 SUB 指令中的指令译码并取数周期应该在 ADD 指令的写回周期之后才能保证不会出错，如下图所示。

指　令 　\　　时　钟	1	2	3	4	5	6	7
ADD	取指	指令译码并取数	运算	写回			
SUB		取指			指令译码并取数	运算	写回

3）如果在硬件上加以改进，可以只延迟一个时钟周期（100ns）即可。因为在 ADD 指令中，运算周期就已经将结果得到了。可以通过数据旁路技术在运算结果一得到的时候将结果快速地送入寄存器 R1，而不需要等到写回周期完成。流水线中的执行情况如下图所示。

指令 ＼ 时钟	1	2	3	4	5	6	7
ADD	取指	指令译码并取数	运算（并采用数据旁路技术写入寄存器 R1）	写回			取指
SUB		取指		指令译码并取数	运算	写回	

2．解答：

1）因为指令周期包括 IF、ID、EX、WB 4 个子过程，故其指令周期流程图如下图所示。

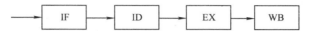

2）假设一个时间单位为一个时钟周期，则每隔 4 个周期才有一个输出结果。非流水线的时空图如下图所示。

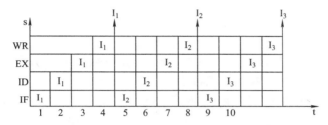

3）第一条指令出结果需要 4 条指令周期。当流水线满载时，以后每一个时钟周期都可以输出一个结果，即执行完一条指令，如下图所示。

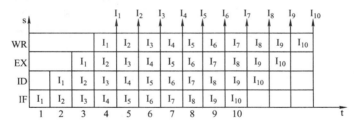

4）由上图可知，在 13 个时钟周期结束时，CPU 执行完 10 条指令，故实际吞吐率（T）为

$$T = \frac{10}{100ns \times 13} \approx 7700000 条/s$$

3．解答：

第一组指令中，I1 指令运算结果应先写入 R1，然后在 I2 指令中读出 R1 内容。由于 I2 指令进入流水线，变成 I2 指令在 I1 指令写入 R1 前就读出 R1 内容，发生 RAW 相关。

第二组指令中，I3 指令应先读出 R3 内容并存入存储单元 M(x)，然后在 I4 指令中将运算结果写入 R3。但由于 I4 指令进入流水线，变成 I4 指令在 I3 指令读出 R3 内容前就写入 R3，发生 WAR 相关。

第三组指令中，如果 I6 指令的加法运算完成时间早于 I5 指令的乘法运算时间，变成指令 I6 在指令 I5 写入 R3 前就写入 R3，导致 R3 的内容错误，发生 WAW 相关。

4．解答：

1）流水线功能段结构图如下图所示。

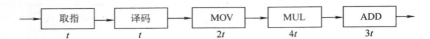

2）3 条指令存在数据相关，采用后推法得到指令执行过程流水线的时空图如下图所示（IF 取指、ID 译码、EX 执行）。

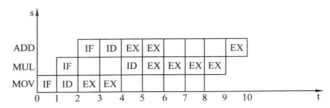

注：①图中 MUL 的 ID 阶段推迟，是因为 ID 阶段要将 R1 取至 MDR，且 MUL 与前面的 MOV 存在数据相关。②第 5～6 段时间中 ADD 的 EX 与 MUL 的 EX 不会冲突，因其不在同一执行部件，而 ADD 的最后一个 EX 需要等 MUL 执行完之后才能执行。

4．解答：

1）x 的机器码为[x]补=1111 1101 1111 1111B，即指令执行前(R1)=FDFFH，右移 1 位后位 1111 1110 1111 1111B，即指令执行后(R1)=FEFFH。（2 分）

2）每个时钟周期只能有一条指令进入流水线，从第 5 个时钟周期开始，每个时钟周期都会有一条指令执行完毕，故至少需要 4+(5−1)=8 个时钟周期。（2 分）

3）I_3 的 ID 段被阻塞的原因：因为 I_3 与 I_1 和 I_2 都存在数据相关，需等到 I_1 和 I_2 将结果写回寄存器后，I_3 才能读寄存器内容，所以 I_3 的 ID 段被阻塞。（1 分）I_4 的 IF 段被阻塞的原因：因为 I_4 的前一条指令 I_3 在 ID 段被阻塞，所以 I_4 的 IF 段被阻塞。（1 分）

注意：要求"按序发射，按序完成"，故第 2 小问中下一条指令的 IF 必须和上一条指令的 ID 并行，以免因上一条指令发生冲突而导致下一条指令先执行完。

4）因 2*x 操作有左移和加法两种实现方法，故 x=x*2+a 对应的指令序列为

I1　　LOAD　　　　R1，[x]
I2　　LOAD　　　　R2，[a]
I3　　SHL　　　　　R1　　　　　　　//或者　　　ADD　　　R1，R1
I4　　ADD　　　　　R1，R2
I5　　STORE　　　　R2，[x]

这 5 条指令在流水线中执行过程如下图所示。

指令	时间单元																
	1	2	3	4	5	6	7	8	9	10	11	12	13	14	15	16	17
11	IF	ID	EX	M	WB												
12		IF	ID	EX	M	WB											
13			IF			ID	EX	M	WB								
14						IF				ID	EX	M	WB				
15										IF				ID	EX	M	WB

故执行 x=x*2+a 语句最少需要 17 个时钟周期。

5.6　多核处理器的基本概念

5.6.1　多核处理器的发展简述

在一块芯片上集成的晶体管数目越多，意味着运算速度即主频就更快。显然，当晶体管数目增加导致功耗增长超过性能增长速度后，处理器的可靠性就会受到致命的影响，而且速度也会遇到自己的极限。这也就是单纯的主频提升，已经无法明显提升系统整体性能。

就连戈登摩尔本人似乎也依稀看到了"主频为王"这条路的尽头。2005 年 4 月，他曾公开表示，引领半导体市场接近 40 年的"摩尔定律"，在未来 10 年至 20 年内可能失效。

2006 年 7 月，英特尔基于酷睿（Core）架构的处理器正式发布，与上一代台式机处理器相比，Core 双核处理器在性能方面提高 40%，功耗反而降低 40%。

5.6.2　多核处理器的基本概念

多核处理器一般指单芯片多处理器（Chip Multi-Processor，CMP），即在一个芯片内集成两个或多个完整且并行工作的处理器核心而构成的处理器。"核心"通常包含指令部件、算术/逻辑部件、寄存器堆和一级或二级缓存的处理单元，这些核心通过某种方式互联后，能够相互交换数据，对外呈现为一个统一工作的多核处理器。

如图 5-29 所示为简单的多核处理器模型。所有 CPU 共享一个统一的地址空间；有单独的 L1 Cache；采用多级 Cache 结构（共享 L2 和 L3 级）；通常采用总线作为互联结构；使用 Cache 一致性协议维护数据一致性；采用多线程或多进程作为并行软件设计方法。

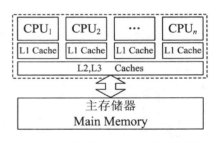

图 5-29　简单的多核处理器模型图

5.6.3　多核处理器的主要技术和挑战

1．维持 Cache 一致性技术

由于多个内核通过共享 Cache 实现信息交换和同步的同时，带来了 Cache 在不同核间数据前后不一致的问题，解决此问题的技术称为维持 Cache 一致性技术。目前的 CMP 系统大多采用基于总线的侦听协议。

2．核间通信技术

多核处理器内各处理器并行执行程序时，核间需要进行数据共享与同步，其硬件结构必须支持高效的核间通信，此即核间通信技术。目前比较主流的片上高效通信机制有两种，一种是基于总线共享的 Cache 结构，一种是基于片上的互连结构。

3．对软件设计的挑战

在单个芯片上集成了多个处理器核心，为更好地发挥它们的性能优势，对软件设计来说需要程序的并行化，包括编译技术和任务调度等对多核的支持，因此，这是多核时代对软件设计的挑战。

5.6.4　本节习题精选

一、单项选择题

1. 关于多核处理器，下面叙述正确的是（　　）。
    A. 一般指多芯片单处理器
    B. 对外呈现为一个统一工作的多核处理器
    C. 维持核间通信技术为主要技术之一
    D. 核间 Cache 通信技术为主要技术之一

5.6.5　答案与解析

一、单项选择题

1. B

选项 A 显然错误，CD 两项的表述有误。

5.7　常见问题和易混淆知识点

1. 流水线越多，并行度就越高，那么是否流水段越多，指令执行越快？

不是流水段越多，指令执行越快，因为：

1) 流水段缓冲之间的额外开销增大。每个流水段有一些额外开销用在缓冲间传送数据、进行各种准备和发送等功能，这些开销加长了一条指令的整个执行时间，当指令间在逻辑上相互依赖时，开销更大。

2) 流水段间控制逻辑变多、变复杂。用于流水线优化和存储器（或寄存器）冲突处理的控制逻辑将随流水段的增加而大量增多，这可能导致用于流水段之间控制的逻辑比段本身的控制逻辑更复杂。

2. 有关指令相关、数据相关的几个概念

1) 两条连续的指令读取相同的寄存器时，就会产生 RAR（读后读）相关，这种相关不会影响流水线。

2) 当某条指令要读取上一条指令所写入的寄存器时，就会产生 RAW（写后读）相关，这种称数据相关或真相关，影响流水线。

3) 当某条指令的上条指令要读/写该指令的输出寄存器时，就会产生 WAR（读后写）和 WRW（写后写）相关。

对流水线影响最严重的指令相关是数据相关。

第 6 章

总　　线

【考纲内容】

（一）总线概述

总线的基本概念；总线的分类；总线的组成及性能指标

（二）总线仲裁

集中仲裁方式；分布仲裁方式

（三）总线操作和定时

同步定时方式；异步定时方式

（四）总线标准

【考题分布】

年　　份	单选题/分	综合题/分	考 查 内 容
2009 年	1 题×2	0	总线性能指标的计算
2010 年	1 题×2	0	常见的总线标准的名称
2011 年	1 题×2	0	系统数据总线传输的内容
2012 年	1 题×2	0	USB 总线的特点
2013 年	1 题×2	√	常见总线标准的应用；总线复用以及总线周期的计算

　　本章的知识点较少，其中总线仲裁以及总线操作和定时方式是难点。本章内容通常以选择题的形式出现，特别是系统总线的特点、性能指标、各种仲裁方式的特点、异步定时方式、以及常见的总线标准和特点等。总线带宽的计算也可能结合其他章节出综合题。

6.1　总线概述

　　随着计算机的发展和应用领域的不断扩大，I/O 设备的种类和数量也越来越多。为了更好地解决 I/O 设备和主机之间连接的灵活性问题，计算机的结构从分散连接发展为总线连接。为了进一步简化设计，又提出了各类总线标准。

6.1.1　总线基本概念

1. 总线的定义

总线是一组能为多个部件分时共享的公共信息传送线路。分时和共享是总线的两个特点。

分时是指同一时刻只允许有一个部件向总线发送信息，如果系统中有多个部件，则它们只能分时地向总线发送信息。

共享是指总线上可以挂接多个部件，各个部件之间互相交换的信息都可以通过这组线路分时共享。在某一时刻只允许有一个部件向总线发送信息，但多个部件可以同时从总线上接收相同的信息。

2. 总线设备

总线上所连接的设备，按其对总线有无控制功能可分为主设备和从设备两种。

主设备：总线的主设备是指获得总线控制权的设备。

从设备：总线的从设备是指被主设备访问的设备，只能响应从主设备发来的各种总线命令。

3. 总线特性

总线特性是指机械特性（尺寸、形状）、电气特性（传输方向和有效的电平范围）、功能特性（每根传输线的功能）和时间特性（信号和时序的关系）。

6.1.2 总线的分类

按总线功能划分，计算机系统中总线分为以下3类。

1. 片内总线

片内总线是芯片内部的总线，它是CPU芯片内部寄存器与寄存器之间、寄存器与ALU之间的公共连接线。

2. 系统总线

系统总线是计算机系统内各功能部件（CPU、主存、I/O接口）之间相互连接的总线。

按系统总线传输信息内容的不同，又可分为3类：数据总线、地址总线和控制总线。

1）数据总线用来传输各功能部件之间的数据信息，它是双向传输总线，其位数与机器字长、存储字长有关。

2）地址总线用来指出数据总线上的源数据或目的数据所在的主存单元或I/O端口的地址，它是单向传输总线，地址总线的位数与主存地址空间的大小有关。

3）控制总线传输的是控制信息，包括CPU送出的控制命令和主存（或外设）返回CPU的反馈信号。

注意区分数据通路和数据总线：各个功能部件通过数据总线连接形成的数据传输路径称为数据通路。数据通路表示的是数据流经的路径，而数据总线是承载的媒介。

3. 通信总线

通信总线是用于计算机系统之间或计算机系统与其他系统（如远程通信设备、测试设备）之间信息传送的总线，通信总线也称为外部总线。

此外，按时序控制方式，可以将总线划分为同步总线和异步总线。还可以按数据传输格式，将总线划分为并行总线和串行总线。

6.1.3　系统总线的结构

总线结构通常可分为单总线结构、双总线结构和三总线结构等。

1．单总线结构

单总线结构将 CPU、主存、I/O 设备（通过 I/O 接口）都挂在一组总线上，运行 I/O 设备之间、I/O 设备与主存之间直接交换信息，如图 6-1 所示。CPU 与主存、CPU 与外设之间可以直接进行信息交换，而无须经过中间设备的干预。

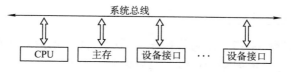

图 6-1　单总线结构

注意，单总线并不是指只有一根信号线，系统总线按传送信息的不同可以细分为地址总线、数据总线和控制总线。

优点：结构简单，成本低，易于接入新的设备；缺点：带宽低、负载重，多个部件只能争用唯一的总线，且不支持并发传送操作。

2．双总线结构

双总线结构有两条总线，一条是主存总线，用于 CPU、主存和通道之间进行数据传送；另一条是 I/O 总线，用于多个外部设备与通道之间进行数据传送，如图 6-2 所示。

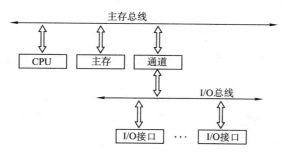

图 6-2　双总线结构

优点：将较低速的 I/O 设备从单总线上分离出来，实现存储器总线和 I/O 总线分离。缺点：需要增加通道等硬件设备。

3．三总线结构

三总线结构是在计算机系统各部件之间采用 3 条各自独立的总线来构成信息通路，这 3 条总线分别为主存总线、I/O 总线和直接内存访问 DMA 总线，如图 6-3 所示。

主存总线用于 CPU 和内存之间传送地址、数据和控制信息。I/O 总线用于 CPU 和各类外设之间通信。DMA 总线用于内存和高速外设之间直接传送数据。

优点：提高了 I/O 设备的性能，使其更快地响应命令，提高系统吞吐量。缺点：系统工作效率较低。

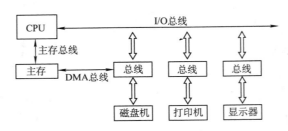

图 6-3　三总线结构

6.1.4　总线的性能指标

1）总线的**传输周期**：是指一次总线操作所需的时间（包括申请阶段、寻址阶段、传输阶段和结束阶段），简称**总线周期**。总线传输周期通常由若干个总线时钟周期构成。

2）总线**时钟周期**：即机器的时钟周期。计算机有一个统一的时钟，以控制整个计算机的各个部件，总线也要受此时钟的控制。

3）总线的**工作频率**：总线上各种操作的频率，为总线周期的倒数。实际上指一秒内传送几次数据。若总线周期=N个时钟周期，则总线的工作频率=时钟频率/N。

4）总线的**时钟频率**：即机器的时钟频率，为时钟周期的倒数。

5）**总线宽度**：又称为总线位宽，它是总线上同时能够传输的数据位数，通常是指数据总线的根数，如 32 根称为 32 位（bit）总线。

6）**总线带宽**：可理解为总线的数据传输率，即单位时间内总线上可传输数据的位数，通常用每秒钟传送信息的字节数来衡量，单位可用字节/秒（B/s）表示。总线带宽=总线工作频率×（总线宽度/8）。

注意：总线带宽和总线宽度应加以区别。

7）**总线复用**：总线复用是指一种信号线在不同的时间传输不同的信息。可以使用较少的线传输更多的信息，从而节省了空间和成本。

8）信号线数：地址总线、数据总线和控制总线 3 种总线数的总和称为信号线数。

其中，总线的最主要性能指标为**总线宽度、总线（工作）频率、总线带宽**，总线带宽是指总线本身所能达到的最高传输速率，它是衡量总线性能的重要指标。

三者关系：

总线带宽=总线宽度×总线频率

例如，总线工作频率为 22MHz，总线宽度为 16 位，则总线带宽=22×(16/8)=44MB/s。

6.1.5　本节习题精选

一、单项选择题

1.【2011 计算机联考真题】

在系统总线的数据线上，不可能传输的是（　　　）。

　　A．指令　　　　　　　　　　　　　B．操作数

　　C．握手（应答）信号　　　　　　　D．中断类型号

2.【2009 计算机联考真题】

假设某系统总线在一个总线周期中并行传输 4 字节信息，一个总线周期占用 2 个时钟周期，总线时钟频率为 10MHz，则总线带宽是（　　）。

    A．10MB/s   B．20MB/s   C．40MB/s   D．80MB/s

3.【2012 计算机联考真题】

某同步总线的时钟频率为 100MHz，宽度为 32 位，地址/数据线复用，每传输一个地址或数据占用一个时钟周期。若该总线支持突发（猝发）传输方式，则一次"主存写"总线事务传输 128 位数据所需要的时间至少是（　　）。

    A．20ns   B．40ns   C．50ns   D．80ns

4．挂接在总线上的多个部件（　　）。

    A．只能分时向总线发送数据，并只能分时从总线接收数据

    B．只能分时向总线发送数据，但可同时从总线接收数据

    C．可同时向总线发送数据，并同时从总线接收数据

    D．可同时向总线发送数据，但只能分时从总线接收数据

5．在总线上，同一时刻（　　）。

    A．只能有一个主设备控制总线传输操作

    B．只能有一个从设备控制总线传输操作

    C．只能有一个主设备和一个从设备控制总线传输操作

    D．可以有多个主设备控制总线传输操作

6．在计算机系统中，多个系统部件之间信息传送的公共通路称为总线，就其所传送的信息的性质而言，下列（　　）不是在公共通路上传送的信息。

    A．数据信息   B．地址信息   C．系统信息   D．控制信息

7．系统总线是用来连接（　　）。

    A．寄存器和运算器部件   B．运算器和控制器部件

    C．CPU、主存和外设部件   D．接口和外部设备

8．计算机使用总线结构便于增减外设，同时（　　）。

    A．减少了信息传输量   B．提高了信息的传输速度

    C．减少了信息传输线的条数   D．提高了信息传输的并行性

9．间址寻址第一次访问内存所得到信息经系统总线的（　　）传送到 CPU。

    A．数据总线   B．地址总线   C．控制总线   D．总线控制器

10．系统总线中地址线的功能是（　　）。

    A．用于选择主存单元地址

    B．用于选择进行信息传输的设备

    C．用于选择外存地址

    D．用于指定主存和 I/O 设备接口电路的地址

11．在单机系统中，三总线结构计算机的总线系统组成是（　　）。

    A．片内总线、系统总线和通信总线

    B．数据总线、地址总线和控制总线

    C．DMA 总线、主存总线和 I/O 总线

D. ISA 总线、VESA 总线和 PCI 总线

12. 在（　　）的计算机系统中，外存可以和主存单元统一编址，因此可以不用 I/O 指令。

    A. 单总线结构　　　　　　　　　　B. 多总线结构

    C. 三总线结构　　　　　　　　　　D. 标准冯·诺伊曼结构

13. 不同信号在同一条信号线上分时传输的方式称为（　　）。

    A. 总线复用方式　　　　　　　　　B. 并串行传输方式

    C. 并行传输方式　　　　　　　　　D. 串行传输方式

14. 主存通过（　　）来识别信息是地址还是数据。

    A. 总线的类型　　　　　　　　　　B. 存储器数据寄存器（MDR）

    C. 存储器地址寄存器（MAR）　　　D. 控制单元（CU）

15. 在 32 位总线系统中，若时钟频率为 500MHz，传送一个 32 位字需要 5 个时钟周期，则该总线的数据传输率是（　　）。

    A. 200MB/s　　　B. 400MB/s　　　C. 600MB/s　　　D. 800MB/s

16. 传输一张分辨率为 640×480 像素、65536 色的照片（采用无压缩方式），设有效数据传输率为 56kbit/s，大约需要的时间是（　　）。

    A. 34.82s　　　B. 43.86s　　　C. 85.71s　　　D. 87.77s

17. 某总线有 104 根信号线，其中数据线（DB）32 根，若总线工作频率为 33MHz，则其理论最大传输率为（　　）。

    A. 33MB/s　　　B. 64MB/s　　　C. 132MB/s　　　D. 164MB/s

18. 在一个 16 位的总线系统中，若时钟频率为 100MHz，总线周期为 5 个时钟周期传输一个字，则总线带宽是（　　）。

    A. 4MB/s　　　B. 40MB/s　　　C. 16MB/s　　　D. 64MB/s

19. 微机中控制总线上完整传输的信号有（　　）。

    Ⅰ. 存储器和 I/O 设备的地址码

    Ⅱ. 所有存储器和 I/O 设备的时序信号和控制信号

    Ⅲ. 来自 I/O 设备和存储器的响应信号

    A. 只有Ⅰ　　　B. Ⅱ和Ⅲ　　　C. 只有Ⅱ　　　D. Ⅰ、Ⅱ、Ⅲ

二、综合应用题

1. 某总线的时钟频率为 66MHz，在一个 64 位总线中，总线数据传输的周期是 7 个时钟周期传输 6 个字的数据块。

    1）总线的数据传输率是多少？

    2）如果不改变数据块的大小，而是将时钟频率减半，这时总线的数据传输率是多少？

2. 某总线支持二级 Cache 块传输方式，若每块 6 个字，每个字长 4 字节，时钟频率为 100MHz。

    1）当读操作时，第一个时钟周期接收地址，第二、三个为延时周期，另用 4 个周期传送一个块。读操作的总线传输速率为多少？

    2）当写操作时，第一个时钟周期接收地址，第二个为延时周期，另用 4 个周期传送一个块，写操作的总线传输速率是多少？

3）设在全部的传输中，70%用于读，30%用于写，则该总线在本次传输中平均传输速率是多少？

6.1.6　答案与解析

一、单项选择题

1．C

在取指令时，指令便是在数据线上传输的。操作数显然在数据线上传输。中断类型号用以指出中断向量的地址，CPU 响应中断请求后，将中断应答信号（INTR）发回到数据总线上，CPU 从数据总线上读取中断类型号后，查找中断向量表，找到相应的中断处理程序入口。而握手（应答）信号属于通信联络控制信号，应在通信总线上传输。

2．B

总线带宽是指单位时间内总线上传输数据的位数，通常用每秒钟传送信息的字节数来衡量，单位 B/s。由题意可知，在 1 个总线周期（=2 个时钟周期）内传输了 4 字节信息，时钟周期=1/10MHz=0.1μs，故总线带宽为 $4B/(2×0.1μs)=4B/(0.2×10^{-6}s)=20MB/s$。

3．C

总线频率为 100MHz，则时钟周期为 10ns。总线位宽与存储字长都是 32 位，故每一个时钟周期可传送一个 32 位存储字。猝发式发送可以连续传送地址连续的数据，故总的传送时间为：传送地址 10ns，传送 128 位数据 40ns，共需 50ns。

4．B

为了使总线上的数据不发生"冲突"，挂接在总线上的多个设备只能分时地向总线发送数据，即每个时刻只能有一个设备向总线传送数据，而从总线接收数据的设备可有多个，因为接收数据的设备不会对总线产生"干扰"。

5．A

只有主设备才能获得总线控制权，总线上的信息传输由主设备启动，一条总线上可以有多个设备作为主设备，但在同一时刻只能有一个主设备控制总线的传输操作。

6．C

总线包括数据线、地址线和控制线，传送的信息分别为数据信息、地址信息和控制信息。

7．C

系统总线用于连接计算机中各个功能部件（如 CPU、主存和 I/O 设备）。

8．C

计算机使用总线结构便于增减外设，同时减少了信息传输线的条数。但相对于专线结构，其实际上也降低了信息传输的并行性以及信息的传输速度。

9．A

间址寻址第一次访问内存所得到的信息是操作数的有效地址，该地址通过数据总线传送至 CPU 而不是地址总线，地址线是用于 CPU 选择主存单元地址和 I/O 端口地址的单向总线，不能回传。

10．D

地址总线上的代码用来指明 CPU 欲访问的存储单元或 I/O 端口的地址。

11．C

片内总线、系统总线和通信总线是总线按功能层次的分类，数据总线、地址总线和控制总线都属于系统总线。D 则是 3 种不同的总线标准。

12．A

在单总线系统中，CPU、主存和 I/O 设备（通过 I/O 接口）都挂接在一组总线上，若外存和主存统一编址，则可以很方便地使用访存指令访问 I/O 设备。

13．A

串行传输是指数据的传输在一条线路上按位进行。并行传输是每个数据位有一条单独的传输线，所有的数据位同时进行。不同信号在同一条信号线上分时传输的方式称为总线复用方式。

14．A

地址和数据在不同的总线上传输，根据总线传输信息的内容进行区分，地址在地址总线上传输，数据在数据总线上传输。

15．B

总线带宽=总线宽度×总线频率，在本题中总线宽度为 32 位，即 4B，总线频率为 500MHz/5=100MHz，则总线的数据传输率为 4B×(500MHz/5)=400MB/s。

16．D

65536=2^{16} 色，故而颜色深度为 16 位，故而占据的存储空间为 640×480×16=4915200bit。有效传输时间=4915200/(56×10^3)s≈87.77s。

17．C

数据总线 32 根，故而每次传输 32 位，即 4B 数据，总线工作频率为 33MHz，则理论最大传输速率为 33×4=132MB/s。

18．B

时钟频率为 100MHz，所以时钟周期=1/100MHz=0.01μs，总线周期=5 个时钟周期=5×0.01μs=0.05μs，总线工作频率=1/0.05=20MHz，因总线是 16 位的，即 2B，则总线带宽=20×(16/8)=40MB/s。

19．B

CPU 的控制总线提供的控制信号包括时序信号、I/O 设备和存储器的响应信号等。

二、综合应用题

1．解答：

1）总线周期为 7 个时钟周期，总线频率为 66/7MHz。

总线在一个完整的操作周期中传输了一个数据块，所以总线在一个周期内传输的数据量为 64bit/8×6=48B，所以总线的宽度为 48B，则传输率为 48B×66/7MHz=452.6MB/s。

2）时钟频率减半时的总线频率为(66/7)/2MHz，因数据块大小不变，故总线宽度仍为 48B，传输率为

$$48B×33/7MHz=226.3MB/s$$

注意：总线周期和时钟周期的联系与区别，总线周期通常由多个时钟周期组成。

2．解答：

1）读操作的时钟周期数：　1+2+4=7

对应的频率： 100MHz/7

总线宽度： 6×4B=24B

所以，数据传输率=总线宽度/读取时间= 24×(100MHz/7)=343MB/s

2）写操作的时钟周期数： 1+1+4=6

对应的频率： 100MHz/6

总线宽度： 6×4B=24B

所以，数据传输率=总线宽度/写操作时间=24×(100MHz/6)=400MB/s

3）平均传输速率： 343×0.7+400×0.3=360MB/s

6.2 总线仲裁

为解决多个主设备同时竞争总线控制权的问题，应当采用总线仲裁部件，以某种方式选择一个主设备优先获得总线控制权。只有获得了总线控制权的设备，才能开始数据传送。

总线仲裁方式按其仲裁控制机构的设置可分为集中仲裁方式和分布仲裁方式两种。

6.2.1 集中仲裁方式

总线控制逻辑基本上集中于一个设备（如 CPU）中，将所有的总线请求集中起来，利用一个特定的裁决算法进行裁决，称为集中仲裁方式。集中仲裁方式有链式查询方式、计数器定时查询方式和独立请求方式 3 种。

1．链式查询方式

链式查询方式如图 6-4 所示。总线上所有的部件共用一根总线请求线，当有部件请求使用总线时，需经此线发总线请求信号到总线控制器。由总线控制器检查总线是否忙，若总线不忙，则立即发总线响应信号，经总线响应线 BG 串行地从一个部件传送到下一个部件，依次查询。若响应信号到达的部件无总线请求，则该信号立即传送到下一个部件；若响应信号到达的部件有总线请求，则信号被截住，不再传下去。

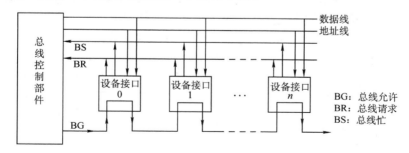

图 6-4 链式查询方式

在链式查询中离总线控制器越近的部件，其优先级越高；离总线控制器越远的部件，其优先级越低。

优点：链式查询方式优先级固定。此外，只需很少几根控制线就能按一定优先次序实现总线控制，结构简单，扩充容易。

缺点：对硬件电路的故障敏感，并且优先级不能改变。当优先级高的部件频繁请求使用总线时，会使优先级较低的部件长期不能使用总线。

2. 计数器定时查询方式

计数器定时查询方式如图 6-5 所示。它采用一个计数器控制总线使用权，相对链式查询方式多了一组设备地址线，少了一根总线响应线 BG。它仍共用一根总线请求线，当总线控制器收到总线请求信号，判断总线空闲时，计数器开始计数，计数值通过设备地址线发向各个部件。当地址线上的计数值与请求使用总线设备的地址一致时，该设备获得总线控制权。同时，中止计数器的计数及查询。

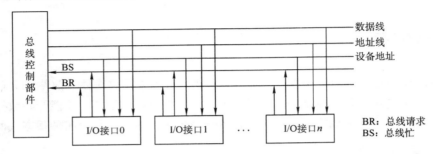

图 6-5 计数器定时查询方式

优点：计数可以从"0"开始，此时一旦设备的优先次序被固定，设备的优先级就按 0，1，…，n 的顺序降序排列，而且固定不变；计数也可以从上一次的终点开始，即是一种循环方法，此时设备使用总线的优先级相等；计数器的初值还可以由程序设置，故优先次序可以改变。而且这种方式对电路的故障没有链式查询方式敏感。

缺点：增加了控制线数（若设备有 n 个，则大致需要 $\lceil \log_2 n \rceil + 2$ 条控制线），控制也比相对链式查询相对复杂。

3. 独立请求方式

独立请求方式如图 6-6 所示，每一个设备均有一对总线请求线 BR_i 和总线允许线 BG_i。当总线上的部件需要使用总线时，经各自的总线请求线发送总线请求信号，在总线控制器中排队，当总线控制器按一定的优先次序决定批准某个部件的请求时，则给该部件发送总线响应信号，该部件接到此信号就获得了总线使用权，开始传送数据。

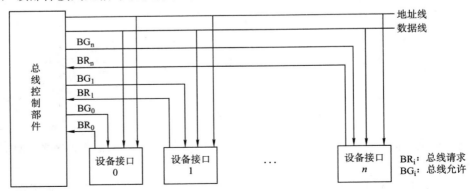

图 6-6 独立请求方式

优点：响应速度快，总线允许信号 BG 直接从控制器发送到有关设备，不必在设备间传递或者查询，而且对优先次序的控制相当灵活。

缺点：控制线数量多（若设备有 n 个，则需要 $2n+1$ 条控制线，其中+1 为 BS 线，其用处为，用于设备向总线控制部件反馈已经使用完毕总线），总线控制逻辑更复杂。

6.2.2 分布仲裁方式

分布仲裁方式不需要中央仲裁器，每个潜在的主模块都有自己的仲裁号和仲裁器。当它们有总线请求时，把它们各自唯一的仲裁号发送到共享的仲裁总线上，每个仲裁器将从仲裁总线上得到的仲裁号与自己的仲裁号进行比较。如果仲裁总线上的号优先级高，则它的总线请求不予响应，并撤销它的仲裁号。最后，获胜者的仲裁号保留在仲裁总线上。

6.2.3 本节习题精选

一、单项选择题

1．在计数器定时查询方式下，若每次计数从上一次计数的终止点开始，则（ ）。

    A．设备号小的优先级高   B．每个设备使用总线的机会相等

    C．设备号大的优先级高   D．无法确定设备的优先级

2．"总线忙"信号的建立者是（ ）。

    A．获得总线控制权的设备   B．发出"总线请求"信号的设备

    C．总线控制器   D．CPU

3．为了对 n 个设备使用总线的请求进行仲裁，在独立请求方式中需要使用的控制线数量约为（ ）。

    A．n B．3   C．$\lceil \log_2 n \rceil + 2$ D．$2n+1$

4．在计数器定时查询方式下，正确的描述是（ ）。

    A．总线设备的优先级可变   B．越靠近控制器的设备，优先级越高

    C．各设备的优先级相等   D．各设备获得总线控制权的机会均等

5．在 3 种集中式总线控制中，（ ）方式响应速度最快；（ ）方式对电路故障最敏感。

    A．链式查询；独立请求   B．计数器定时查询；链式查询

    C．独立请求；链式查询   D．无正确选项

6．在某计算机系统中，各个主设备得到总线使用权的机会基本相等，则该系统采用的总线判优控制方式可能是（ ）。

    Ⅰ．链式查询方式   Ⅱ．计数器定时查询方式   Ⅲ．独立请求方式

    A．只能Ⅰ，其余都不可能   B．Ⅱ和Ⅲ都有可能，Ⅰ不可能

    C．只能Ⅱ，其余都不可能   D．Ⅰ、Ⅱ、Ⅲ都有可能

7．关于总线的叙述，以下正确的是（ ）。

    Ⅰ．总线忙信号由总线控制器建立

    Ⅱ．计数器定时查询方式不需要总线同意信号

    Ⅲ．链式查询方式、计数器查询方式、独立请求方式所需控制线路由少到多排序是：链式查询方式、独立请求方式、计数器查询方式

A. Ⅰ、Ⅲ   B. Ⅱ、Ⅲ   C. 只有Ⅲ   D. 只有Ⅱ

6.2.4 答案与解析

一、单项选择题

1. B

虽然设备的编号是固定的，但由于是循环计数，所以总体上来说，各设备使用总线的机会是相等的。若改为每次计数从 0 开始，则设备号小的优先级高。

2. A

在总线控制中，申请使用总线的设备向总线控制器发出"总线请求"，由总线控制器进行裁决。如果经裁决允许该设备使用总线，就由总线控制器向该设备发出"总线允许"信号，该设备收到信号后发出"总线忙"信号，用于通知其他设备总线已被占用。当该设备使用完总线时，将"总线忙"信号撤销，释放总线。

3. D

对于 n 个设备，链式查询需要 3 条控制线，计数器定时查询需要 $\lceil \log_2 n \rceil + 2$ 条控制线，而独立请求需要 $2n+1$ 条控制线（n 条总线请求、n 条总线允许、1 条总线忙线）。

4. A

在计数器定时查询方式下，根据计数值的初始值的不同，总线设备的优先级是可变的。如果计数值从"0"开始，离总线控制器最近的设备具有最高的优先级。如果计数值从上一次的中止点开始，则各个设备使用总线的机会均等。

5. C

在 3 种集中式总线控制中，独立请求方式响应速度最快，因为这是外设独立向 CPU 发出的请求；链式查询方式对电路故障最敏感，一个设备的故障会影响到后面设备的操作。

6. B

1）链式查询方式是越靠近总线仲裁机构的主设备优先级越高，且其优先级顺序永远固定不变。2）计数器定时查询方式有 2 种情况，如果计数器永远都是从 0 开始，那么设备的优先级就按 0，1，2，…，n 的顺序降序排列，而且固定不变；当然，如果计数器是从上一次计数的终止点开始，此时设备使用总线的机会就基本相等了。3）独立请求方式的优先次序是可以通过程序改变的，控制非常灵活，所以肯定可以采用某种算法实现各个设备使用总线的机会相等。

7. D

总线忙信号是由获得总线使用权的设备发出的，而不是总线控制器，故Ⅰ错误。计数器定时查询方式只需要总线忙信号线和总线请求信号线，而不需要总线同意信号线，故Ⅱ正确。链式查询方式需要 3 条控制线（总线允许、总线请求、总线忙），计数器定时查询方式需要 $\lceil \log_2 n \rceil + 2$ 条控制线（n 表示允许接纳的最大设备数），独立请求方式需要 $2n+1$ 条控制器（n 条总线请求、n 条总线允许），故Ⅲ错误。

6.3 总线操作和定时

总线定时是指总线在双方交换数据的过程中需要时间上配合关系的控制，这种控制称为总线定时，它的实质是一种协议或规则，主要有同步和异步两种基本定时方式。

6.3.1　总线传输的 4 个阶段

一个总线周期通常可分为以下 4 个阶段。

1）申请分配阶段：由需要使用总线的主模块（或主设备）提出申请，经总线仲裁机构决定将下一传输周期的总线使用权授予某一申请者。也可将此阶段细分为传输请求和总线仲裁两个阶段。

2）寻址阶段：取得了使用权的主模块通过总线发出本次要访问的从模块（或从设备）的地址及有关命令，启动参与本次传输的从模块。

3）传输阶段：主模块和从模块进行数据交换，可单向或双向进行数据传送。

4）结束阶段：主模块的有关信息均从系统总线上撤除，让出总线使用权。

6.3.2　同步定时方式

所谓同步定时方式，是指系统采用一个统一的时钟信号来协调发送和接收双方的传送定时关系。时钟产生相等的时间间隔，每个间隔构成一个总线周期。在一个总线周期中，发送方和接收方可以进行一次数据传送。因为采用统一的时钟，每个部件或设备发送或接收信息都在固定的总线传送周期中，一个总线的传送周期结束，下一个总线传送周期开始。

优点：传送速度快，具有较高的传输速率；总线控制逻辑简单。

缺点：主从设备属于强制性同步；不能及时进行数据通信的有效性检验，可靠性较差。

同步通信适用于总线长度较短及总线所接部件的存取时间比较接近的系统。

6.3.3　异步定时方式

在异步定时方式中，没有统一的时钟，也没有固定的时间间隔，完全依靠传送双方相互制约的"握手"信号来实现定时控制。通常，把交换信息的两个部件或设备分为主设备和从设备，主设备提出交换信息的"请求"信号，经接口传送到从设备；从设备接到主设备的请求后，通过接口向主设备发出"回答"信号。

优点：总线周期长度可变，能保证两个工作速度相差很大的部件或设备之间可靠地进行信息交换，自动适应时间的配合。

缺点：比同步控制方式稍复杂一些，速度比同步定时方式慢。

根据"请求"和"回答"信号的撤销是否互锁，异步定时方式又分为以下 3 种类型。

1）**不互锁方式**：主设备发出"请求"信号后，不必等到接到从设备的"回答"信号，而是经过一段时间，便撤销"请求"信号。而从设备在接到"请求"信号后，发出"回答"信号，并经过一段时间，自动撤销"回答"信号。双方不存在互锁关系，如图 6-7（a）所示。

2）**半互锁方式**：主设备发出"请求"信号后，必须待接到从设备的"回答"信号后，才撤销"请求"信号，有互锁的关系。而从设备在接到"请求"信号后，发出"回答"信号，但不必等待获知主设备的"请求"信号已经撤销，而是隔一段时间后自动撤销"回答"信号，不存在互锁关系。半互锁方式如图 6-7（b）所示。

3）**全互锁方式**：主设备发出"请求"信号后，必须待从设备"回答"后，才撤销"请求"信号；从设备发出"回答"信号，必须待获知主设备"请求"信号已撤销后，再撤销其"回答"信号。双方存在互锁关系，如图 6-7（c）所示。

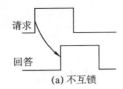 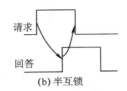 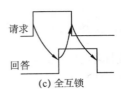

(a) 不互锁　　　　　　(b) 半互锁　　　　　　(c) 全互锁

图 6-7　请求和回答信号的互锁

6.3.4　本节习题精选

一、单项选择题

1. 在不同速度的设备之间传送数据，（　　）。
    A. 必须采用同步控制方式
    B. 必须采用异步控制方式
    C. 可以选用同步控制方式，也可选用异步控制方式
    D. 必须采用应答方式

2. 某机器 I/O 设备采用异步串行传送方式传送字符信息，字符信息格式为 1 位起始位、7 位数据位、1 位校验位和 1 位停止位。若要求每秒传送 480 个字符，那么该设备的数据传输率为（　　）。
    A. 380 位/秒
    B. 4800 字节/秒
    C. 480 字节/秒
    D. 4800 位/秒

3. 同步控制方式是（　　）。
    A. 只适用于 CPU 控制的方式
    B. 只适用于外部设备控制的方式
    C. 由统一的时序信号控制的方式
    D. 所有指令执行时间都相同的方式

4. 同步通信之所以比异步通信具有较高的传输速率，是因为（　　）。
    A. 同步通信不需要应答信号且总线长度较短
    B. 同步通信用一个公共的时钟信号进行同步
    C. 同步通信中，各部件的存取时间较接近
    D. 以上各项因素的综合结果

5. 以下各项中，（　　）是同步传输的特点。
    A. 需要应答信号
    B. 各部件的存取时间比较接近
    C. 总线长度较长
    D. 总线周期长度可变

6. 在异步总线中，传送操作（　　）。
    A. 由设备控制器控制
    B. 由 CPU 控制
    C. 由统一时序信号控制
    D. 按需分配时间

7. 总线的异步通信方式是（　　）。
    A. 既不采用时钟信号，也不采用"握手"信号
    B. 只采用时钟信号，不采用"握手"信号
    C. 不采用时钟信号，只采用"握手"信号
    D. 既采用时钟信号，也采用"握手"信号

8. 在各种异步通信方式中，（　　）的速度最快。

A．全互锁　　　　B．半互锁　　　　C．不互锁　　　　D．速度均相等

9．在手术过程中，医生将手伸出，等护士将手术刀递上，待医生握紧后，护士才松手。如果把医生和护士看作两个通信模块，上述动作相当于（　　　）。

A．同步通信　　　　　　　　　B．异步通信的全互锁方式

C．异步通信的半互锁方式　　　D．异步通信的不互锁方式

二、综合应用题

1．在异步串行传输方式下，起始位为 1 位，数据位为 7 位，偶校验位为 1 位，停止位为 1 位，如果波特率为 1200bit/s，求这时的有效数据传输率为多少？

6.3.5　答案与解析

一、单项选择题

1．C

在不同速度的设备之间传送数据，可以采用同步方式，也可以采用异步方式。异步方式主要用于在不同的设备间进行通信，如果两种速度不同的设备使用同一时钟进行控制，采用同步控制方式同样可以进行数据的传送，但不能发挥快速设备的高速性能。

2．D

一个字符占用 1+7+1+1=10 位，则数据传输率：10×480=4800 位/秒。

3．C

同步控制是指由统一时序控制的通信方式，同步通信采用公共时钟，有统一的时钟周期。同步控制既可用于 CPU 控制，也可用于高速的外部设备控制。

4．D

同步通信采用统一的时钟，每个部件发送或接收信息都在固定的总线传送周期中，一个总线传送周期结束，开始下一个总线传送周期。它适用于总线长度较短，且各部件的存取时间较接近的情况，因此具有较高的传输速率。ABC 都是正确原因，故选 D。

5．B

当各部件的存取时间比较接近时最适合采用同步传输，以发挥其优势。

6．D

异步总线即采用异步通信方式的总线。在异步方式下，没有公用的时钟，完全依靠传送双方相互制约的"握手"信号来实现定时控制。传送操作是由双方按需求分配时间的。

7．C

异步通信方式也称为应答方式，没有公用的时钟信号，也没有固定的时间间隔，完全依靠传送双方相互制约的"握手"信号来实现定时控制。

8．C

在全互锁、半互锁和不互锁 3 种"握手"方式中，只有不互锁方式的请求信号和回答信号没有相互的制约关系，主设备在发出请求信号后，不必等待回答信号的到来，便自己撤销了请求信号，所以速度最快。

9．B

由题意可知，医生是主模块，护士是从模块。医生伸出手后（即主模块发出请求信号），

等待护士将手术刀递上（主模块等待回答信号），护士也必须等待医生握紧后才松开收（从模块等待主模块的回答信号），以上整个流程就是异步通信的全互锁方式。

二、综合应用题

1．解答：

在这样一个数据帧中，有效数据位是 7 位，传输过程中发送的代码位共有 1+7+1+1=10 位，所以有效数据传输率为 1200×7/(1+7+1+1)=840bit/s。

6.4　总线标准

总线标准是国际上公布或推荐的互连各个模块的标准，它是把各种不同的模块组成计算机系统时必须遵守的规范。按总线标准设计的接口可视为通用接口，在接口的两端，任何一方只需根据总线标准的要求完成自身方面的功能要求，而无须了解对方接口的要求。

6.4.1　常见的总线标准

目前，典型的总线标准有 ISA、EISA、VESA、PCI、PCI-Express、AGP、RS-232C、USB 等。它们的主要区别是总线宽度、带宽、时钟频率、寻址能力、是否支持突发传送等。

1．ISA 总线（工业标准体系结构总线）

ISA 总线是最早出现的微型计算机的系统总线标准，应用在 IBM 的 AT 机上。

2．EISA 总线（扩展的 ISA 总线）

EISA 是为配合 32 位 CPU 而设计的总线扩展标准，EISA 对 ISA 完全兼容。

3．VESA 局部总线（视频电子标准协会总线）

VESA 总线是一个 32 位标准的计算机局部总线，是针对多媒体 PC 要求高速传送活动图像的大量数据应运而生的。

4．PCI 局部总线（外部设备互连总线）

PCI 局部总线是高性能的 32 位或 64 位总线，是专为高度集成的外围部件、扩充插板和处理器/存储器系统而设计的互联机制。目前常用的 PCI 适配器有显卡、声卡、网卡等。

PCI 总线是支持即插即用的。PCI 总线是一个与处理器时钟频率无关的高速外围总线。PCI 总线可以通过桥连接实现多层 PCI 总线。

5．PCI-Express（PCI-E）

PCI-Express 是最新的总线和接口标准，这个标准将全面取代现行的 PCI 和 AGP，最终实现总线标准的统一。

6．AGP（加速图形接口）

AGP 是一种视频接口标准，专用于连接主存和图形存储器。AGP 技术为传输视频和三维图形数据提供了切实可行的解决方案。

7．RS-232C 总线

RS-232C 总线是由美国电子工业协会（EIA）推荐的一种串行通信总线标准，是应用于串行二进制交换的数据终端设备（DTE）和数据通信设备（DCE）之间的标准接口。

8．USB 总线（通用串行总线）

通用串行总线（USB）是一种连接外部设备的 I/O 总线标准，属于设备总线。具有即插即用、热插拔等优点，有很强的连接能力。

9．PCMCIA

PCMCIA（个人计算机存储器卡接口）是广泛应用于笔记本电脑中的一种接口标准，是一个小型的用于扩展功能的插槽。PCMCIA 具有即插即用的功能。

10．IDE 总线

IDE（集成设备电路），更准确地称为 ATA，是一种 IDE 接口磁盘驱动器接口类型，硬盘和光驱通过 IDE 接口与主板连接。

11．SCSI

SCSI（小型计算机系统接口）是一种用于计算机和智能设备之间（硬盘、软驱、光驱、打印机等）系统级接口的独立处理器标准。SCSI 是一种智能的通用接口标准。

12．SATA

SATA（串行高级技术附件）是一种基于行业标准的串行硬件驱动器接口，是由 Intel、IBM、Dell、APT、Maxtor 和 Seagate 公司共同提出的硬盘接口规范。

6.4.2　本节习题精选

一、单项选择题

1．【2010 年计算机联考真题】

下列选项中的英文缩写均为总线标准的是（　　）。

    A．PCI、CRT、USB、EISA　　　　　　B．ISA、CPI、VESA、EISA

    C．ISA、SCSI、RAM、MIPS　　　　　　D．ISA、EISA、PCI、PCI-Express

2．【2012 年计算机联考真题】

下列关于 USB 总线特性的描述中，错误的是（　　）。

    A．可实现外设的即插即用和热拔插

    B．可通过级联方式连接多台外设

    C．是一种通信总线，连接不同外设

    D．同时可传输 2 位数据，数据传输率高

3．下列总线标准中是串行总线的是（　　）。

    A．PCI　　　　　　B．USB　　　　　　C．EISA　　　　　　D．ISA

4．在现代微机主板上，采用局部总线技术的作用是（　　）。

    A．节省系统的总带宽　　　　　　B．提高抗干扰能力

    C．抑制总线终端反射　　　　　　D．构成紧耦合系统

5. 下列不属于计算机局部总线的是（　　）。

    A．VESA   B．PCI   C．AGP   D．ISA

6.4.3　答案与解析

一、单项选择题

1．D

典型的总线标准有：ISA、EISA、VESA、PCI、PCI-Express、AGP、USB、RS-232C 等。A 中的 CRT 是纯平显示器；B 中的 CPI 是每条指令的时钟周期数；C 中的 RAM 是半导体随机存储器、MIPS 是每秒执行多少百万条指令数。

2．D

USB（通用串行总线）的特点有：①即插即用；②热插拔；③有很强的连接能力，采用菊花链形式将众多外设连接起来；④有很好的可扩充性，一个 USB 控制器可扩充高达 127 个外部 USB 设备；⑤高速传输，速度可达 480Mbps。所以 A、B、C 都符合 USB 总线的特点。对于 D，USB 是串行总线，不能同时传输 2 位数据。

3．B

PCI、EISA、ISA 均是并行总线，USB 是通用串行总线。

4．A

高速设备采用局部总线连接，可以节省系统的总带宽。

5．D

ISA 是系统总线，而不是局部总线。

6.5　常见问题和易混淆知识点

1. 同一个总线不能既采用同步方式又采用异步方式通信吗？

半同步通信总线可以。这类总线既保留了同步通信的特点，又能采用异步应答方式连接速度相差较大的设备。通过在异步总线中引入时钟信号，其就绪和应答等信号都在时钟的上升沿或下降沿有效，而不受其他时间的信号干扰。

例如，某个采用半同步方式的总线，总是从某个时钟开始，在每个时钟到来的时候，采样 Wait 信号，若无效，则说明数据未准备好，下个时钟到来时，再采样 Wait 信号，直到检测到有效，再去数据线上取数据。PCI 总线也是一种半同步总线，它的所有事件都在时钟下降沿同步，总线设备在时钟开始的上升沿采样总线信号。

第 7 章

输入/输出系统

【考纲内容】

（一）I/O 系统基本概念

（二）外部设备

1．输入设备：键盘、鼠标

2．输出设备：显示器、打印机

3．外存储器：硬盘存储器、磁盘阵列、光盘存储器

（三）I/O 接口（I/O 控制器）

I/O 接口的功能和基本结构；I/O 端口及其编址；I/O 地址空间及其编码

（四）I/O 方式

1．程序查询方式

2．程序中断方式

中断的基本概念，中断响应过程，中断处理过程，多重中断和中断屏蔽的概念

3．DMA 方式

DMA 控制器的组成，DMA 传送过程

4．通道方式

【考题分布】

年　份	单选题/分	综合题	考　查　内　容
2009 年	2 题×2	1 题×8	外中断与内中断；I/O 方式的相关计算
2010 年	2 题×2	0	显存和带宽的计算；中断相关的处理过程；
2011 年	2 题×2	0	中断响应和中断屏蔽字；程序查询方式的相关计算
2012 年	2 题×2	√	中断隐指令完成的操作；I/O 总线；DMA 方式的特点
2013 年	2 题×2	√	提高 RAID 可靠性的方法；I/O 总线；DMA 方式与中断方式的区别

　　I/O 方式是本章的重点和难点，不仅每年都会以选择题的形式考查基本概念和原理。而且也可能以综合题的形式考查，特别是：各种 I/O 方式效率的相关计算，中断方式的各种原理、特点、处理过程、中断屏蔽，DMA 方式的特点、传输过程、与中断的区别等。

7.1　I/O 系统基本概念

7.1.1　输入/输出系统

输入/输出是以主机为中心而言的，将信息从外部设备传送到主机称为输入，反之称为

输出。输入/输出系统解决的主要问题是对各种形式的信息进行输入和输出的控制。

I/O 系统中的几个基本概念如下：

1）外部设备：包括输入/输出设备及通过输入/输出接口才能访问的外存储设备。

2）接口：在各个外设与主机之间的数据传输时进行各种协调工作的逻辑部件。协调包括传输过程中速度的匹配、电平和格式转换等。

3）输入设备：用于向计算机系统输入命令和文本、数据等信息的部件。键盘和鼠标是最基本的输入设备。

4）输出设备：用于将计算机系统中的信息输出到计算机外部进行显示、交换等的部件。显示器和打印机是最基本的输出设备。

5）外存设备：是指除计算机内存及 CPU 缓存等以外的存储器。硬磁盘、光盘等是最基本的外存设备。

一般来说，I/O 系统由 I/O 软件和 I/O 硬件两部分构成。

1）I/O 软件：包括驱动程序、用户程序、管理程序、升级补丁等。通常采用 I/O 指令和通道指令实现 CPU 和 I/O 设备的信息交换。

2）I/O 硬件：包括外部设备、设备控制器和接口、I/O 总线等。通过设备控制器来控制 I/O 设备的具体动作；通过 I/O 接口与主机（总线）相连。

7.1.2　I/O 控制方式

在输入/输出系统中，经常需要进行大量的数据传输，而传输过程中有各种不同的 I/O 控制方式，基本的控制方式主要有以下 4 种。

1）程序查询方式：由 CPU 通过程序不断查询 I/O 设备是否已做好准备，从而控制 I/O 设备与主机交换信息。

2）程序中断方式：只在 I/O 设备准备就绪并向 CPU 发出中断请求时才予以响应。

3）DMA 方式：主存和 I/O 设备之间有一条直接数据通路，当主存和 I/O 设备交换信息时，无需调用中断服务程序。

4）通道方式：在系统中设有通道控制部件，每个通道都挂接若干外设，主机在执行 I/O 命令时，只需启动有关通道，通道将执行通道程序，从而完成 I/O 操作。

其中，方式 1）和方式 2）主要用于数据传输率比较低的外部设备，方式 3）和方式 4）主要用于数据传输率比较高的设备。

7.1.3　本节习题精选

一、单项选择题

1. 在微型机系统中，I/O 设备通过（　　　）与主板的系统总线相连接。

　　A．DMA 控制器　　B．设备控制器　　　C．中断控制器　　　D．I/O 端口

2. 下列关于 I/O 指令的说法，错误的是（　　　）。

　　A．I/O 指令是 CPU 系统指令的一部分

　　B．I/O 指令是机器指令的一类

　　C．I/O 指令反映 CPU 和 I/O 设备交换信息的特点

　　D．I/O 指令的格式和通用指令格式相同

3. 以下关于通道程序的叙述中，正确的是（　　　）。

    A. 通道程序存放在主存中

    B. 通道程序存放在通道中

    C. 通道程序是由 CPU 执行的

    D. 通道程序可以在任何环境下执行 I/O 操作

7.1.4 答案与解析

一、单项选择题

1. B

I/O 设备不可能直接与主板总线相连接，总是通过设备控制器来相连的。

2. D

I/O 指令是指令系统的一部分，是机器指令的一类，但其为了反映与 I/O 设备交互的特点，格式和其他通用指令相比有所不同。

3. A

通道程序存放在主存而不是存放在通道中，由通道从主存中取出并执行。通道程序由通道执行，且只能在具有通道的 I/O 系统中执行。

7.2 外部设备

外部设备也称外围设备，是除了主机以外的、能直接或间接与计算机交换信息的装置。最基本的外部设备主要有键盘、鼠标、显示器、打印机、磁盘存储器和光盘存储器等。

7.2.1 输入设备

1. 键盘

键盘是最常用的输入设备，通过它可发出命令或输入数据。

键盘通常以矩阵的形式排列按键，每个键用符号标明它的含义和作用。每个键相当于一个开关，当按下键时，电信号连通；当松开键时，弹簧把键弹起，电信号断开。

键盘输入信息可分为 3 个步骤：①查出按下的是哪个键；②将该键翻译成能被主机接收的编码，如 ASCII 码；③将编码传送给主机。

2. 鼠标

鼠标是常用的定位输入设备，它把用户的操作与计算机屏幕上的位置信息相联系。常用的鼠标有机械式和光电式两种。

工作原理：当鼠标在平面上移动时，其底部传感器把运动的方向和距离检测出来，从而控制光标做相应运动。

7.2.2 输出设备

1. 显示器

显示设备种类繁多，按显示设备所用的显示器件分类，有阴极射线管（CRT）显示器、液晶显示器（LCD）、LED 显示器等。按所显示的信息内容分类，有字符显示器、图形显示器和图像显示器 3 大类。显示器属于用点阵方式运行的设备，有以下主要参数。

屏幕大小：以对角线长度表示，常用的有 12～29 英寸等。

分辨率：所能表示的像素个数，屏幕上的每一个光点就是一个像素，以宽、高的像素的乘积表示，例如，800×600、1024×768 和 1280×1024 等。

灰度级：灰度级是指黑白显示器中所显示的像素点的亮暗差别，在彩色显示器中则表现为颜色的不同，灰度级越多，图像层次越清楚逼真，典型的有 8 位（256 级）、16 位等。

刷新：光点只能保持极短的时间便会消失，为此必须在光点消失之前再重新扫描显示一遍，这个过程称为刷新。

刷新频率：单位时间内扫描整个屏幕内容的次数，按照人的视觉生理，刷新频率大于 30Hz 时才不会感到闪烁，通常显示器刷新频率在 60～120Hz 之间。

显示存储器（VRAM）：也称刷新存储器，为了不断提高刷新图像的信号，必须把一帧图像信息存储在刷新存储器中。其存储容量由图像分辨率和灰度级决定，分辨率越高，灰度级越多，刷新存储器容量越大。

$$VRAM\ 容量 = 分辨率 \times 灰度级位数$$
$$VRAM\ 带宽 = 分辨率 \times 灰度级位数 \times 帧频$$

（1）阴极射线管（CRT）显示器

CRT 显示器主要由电子枪、偏转线圈、荫罩、高压石墨电极和荧光粉涂层及玻璃外壳 5 部分组成。具有可视角度大、无坏点、色彩还原度高、色度均匀、可调节的多分辨率模式、响应时间极短等目前 LCD 难以超过的优点。

按显示信息内容不同，可分为字符显示器、图形显示器和图像显示器；按扫描方式不同，分为光栅扫描和随机扫描两种显示器。下面简要介绍字符显示器和图形显示器。

① 字符显示器。显示字符的方法以点阵为基础。点阵是指由 m×n 个点组成的阵列。点阵的多少取决于显示字符的质量和字符窗口的大小。字符窗口是指每个字符在屏幕上所占的点数，它包括字符显示点阵和字符间隔。

将点阵存入由 ROM 构成的字符发生器中，在 CRT 进行光栅扫描的过程中，从字符发生器中依次读出某个字符的点阵，按照点阵中 0 和 1 代码不同控制扫描电子束的开或关，从而在屏幕上显示出字符。对应于每个字符窗口，所需显示字符的 ASCII 代码被存放在视频存储器 VRAM 中，以备刷新。

② 图形显示器。将所显示图形的一组坐标点和绘图命令组成显示文件存放在缓冲存储器中，缓存中的显示文件传送给矢量（线段）产生器，产生相应的模拟电压，直接控制电子束在屏幕上的移动。为了在屏幕上保留持久稳定的图像，需要按一定的频率对屏幕进行反复刷新。

这种显示器的优点是分辨率高且显示的曲线平滑。目前高质量的图形显示器采用这种随机扫描方式。缺点是当显示复杂图形时，会有闪烁感。

（2）液晶显示器（LCD）

原理：利用液晶的电光效应，由图像信号电压直接控制薄膜晶体管，再间接控制液晶分子的光学特性来实现图像的显示。

特点：体积小、重量轻、省电、无辐射、绿色环保、画面柔、不伤眼等。

（3）LED（发光二极管）显示器

原理：通过控制半导体发光二极管进行显示，用来显示文字、图形、图像等各种信息。

LCD 与 LED 是两种不同的显示技术，LCD 是由液态晶体组成的显示屏，而 LED 则是由发光二极管组成的显示屏。与 LCD 相比，LED 显示器在亮度、功耗、可视角度和刷新速率等方面都更具优势。

2. 打印机

打印机是计算机的输出设备之一，用于将计算机处理结果打印在相关介质上。

按照打印机的工作原理，将打印机分为击打式和非击打式两大类；按工作方式可分为点阵打印机、针式打印机、喷墨式打印机、激光打印机等。

（1）针式打印机

原理：在联机状态下，主机发出打印命令，经接口、检测和控制电路，间歇驱动纵向送纸和打印头横向移动，同时驱动打印机间歇冲击色带，在纸上打印出所需内容。

特点：针式打印机擅长"多层复写打印"，实现各种票据或蜡纸等的打印。它工作原理简单，造价低廉，耗材（色带）便宜，但打印分辨率和打印速度不够高。

（2）喷墨式打印机

原理：带电的喷墨雾点经过电极偏转后，直接在纸上形成所需字形。彩色喷墨打印机基于三基色原理，即分别喷射 3 种颜色墨滴，按一定的比例混合出所要求的颜色。

特点：打印噪声小，可实现高质量彩色打印，通常打印速度比针式打印机快；但防水性差，高质量打印需要专用打印纸。

（3）激光打印机

原理：计算机输出的二进制信息，经过调制后的激光束扫描，在感光鼓上形成潜像，再经过显影、转印和定影，便在纸上得到所需的字符或图像。

特点：打印质量高、速度快、噪声小、处理能力强；但耗材多、价格较贵、不能复写打印多份，且对纸张的要求高。

激光打印机是将激光技术和电子显像技术相结合的产物。感光鼓（也称为硒鼓）是激光打印机的核心部件。

7.2.3　外存储器

计算机的外存储器又称为辅助存储器，目前主要使用磁表面存储器。

所谓"磁表面存储"，是指把某些磁性材料薄薄地涂在金属铝或塑料表面上作为载磁体来存储信息。磁盘存储器、磁带存储器和磁鼓存储器均属于磁表面存储器。

磁表面存储器的优点：①存储容量大，位价格低；②记录介质可以重复使用；③记录信息可以长期保存而不丢失，甚至可以脱机存档；④非破坏性读出，读出时不需要再生。缺点：存取速度慢，机械结构复杂，对工作环境要求较高。

1. 磁盘存储器

（1）磁盘设备的组成

① 存储区域

一块硬盘含有若干个记录面，每个记录面划分为若干条磁道，而每条磁道又划分为若干个扇区，扇区（也称块）是磁盘读写的最小单位，也就是说磁盘按块存取。

磁头数（Heads）：即记录面数，表示硬盘总共有多少个磁头，磁头用于读取/写入盘片上记录面的信息，一个记录面对应一个磁头。

柱面数（Cylinders）：表示硬盘每一面盘片上有多少条磁道。在一个盘组中，不同记录面的相同编号（位置）的诸磁道构成一个圆柱面。

扇区数（Sectors）：表示每一条磁道上有多少个扇区。

② 硬盘存储器的组成

硬盘存储器由磁盘驱动器、磁盘控制器和盘片组成。

磁盘驱动器：核心部件是磁头组件和盘片组件，温彻斯特盘是一种可移动头固定盘片的硬盘存储器。

磁盘控制器：是硬盘存储器和主机的接口，主流的标准有 IDE、SCSI、SATA 等。

（2）磁记录原理

原理：当磁头和磁性记录介质有相对运动时，通过电磁转换完成读/写操作。

编码方法：按某种方案（规律），把一连串的二进制信息变换成存储介质磁层中一个磁化翻转状态的序列，并使读/写控制电路容易、可靠地实现转换。

磁记录方式：通常采用调频制（FM）和改进型调频制（MFM）的记录方式。

（3）磁盘的性能指标

① 磁盘的容量

一个磁盘所能存储的字节总数称为磁盘容量，磁盘容量有非格式化容量和格式化容量之分。非格式化容量是指磁记录表面可以利用的磁化单元总数。格式化容量是指按照某种特定的记录格式所能存储信息的总量。

② 记录密度

记录密度是指盘片单位面积上记录的二进制的信息量，通常以道密度、位密度和面密度表示。道密度是沿磁盘半径方向单位长度上的磁道数，位密度是磁道单位长度上能记录的二进制代码位数。面密度是位密度和道密度的乘积。

③ 平均存取时间

平均存取时间由寻道时间（磁头移动到目的磁道）、旋转延迟时间（磁头定位到所在扇区）和传输时间（传输数据所花费的时间）3 部分构成。

④ 数据传输率

磁盘存储器在单位时间内向主机传送数据的字节数，称为数据传输率。假设磁盘转数为 r（转/秒），每条磁道容量为 N 个字节，则数据传输率为

$$D_r = rN$$

（4）磁盘地址

主机向磁盘控制器发送寻址信息，磁盘的地址一般如图 7-1 所示。

驱动器号	柱面（磁道）号	盘面号	扇区号

图 7-1　磁盘的地址

若系统中有 4 个驱动器，每个驱动器带一个磁盘，每个磁盘 256 个磁道、16 个盘面，

每个盘面划分为 16 个扇区，则每个扇区地址要 18 位二进制代码，其格式如图 7-2 所示。

驱动器号（2bit）	柱面（磁道）号（8bit）	盘面号（4bit）	扇区号（4bit）

图 7-2　磁盘的地址格式

（5）硬盘的工作过程

硬盘的主要操作是寻址、读盘、写盘。每个操作都对应一个控制字，硬盘工作时，第一步是取控制字，第二步是执行控制字。

硬盘属于机械式部件，其读写操作是串行的，不可能在同一时刻既读又写，也不可能在同一时刻读两组数据或写两组数据。

2．磁盘阵列

RAID（廉价冗余磁盘阵列）是将多个独立的物理磁盘组成一个独立的逻辑盘，数据在多个物理盘上分割交叉存储、并行访问，具有更好的存储性能、可靠性和安全性。

RAID 的分级如下所示。在 RAID1～RAID5 的几种方案中，无论何时有磁盘损坏，都可以随时拔出受损的磁盘再插入好的磁盘，而数据不会损坏。

- RAID0：无冗余和无校验的磁盘阵列。
- RAID1：镜像磁盘阵列。
- RAID2：采用纠错的海明码的磁盘阵列。
- RAID3：位交叉奇偶校验的磁盘阵列。
- RAID4：块交叉奇偶校验的磁盘阵列。
- RAID5：无独立校验的奇偶校验磁盘阵列。

RAID0 把连续多个数据块交替地存放在不同物理磁盘的扇区中，几个磁盘交叉并行读写，不仅扩大了存储容量，而且提高了磁盘数据存取速度，但 RAID0 没有容错能力。

RAID1 是为了提高可靠性，使两个磁盘同时进行读写，互为备份，如果一个磁盘出现故障，可从另一磁盘中读出数据。两个磁盘当一个磁盘使用，意味着容量减少一半。

总之，RAID 通过同时使用多个磁盘，提高了传输率；通过在多个磁盘上并行存取来大幅提高存储系统的数据吞吐量；通过镜像功能，可以提高安全可靠性；通过数据校验，可以提供容错能力。

3．光盘存储器

光盘存储器是利用光学原理读/写信息的存储装置，它采用聚焦激光束对盘式介质以非接触的方式记录信息。

一个完整的光盘存储系统由光盘片、光盘驱动器、光盘控制器和光盘驱动软件组成。光盘片由透明的聚合物基片、铝合金反射层、漆膜保护层的固盘构成。

特点：具有存储密度高、携带方便、成本低、容量大、存储期限长和容易保存等优点。

光盘的类型如下：

- CD-ROM：只读型光盘，只能读出其中内容，不能写入或修改。
- CD-R：只可写入一次信息，之后不可修改。
- CD-RW：可读可写光盘，可以重复读写。
- DVD-ROM：高容量的 CD-ROM，DVD 表示通用数字化多功能光盘。

4. 固态硬盘

在微小型高档笔记本电脑中，采用高性能 Flash Memory 作为硬盘来记录数据，这种"硬盘"称固态硬盘。固态硬盘除了需要 Flash Memory 外，还需要其他硬件和软件的支持。

7.2.4 本节习题精选

一、单项选择题

1. 【2010 年计算机联考真题】

假定一台计算机的显示存储器用 DRAM 芯片实现，若要求显示分辨率为 1600×1200，颜色深度为 24 位，帧频为 85Hz，显存总带宽的 50%用来刷新屏幕，则需要的显存总带宽至少约为（　　）。

    A．245Mb/s   B．979Mb/s   C．1958Mb/s   D．7834Mb/s

2. 下列关于 I/O 设备的说法中正确的是（　　）。

    Ⅰ．键盘、鼠标、显示器、打印机属于人机交互设备

    Ⅱ．在微型计算机中，VGA 代表的是视频传输标准

    Ⅲ．打印机从打字原理的角度来区分，可以分为点阵式打印机和活字式打印机

    Ⅳ．鼠标适合于用中断方式来实现输入操作

    A．Ⅱ、Ⅲ、Ⅳ   B．Ⅰ、Ⅱ、Ⅳ

    C．Ⅰ、Ⅱ、Ⅲ   D．Ⅰ、Ⅱ、Ⅲ、Ⅳ

3. 下列说法正确的是（　　）。

    A．计算机中一个汉字内码在主存中占用 4 个字节

    B．输出的字型码 16×16 点阵在缓冲存储区中占用 32 个字节

    C．输出的字型码 16×16 点阵在缓冲存储区中占用 16 个字节

    D．以上说法都不对

4. 一台字符显示器的 VRAM 中存放的是（　　）。

    A．显示字符的 ASCII 码   B．BCD 码

    C．字模   D．汉字内码

5. 显示汉字采用点阵字库，若每个汉字用 16×16 的点阵表示，7500 个汉字的字库容量是（　　）。

    A．16KB   B．240KB   C．320KB   D．1MB

6. CRT 的分辨率为 1024×1024 像素，像素的颜色数为 256，则刷新存储器的每单元字长为（　　），总容量为（　　）。

    A．8B，256MB   B．8bit，1MB

    C．8bit，256KB   D．8B，32MB

7. 一个磁盘的转速为 7200 转/分，每个磁道有 160 个扇区，每个扇区有 512 字节，那么在理想情况下，其数据传输率为（　　）

    A．7200×160KB/s   B．7200KB/s

    C．9600KB/s   D．19200KB/s

8. 下列关于磁盘的说法中，错误的是（　　）。

A．本质上，U 盘（闪存）是一种只读存储器

B．RAID 技术可以提高磁盘的磁记录密度和磁盘利用率

C．未格式化的硬盘容量要大于格式化后的实际容量

D．计算磁盘的存取时间时，"寻道时间"和"旋转等待时间"常取其平均值

二、综合应用题

1．硬磁盘共有 4 个记录面，存储区域内半径为 10cm，外半径为 15.5cm，道密度为 60 道/cm，外层位密度为 600bit/cm，转速为 6000r/min。问：

1）硬磁盘的磁道总数是多少？

2）硬磁盘的容量是多少？

3）将长度超过一个磁道容量的文件记录在同一个柱面上是否合理？

4）采用定长数据块记录格式，直接寻址的最小单位是什么？寻址命令中磁盘地址如何表示？

5）假定每个扇区的容量为 512B，每个磁道有 12 个扇区，寻道的平均等待时间为 10.5ms，试计算磁盘平均存取时间。

7.2.5 答案与解析

一、单项选择题

1．D

刷新所需带宽=分辨率×色深×帧频=1600×1200×24bit×85Hz=3916.8Mb/s，显存总带宽的 50%用来刷新屏幕，于是需要的显存总带宽至少为 3916.8/0.5=7833.6Mb/s≈7834Mb/s。

2．B

键盘、鼠标、显示器、打印机等都属于机器与人交互的媒介（键盘、鼠标是用户操作来控制计算机的，显示器和打印机是计算机给用户传递信息的），故 I 正确；VGA 是一个用于显示的视频传输标准，故 II 正确；打印机从打字原理的角度来区分，可分为击打式和非击打式两种，按照能否打出汉字来分，可分为点阵式打印机和活字式打印机，故 III 错误；键盘、鼠标等输入设备一般都采用中断方式来实现，原因在于 CPU 需要及时响应这些操作，否则容易造成输入的丢失，故 IV 正确。

3．B

计算机中一个汉字内码在主存中占用 2 个字节,输出的字型码 16×16 点阵在缓冲存储区中占用 16×16/8=32 个字节。

4．A

在字符显示器中的 VRAM 存放 ASCII 码用以显示字符。

5．B

每个汉字用 16×16 点阵表示，则占用 16×16/8=32 个字节，则汉字库容量=7500×32B= 240000B≈240KB。

6．B

刷新存储器中存储单元的字长取决于显示的颜色数，颜色数为 m，字长为 n，二者的关系为 $2^n=m$。本题颜色数为 256=2^8，因此刷新存储器单元字长为 8 位。刷新存储器的容量是

每个像素点的位数和像素点个数的乘积，故而刷新存储器的容量为 1024×1024×8bit=1MB。

7．C

磁盘的转速为 7200r/min=120r/s，转一圈经过 160 个扇区，每个扇区为 512B，所以数据传输率为 120×160×512/1024=9600KB/s。

8．B

闪存是在 E2PROM 的基础上发展起来的，本质上是只读存储器。RAID 将多个物理盘组成像单个逻辑盘，不会影响磁记录密度，也不可能提高磁盘利用率。

二、综合应用题

1．解答：

1）有效存储区域=15.5-10=5.5cm，道密度=60 道/cm，因此每个面为 60×5.5=330 道，即有 330 个柱面，则磁道总数=4×330=1320 个磁道。

2）外层磁道的长度为 2πR=2×3.14×15.5=97.34cm

每道信息量=600bit/cm×97.34cm=58404bit=7300B

利用 1）的结果，可得磁盘总容量=7300B×1320=9636000B（非格式化容量）

3）如果长度超过一个磁道容量的文件，将它记录在同一个柱面上是比较合理的，因为不需要重新寻找磁道，这样数据读/写速度快。

4）采用定长数据块格式，直接寻址的最小单位是一个扇区，每个扇区记录固定字节数目的信息，在定长记录的数据块中，活动头磁盘组的编址方式可用如下格式：

15～14(2bit)	13～4(9bit)	3～0(4bit)
硬盘号	柱面号	扇区号

此地址格式表示最多可以接 4 个硬盘，每个最多有 8 个记录面，每面最多可有 128 个磁道，每道最多可有 16 个扇区。

5）读一个扇区中数据所用的时间=找磁道的时间+找扇区的时间+磁头扫过一个扇区的时间。

找磁道的时间是指磁头从当前所处磁道运动到目标磁道的时间，一般选用磁头在磁盘径向方向上移动 1/2 个半径长度所用时间为平均值来估算，题中给的是 10.5ms。

找扇区的时间是指磁头从当前所处扇区运动到目标扇区的时间，一般选用磁盘旋转半周所用的时间作为平均值来估算，题中给出磁盘转速为 6000r/min，则为 100r/s，即磁盘转一周用时为 10ms，转半周的时间是 5ms。

题中给出每个磁道有 12 个扇区，磁头扫过一个扇区用时为 10/12=0.83ms，则磁盘平均存取时间为 10.5+5+0.83=16.33ms。

7.3　I/O 接口

I/O 接口（I/O 控制器）是主机和外设之间的交接界面，通过接口可以实现主机和外设之间的信息交换。主机和外设具有各自的工作特点，它们在信息形式和工作速度上具有很大的差异，接口正是为了解决这些差异而设置的。

7.3.1　I/O 接口的功能

I/O 接口的主要功能如下：

（1）实现主机和外设的通信联络控制

解决主机与外设时序配合问题。协调不同工作速度的外设和主机之间交换信息，以保证整个计算机系统能统一、协调的工作。

（2）进行地址译码和设备选择

当 CPU 送来选择外设的地址码后，接口必须对地址进行译码以产生设备选择信息，使主机能和指定外设交换信息。

（3）实现数据缓冲

CPU 与外设之间的速度往往不匹配，为消除速度差异，接口必须设置数据缓冲寄存器，用于数据的暂存，以避免因速度不一致而丢失数据。

（4）信号格式的转换

外设与主机两者的电平、数据格式都可能存在差异，接口应提供计算机与外设的信号格式的转换功能，如电平转换、并/串或串/并转换、模/数或数/模转换等。

（5）传送控制命令和状态信息

当 CPU 要启动某一外设时，通过接口中的命令寄存器向外设发出启动命令；当外设准备就绪时，则将"准备好"状态信息送回接口中的状态寄存器，并反馈给 CPU。当外设向 CPU 提出中断请求和 DMA 请求时，CPU 也应有相应的响应信号反馈给外设。

7.3.2　I/O 接口的基本结构

为使 I/O 接口实现基本功能，需要具有相应的逻辑电路，基本结构如图 7-3 所示。

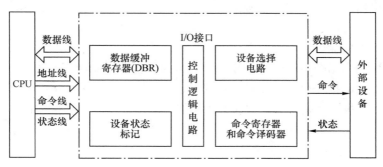

图 7-3　I/O 接口的基本结构

CPU 同外设之间的信息传送实质是对接口中的某些寄存器（即端口）进行读或写，如传送数据是对数据端口 DBR 进行读写操作。

内部接口：内部接口与系统总线相连，实质上是与内存、CPU 相连。数据的传输方式只能是并行传输。

外部接口：外部接口通过接口电缆与外设相连，外部接口的数据传输可能是串行方式，因此 I/O 接口需具有串/并转换功能。

注意：接口和端口是两个不同的概念，端口是指接口电路中可以进行读/写的寄存器，若干个端口加上相应的控制逻辑才可以组成接口。

7.3.3 I/O 接口的类型

从不同的角度看，I/O 接口可以分为不同的类型。

1）按数据传送方式可分为并行接口（一个字节或一个字所有位同时传送）和串行接口（一位一位地传送），接口要完成数据格式的转换。

注意：这里所说的数据传送方式指的是外设和接口一侧的传送方式，而在主机和接口一侧，数据总是并行传送的。

2）按主机访问 I/O 设备的控制方式可分为程序查询接口、中断接口和 DMA 接口等。

3）按功能选择的灵活性可分为可编程接口和不可编程接口。

7.3.4 I/O 端口及其编址

I/O 端口是指接口电路中可以被 CPU 直接访问的寄存器，主要有数据端口、状态端口和控制端口，若干个端口加上相应的控制逻辑电路组成接口。通常，CPU 能对数据端口执行读写操作，但对状态端口只能执行读操作，对控制端口只能执行写操作。

I/O 端口要想能够被 CPU 访问，必须要有端口地址，每一个端口都对应着一个端口地址。而对 I/O 端口的编址方式有与存储器统一编址和独立编址两种。

1）统一编址，又称存储器映射方式，是指把 I/O 端口当做存储器的单元进行地址分配，这种方式 CPU 不需要设置专门的 I/O 指令，用统一的访存指令就可以访问 I/O 端口。

优点：不需要专门的输入/输出指令，可使 CPU 访问 I/O 的操作更灵活、更方便，还可使端口有较大的编址空间。

缺点：端口占用了存储器地址，使内存容量变小，而且，利用存储器编址的 I/O 设备进行数据输入/输出操作，执行速度较慢。

2）独立编址，又称 I/O 映射方式，是指 I/O 端口地址与存储器地址无关，独立编址 CPU 需要设置专门的输入/输出指令访问端口。

优点：输入/输出指令与存储器指令有明显区别，程序编制清晰，便于理解。

缺点：输入/输出指令少，一般只能对端口进行传送操作，尤其需要 CPU 提供存储器读/写、I/O 设备读/写两组控制信号，增加了控制的复杂性。

7.3.5 本节习题精选

一、单项选择题

1.【2012 年计算机联考真题】
下列选项中，在 I/O 总线的数据线上传输的信息包括（　　）。
I. I/O 接口中的命令字　II. I/O 接口中的状态字　III. 中断类型号
  A. 仅 I、II   B. 仅 I、III
  C. 仅 II、III   D. I、II、III

2. 在统一编址的方式下，区分存储单元和 I/O 设备是靠（　　）。

  A．不同的地址码　　　　　　　　　B．不同的地址线

  C．不同的控制线　　　　　　　　　D．不同的数据线

3．下列功能中，属于 I/O 接口的功能的是（　　）。

  Ⅰ．数据格式的转换　　Ⅱ．I/O 过程中错误与状态检测

  Ⅲ．I/O 操作的控制与定时　　Ⅳ．与主机和外设通信

  A．Ⅰ、Ⅳ　　　　　B．Ⅰ、Ⅲ、Ⅳ　　　C．Ⅰ、Ⅱ、Ⅳ　　　D．Ⅰ、Ⅱ、Ⅲ、Ⅳ

4．下列关于 I/O 端口和接口的说法，正确的是（　　）。

  A．按照不同的数据传送格式，可以将接口分为同步传送接口和异步传送接口

  B．在统一编址方式下，存储单元和 I/O 设备是靠不同的地址线来区分的

  C．在独立编址方式下，存储单元和 I/O 设备是靠不同的地址线来区分的

  D．在独立编址方式下，CPU 需要设置专门的输入/输出指令访问端口

5．I/O 的编址方式采用统一编址方式时，进行输入/输出的操作的指令是（　　）。

  A．控制指令　　　　　　　　　　　B．访存指令

  C．输入/输出指令　　　　　　　　　D．都不对

6．下列叙述中，正确的是（　　）。

  A．只有 I/O 指令可以访问 I/O 设备

  B．在统一编址下，不能直接访问 I/O 设备

  C．访问存储器的指令一定不能访问 I/O 设备

  D．在具有专门 I/O 指令的计算机中，I/O 设备才可以单独编址

7．在统一编址的情况下，就 I/O 设备而言，其对应的 I/O 地址说法错误的是（　　）。

  A．要求固定在地址高端　　　　　　B．要求固定在地址低端

  C．要求相对固定在地址的某部分　　D．可以随意在地址的任何地方

8．磁盘驱动器向盘片磁道记录数据时采用（　　）方式写入。

  A．并行　　　　　B．串行　　　　　C．并行—串行　　D．串行—并行

9．程序员进行系统调用访问设备用的是（　　）。

  A．逻辑地址　　　B．物理地址　　　C．主设备地址　　D．从设备地址

7.3.6　答案与解析

一、单项选择题

1．D

  I/O 接口与 CPU 之间的 I/O 总线有数据线、控制线和地址线。控制线和地址线都是单向传输的，从 CPU 传送给 I/O 接口，而 I/O 接口中的命令字、状态字以及中断类型号均是由 I/O 接口发往 CPU 的，故只能通过 I/O 总线的数据线传输。

2．A

  在统一编址的情况下，没有专门的 I/O 指令，就用访存指令来实现 I/O 操作，区分存储单元和 I/O 设备是靠它们各自不同的地址码。

3．D

  I/O 接口的功能有：①选址功能、②传送命令功能、③传送数据功能、④反映 I/O 设备工作状态的功能。选项 Ⅰ 可参考唐朔飞《计算机组成原理》，为设置接口的原因之一，也是

接口应具有的功能；选项 II 属于④；选项 III 属于②；选项 IV 属于③。

4．D

选项 D 显然正确。按照不同的数据传送格式，可将接口分为并行接口和串行接口，故 A 错；在统一编址方式下，存储单元和 I/O 设备是靠不同的地址码而不是地址线来区分的，故 B 错；在独立编址方式下，存储单元和 I/O 设备是靠不同的指令来区分的，故 C 错。

5．B

统一编址时，直接使用指令系统中的访存指令来完成输入/输出操作；独立编址时，则需要使用专门的输入/输出指令来完成输入/输出操作。

6．D

在统一编址的情况下，访存指令也可以访问 I/O 设备，故选项 A、B、C 错误。在独立编址的方式下，访问 I/O 地址空间必须通过专门的 I/O 指令，故 D 正确。

7．D

在统一编址方式下，指令靠地址码区分内存和 I/O 设备，如果随意在地址的任何地方，将给编程造成极大的混乱，故 D 错误。选项 A、B、C 的做法都是可取的。

8．B

磁盘驱动器向盘片磁道记录数据时采用串行方式写入。

9．A

物理地址是外部连接使用的，且是唯一的，它与"地址总线相对应"；而逻辑地址是内部和编程使用的，并不唯一。在内存中的实际地址就是所谓的"物理地址"，而逻辑地址就是用于逻辑段管理内存的，因此程序员使用逻辑地址访问设备。

7.4 I/O 方式

输入/输出系统实现主机与 I/O 设备之间的数据传送，可以采用不同的控制方式，各种方式在代价、性能、解决问题的着重点等方面各不相同，常用的 I/O 方式有程序查询、程序中断、DMA 和通道等方式，其中前两种方式更依赖于 CPU 中程序指令的执行。

7.4.1 程序查询方式

信息交换的控制完全由主机执行程序实现，程序查询方式接口中设置一个数据缓冲寄存器（数据端口）和一个设备状态寄存器（状态端口）。当主机进行 I/O 操作时，首先发出询问信号，读取设备的状态并根据设备状态决定下一步操作究竟是进行数据传送还是等待。

程序查询方式的工作流程如下（如图 7-4）：

① CPU 执行初始化程序，并预置传送参数。
② 向 I/O 接口发出命令字，启动 I/O 设备。
③ 从外设接口读取其状态信息。
④ CPU 不断查询 I/O 设备状态，直到外设准备就绪。
⑤ 传送一次数据。
⑥ 修改地址和计数器参数。

⑦ 判断传送是否结束，若没结束转第③步，直到计数器为 0。

在这种控制方式下，CPU 一旦启动 I/O，必须停止现行程序的运行，并在现行程序中插入一段程序。程序查询方式的主要特点是 CPU 有"踏步"等待现象，<u>CPU 与 I/O 串行工作</u>。这种方式的接口设计简单、设备量少，但是 CPU 在信息传送过程中要花费很多时间用于查询和等待，而且在一段时间内只能和一台外设交换信息，效率大大降低。

7.4.2　程序中断方式

中断是现代计算机有效合理地发挥效能和提高效率的一个十分重要的功能。CPU 中通常设有处理中断的机构——中断系统，以解决各种中断的共性问题。

1．中断的基本概念

程序中断是指在计算机执行现行程序的过程中，出现某些急需处理的异常情况或特殊请求，CPU 暂时中止现行程序，而转去对这些异常情况或特殊请求进行处理，在处理完毕后 CPU 又自动返回到现行程序的断点处，继续执行原程序。

程序中断的作用如下：

① 实现 <u>CPU 与 I/O 设备的并行工作</u>。

② 处理硬件故障和软件错误。

③ 实现人机交互，用户干预机器需要用到中断系统。

④ 实现多道程序、分时操作，多道程序的切换需借助于中断系统。

⑤ 实时处理需要借助中断系统来实现快速响应。

⑥ 实现应用程序和操作系统（管态程序）的切换，称为"软中断"。

⑦ 多处理器系统中各处理器之间的信息交流和任务切换。

程序中断方式的思想：CPU 在程序中安排好在某一时刻启动某一台外设，然后 CPU 继续执行原来程序，不需要像查询方式那样一直等待外设准备就绪。一旦外设完成数据传送的准备工作，便主动向 CPU 发出中断请求，请求 CPU 为自己服务。在可以响应中断的条件下，CPU 暂时中止正在执行的程序，转去执行中断服务程序为外设服务，在中断服务程序中完成一次主机与外设之间的数据传送，传送完成后，CPU 返回原来的程序，如图 7-5 所示。

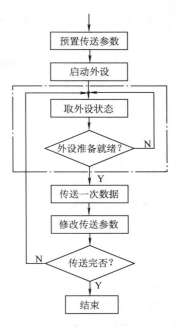

图 7-4　程序查询方式流程图

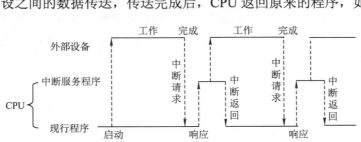

图 7-5　程序中断方式示意图

2. 程序中断方式工作流程

（1）中断请求

中断请求是指中断源向 CPU 发送中断请求信号。

① 内中断和外中断

中断源是请求 CPU 中断的设备或事件，一台计算机允许有多个中断源。根据中断源的类别，可把中断源分为内中断和外中断两种。

每个中断源向 CPU 发出中断请求的时间是随机的。为了记录中断事件并区分不同的中断源，中断系统需对每个中断源设置中断请求标记触发器 INTR，当其状态为"1"时，表示中断源有请求。这些触发器可组成中断请求标记寄存器，该寄存器可集中在 CPU 中，也可分散在各个中断源中。

外中断是指来自处理器和内存以外的部件引起的中断，包括 I/O 设备发出的 I/O 中断、外部信号中断(如用户按<Esc>键)，以及各种定时器引起的时钟中断等。外中断在狭义上一般被称为中断（后文若未说明，一般指的是外中断）。

内中断主要指在处理器和内存内部产生的中断。包括程序运算引起的各种错误，如地址非法、校验错、页面失效、存取访问控制错、算术操作溢出、数据格式非法、除数为零、非法指令、用户程序执行特权指令、分时系统中的时间片中断以及用户态到核心态的切换等。

② 硬件中断和软件中断

硬件中断：通过外部的硬件产生的中断。硬件中断属于外中断。

软件中断：通过某条指令产生的中断，这种中断是可以编程实现的。软件中断是内中断。

③ 非屏蔽中断和可屏蔽中断

非屏蔽中断：非屏蔽中断是一种硬件中断，此种中断通过不可屏蔽中断请求 NMI 控制，不受中断标志位 IF 的影响，即使在关中断（IF=0）的情况下也会被响应。

可屏蔽中断：可屏蔽中断也是一种硬件中断，此种中断通过中断请求标记触发器 INTR 控制，且受中断标志位 IF 的影响，在关中断情况下不接受中断请求。

也就是说，可屏蔽中断和非屏蔽中断均是外中断。

（2）中断判优

中断系统在任一瞬间只能响应一个中断源的请求。由于许多中断源提出中断请求的时间都是随机的，因此当多个中断源同时提出请求时，需通过中断判优逻辑确定响应哪个中断源的请求，如故障中断的优先级别较高，然后是 I/O 中断。

中断判优既可以用硬件实现，也可用软件实现。硬件实现是通过硬件排队器实现的，它既可以设置在 CPU 中，也可以分散在各个中断源中，软件实现是通过查询程序实现的。

一般来说，硬件故障中断属于最高级，其次是软件中断，非屏蔽中断优于可屏蔽中断，DMA 请求优于 I/O 设备传送的中断请求，高速设备优于低速设备，输入设备优于输出设备，实时设备优于普通设备等。

（3）CPU 响应中断的条件

CPU 在满足一定的条件下响应中断源发出的中断请求，并且经过一些特定的操作，转去执行中断服务程序。

CPU 响应中断必须满足以下 3 个条件：

① 中断源有中断请求。

② CPU 允许中断及开中断。

③ 一条指令执行完毕，且没有更紧迫的任务。

注意：I/O 设备的就绪时间是随机的，而 CPU 是在统一的时刻即每条指令执行阶段结束前向接口发出中断查询信号，以获取 I/O 的中断请求，也就是说，CPU 响应中断的时间是在每条指令执行阶段的结束时刻。这里说的中断仅指外中断，内中断不属于此类情况。

（4）中断隐指令

CPU 响应中断后，经过某些操作，转去执行中断服务程序。这些操作是由硬件直接实现的，把它称为中断隐指令。中断隐指令并不是指令系统中的一条真正的指令，它没有操作码，所以中断隐指令是一种不允许、也不可能为用户使用的特殊指令。它所完成的操作如下。

① 关中断。在中断服务程序中，为了保护中断现场（即 CPU 主要寄存器中的内容）期间不被新的中断所打断，必须关中断，从而保证被中断的程序在中断服务程序执行完毕之后能接着正确地执行下去。

② 保存断点。为了保证在中断服务程序执行完毕后能正确地返回到原来的程序，必须将原来程序的断点（即程序计数器（PC）的内容）保存起来。

③ 引出中断服务程序。引出中断服务程序的实质就是取出中断服务程序的入口地址并传送给程序计数器（PC）。

（5）中断向量

不同的设备有不同的中断服务程序，每个中断服务程序都有一个入口地址，CPU 必须找到这个入口地址，即中断向量。把系统中的全部中断向量集中存放到存储器的某一区域内，这个存放中断向量的存储区就叫中断向量表，即中断服务程序入口地址表。

当 CPU 响应中断后，中断硬件会自动将中断向量地址传送到 CPU，由 CPU 实现程序的切换，这种方法称为中断向量法，采用中断向量法的中断称为向量中断。

注意：中断向量是中断服务程序的入口地址，中断向量地址是指中断服务程序的入口地址的地址。

（6）中断处理过程

不同计算机的中断处理过程各具特色，就其多数而论，中断处理流程如图 7-6 所示。

中断处理流程如下：

① 关中断。处理器响应中断后，首先要保护程序的现场状态，在保护现场过程中，CPU 不应该响应更高级中断源的中断请求。否则，如果现场保存不完整，在中断服务程序结束后，也就不能正确地恢复并继续执行现行程序。

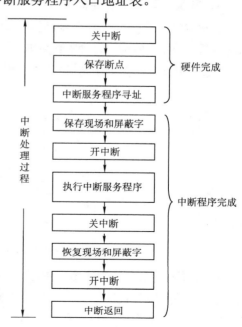

图 7-6 可嵌套中断的处理流程

② 保存断点。为了保证中断服务程序执行完毕后能正确地返回到原来的程序，必须将原来程序的断点保存起来。断点可以压入堆栈，也可以存入主存的特定单元中。

③ 引出中断服务程序。引出中断服务程序的实质就是取出中断服务程序的入口地址送入程序计数器（PC）。

通常有两种方法寻址中断服务程序的入口地址：硬件向量法和软件查询法。

硬件向量法是通过硬件产生中断向量地址，再由中断向量地址找到中断服务程序的入口地址。软件查询法是用软件编程的办法寻找入口地址。

注意：硬件产生的实际上是中断类型号，而中断类型号指出了中断向量存放的地址，故而能产生中断向量地址。

④ 保存现场和屏蔽字。进入中断服务程序后首先要保存现场，现场信息一般指的是程序状态字、中断屏蔽寄存器和 CPU 中某些寄存器的内容。

⑤ 开中断。这将允许更高级中断请求得到响应，实现中断嵌套。

⑥ 执行中断服务程序。这是中断系统的核心。

⑦ 关中断。保证在恢复现场和屏蔽字时不被中断。

⑧ 恢复现场和屏蔽字。将现场和屏蔽字恢复到原来的状态。

⑨ 开中断、中断返回。中断服务程序的最后一条指令通常是一条中断返回指令，使其返回到原程序的断点处，以便继续执行原程序。

其中，①～③在 CPU 进入中断周期后，由中断隐指令（硬件自动）完成；④～⑨由中断服务程序完成。

注意：恢复现场是指在中断返回前，必须将寄存器的内容恢复到中断处理前的状态，这部分工作由中断服务程序完成。中断返回由中断服务程序的最后一条中断返回指令完成。

3．多重中断和中断屏蔽技术

如果 CPU 在执行中断服务程序的过程中，又出现了新的更高优先级的中断请求，而 CPU 对新的中断请求不予响应，这种中断为单重中断，如图 7-7（a）所示。如果 CPU 暂停现行的中断服务程序，转去处理新的中断请求，这种中断为多重中断，又称中断嵌套，如图 7-7（b）所示。

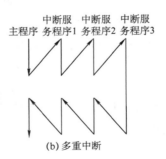

图 7-7 单重中断和多重中断示意图

中断屏蔽技术主要用于多重中断，CPU 要具备多重中断的功能，必须满足下列条件。

① 在中断服务程序中提前设置开中断指令。

② 优先级别高的中断源有权中断优先级别低的中断源。

每个中断源都有一个屏蔽触发器，1 表示屏蔽该中断源的请求，0 表示可以正常申请，所有屏蔽触发器组合在一起，便构成一个屏蔽字寄存器，屏蔽字寄存器的内容称为屏蔽字。

关于中断屏蔽字的设置及多重中断程序执行的轨迹，下面通过实例说明。

【例 7-1】 设某机有 4 个中断源 A、B、C、D，其硬件排队优先次序为 A>B>C>D，现要求将中断处理次序改为 D>A>C>B。

1）写出每个中断源对应的屏蔽字。

2）按图 7-8 所示的时间轴给出的 4 个中断源的请求时刻，画出 CPU 执行程序的轨迹。设每个中断源的中断服务程序时间均为 20μs。

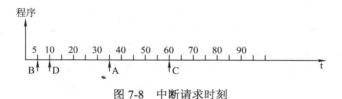

图 7-8　中断请求时刻

解： 1）在中断处理次序改为 D>A>C>B 后，D 具有最高优先级，可以屏蔽其他所有中断，且不能中断自身，故 D 对应的屏蔽字为 1111；A 具有次高优先级，只能被 D 中断，故 A 对应的屏蔽字为 1110，依此类推得到 4 个中断源的屏蔽字，见表 7-1。

表 7-1　中断源对应的中断屏蔽字

中　断　源	屏　蔽　字			
	A	B	C	D
A	1	1	1	0
B	0	1	0	0
C	0	1	1	0
D	1	1	1	1

2）根据处理次序，在时刻 5，B 发中断请求，获得 CPU；在时刻 10，D 发中断请求，此时 B 虽还未执行完毕，但 D 的优先级高于 B，于是 D 中断 B 而获得 CPU；在时刻 30，D 执行完毕，B 继续获得 CPU；在时刻 40，A 发中断请求，此时 B 虽还未执行完毕，但 A 的优先级高于 B，于是 A 中断 B 而获得 CPU，如此继续下去，执行轨迹如图 7-9 所示。

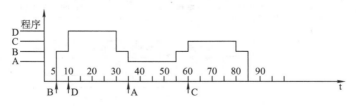

图 7-9　CPU 执行程序的轨迹

7.4.3　DMA 方式

DMA 方式是一种完全由硬件进行成组信息传送的控制方式。具有程序中断方式的优点，即在数据准备阶段，CPU 与外设并行工作。DMA 方式在外设与内存之间开辟一条"直接数据通道"，信息传送不再经过CPU，降低了CPU在传送数据时的开销，因此称为直接存储器存取方式。由于数据传送不经过CPU，也就不需要保护、恢复CPU现场等繁琐操作。

这种方式适用于磁盘机、磁带机等高速设备大批量数据的传送；它的硬件开销比较大。在DMA方式中，中断的作用仅限于故障和正常传送结束时的处理。

1．DMA方式的特点

主存和DMA接口之间有一条直接数据通路。由于DMA方式传送数据不需要经过CPU，因此不必中断现行程序，I/O与主机并行工作，程序和传送并行工作。

DMA方式具有下列特点：

① 它使主存与CPU的固定联系脱钩，主存既可被CPU访问，又可被外设访问。

② 在数据块传送时，主存地址的确定、传送数据的计数等都由硬件电路直接实现。

③ 主存中要开辟专用缓冲区，及时供给和接收外设的数据。

④ DMA传送速度快，CPU和外设并行工作，提高了系统效率。

⑤ DMA在传送开始前要通过程序进行预处理，结束后要通过中断方式进行后处理。

2．DMA控制器的组成

在DMA方式中，对数据传送过程进行控制的硬件称为DMA控制器（DMA接口）。当I/O设备需要进行数据传送时，通过DMA控制器向CPU提出DMA传送请求，CPU响应之后将让出系统总线，由DMA控制器接管总线进行数据传送。其主要功能有：

1）接受外设发出的DMA请求，并向CPU发出总线请求。

2）CPU响应此总线请求，发出总线响应信号，接管总线控制权，进入DMA操作周期。

3）确定传送数据的主存单元地址及长度，并能自动修改主存地址计数和传送长度计数。

4）规定数据在主存和外设间的传送方向，发出读写等控制信号，执行数据传送操作。

5）向CPU报告DMA操作的结束。

图7-10给出了一个简单的DMA控制器。

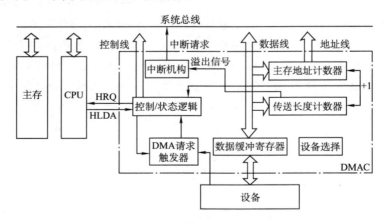

图7-10　简单的DMA控制器

主存地址计数器：存放要交换数据的主存地址。

传送长度计数器：用来记录传送数据的长度，计数溢出时，数据即传送完毕，自动发中断请求信号。

数据缓冲寄存器：用于暂存每次传送的数据。

DMA 请求触发器：每当 I/O 设备准备好数据后给出一个控制信号，使 DMA 请求触发器置位。

"控制/状态"逻辑：由控制和时序电路及状态标志组成，用于指定传送方向，修改传送参数，并对 DMA 请求信号和 CPU 响应信号进行协调和同步。

中断机构：当一个数据块传送完毕后触发中断机构，向 CPU 提出中断请求。

在 DMA 传送过程中，DMA 控制器将接管 CPU 的地址总线、数据总线和控制总线，CPU 的主存控制信号被禁止使用。而当 DMA 传送结束后，将恢复 CPU 的一切权利并开始执行其操作。由此可见，DMA 控制器必须具有控制系统总线的能力。

3．DMA 的传送方式

主存和 DMA 控制器之间有一条数据通路，因此主存和 I/O 设备之间交换信息时，不通过 CPU。但当 I/O 设备和 CPU 同时访问主存时，可能发生冲突，为了有效地使用主存，DMA 控制器与 CPU 通常采用以下 3 种方法使用主存。

（1）停止 CPU 访问主存

这种方式是当外设需要传送成组数据时，由 DMA 接口向 CPU 发送一个信号，要求 CPU 放弃地址线、数据线和有关控制线的使用权，DMA 接口获得总线控制权后，开始进行数据传送。在数据传送结束后，DMA 接口通知 CPU 可以使用主存，并把总线控制权交还给 CPU。在这种传送过程中，CPU 基本处于不工作状态或保持原始状态。

（2）DMA 与 CPU 交替访存

这种方式适用于 CPU 的工作周期比主存存取周期长的情况。例如，CPU 的工作周期是 1.2μs，主存的存取周期小于 0.6μs，那么可将一个 CPU 周期分为 C_1 和 C_2 两个周期，其中 C_1 专供 DMA 访存，C_2 专供 CPU 访存。这种方式不需要总线使用权的申请、建立和归还过程，总线使用权是通过 C_1 和 C_2 分时控制的。

（3）周期挪用

这种方式是前两种方式的折中，当 I/O 设备没有 DMA 请求时，CPU 按程序的要求访问主存，一旦 I/O 设备有了 DMA 请求，会遇到 3 种情况。第 1 种是此时 CPU 不在访存（如 CPU 正在执行乘法指令），故 I/O 的访存请求与 CPU 未发生冲突；第 2 种是 CPU 正在访存，则必须待存取周期结束后，CPU 再将总线占有权让出；第 3 种是 I/O 和 CPU 同时请求访存，出现了访存冲突，此刻 CPU 要暂时放弃总线占有权，由 I/O 设备挪用一个或几个存取周期。

4．DMA 的传送过程

DMA 的数据传送过程分为预处理、数据传送和后处理 3 个阶段。

（1）预处理

由 CPU 完成一些必要的准备工作。首先，CPU 执行几条 I/O 指令，用以测试 I/O 设备状态，向 DMA 控制器的有关寄存器置初值、设置传送方向、启动该设备等。然后，CPU 继续执行原来的程序，直到 I/O 设备准备好发送的数据（输入情况）或接收的数据（输出情况）时，I/O 设备向 DMA 控制器发送 **DMA 请求**，再由 DMA 控制器向 CPU 发送总线请求（有时将这两个过程统称为 DMA 请求），用以传输数据。

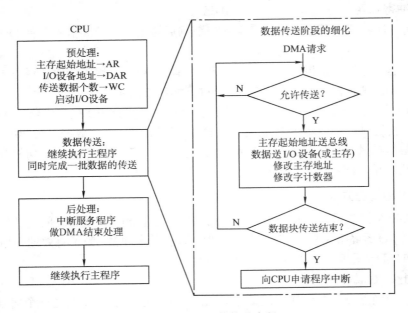

图 7-11   DMA 的传送流程

（2）数据传送

DMA 的数据传输可以以单字节（或字）为基本单位，也可以以数据块为基本单位。对于以数据块为单位的传送（如硬盘），DMA 占用总线后的数据输入和输出操作都是通过循环来实现的。需要指出的是，这一循环也是由 DMA 控制器（而不是通过 CPU 执行程序）实现的，也就是说，数据传送阶段是完全由 DMA（硬件）来控制的。

（3）后处理

DMA 控制器向 CPU 发送中断请求，CPU 执行中断服务程序做 DMA 结束处理，包括校验送入主存的数据是否正确、测试传送过程中是否出错（错误则转入诊断程序）和决定是否继续使用 DMA 传送其他数据块等。DMA 的传送流程如图 7-11 所示。

5．DMA 方式和中断方式的区别

DMA 方式和中断方式的重要区别如下：

① 中断方式是程序的切换，需要保护和恢复现场；而 DMA 方式除了预处理和后处理，其他时候不占用 CPU 的任何资源。

② 对中断请求的响应只能发生在每条指令执行完毕时（即指令的执行周期之后）；而对 DMA 请求的响应可以发生在每个机器周期结束时（在取指周期、间址周期、执行周期之后均可），只要 CPU 不占用总线就可以被响应。

③ 中断传送过程需要 CPU 的干预；而 DMA 传送过程不需要 CPU 的干预，故数据传输速率非常高，适合于高速外设的成组数据传送。

④ DMA 请求的优先级高于中断请求。

⑤ 中断方式具有对异常事件的处理能力，而 DMA 方式仅局限于传送数据块的 I/O 操作。

⑥ 从数据传送来看，中断方式靠程序传送，DMA 方式靠硬件传送。

7.4.4 通道方式

DMA 方式减轻了 CPU 对 I/O 操作的控制,使得 CPU 的效率有显著的提高;而通道方式则进一步提高了 CPU 的效率,CPU 将部分权力下放给了通道。

1. 通道的基本概念

通道是一个具有输入/输出功能的处理器,它独立于 CPU,有自己的指令系统。该指令系统较为简单,一般只有数据传输指令、设备控制指令等。通道所执行的程序称为通道程序。

通道的基本功能是执行通道指令,组织外部设备和内存进行数据传输,按 I/O 指令要求启动外部设备,向 CPU 报告中断等。

2. 通道的基本工作过程

通道的基本工作过程(以一次数据传送为例)如下。

① 在用户程序中使用访管指令进入操作系统管理程序,由 CPU 通过管理程序组织一个通道程序,并使用 I/O 指令启动通道(此后 CPU 并行运行应用程序)。

② 通道处理器执行 CPU 为其组织的通道程序,完成指定的数据的输入/输出工作。

③ 通道程序结束后,向 CPU 发出中断请求。CPU 响应此中断请求后,第二次进入操作系统,调用管理程序对输入/输出中断进行处理。

这样,每完成一次输入/输出工作,CPU 仅需两次调用管理程序,大大减少了对用户程序的干扰。通道完成一次数据传送的过程如图 7-12 所示。

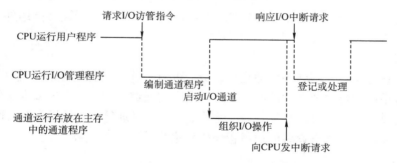

图 7-12 通道的基本工作过程

注意:① CPU 通过执行 I/O 指令以及处理来自通道的中断,实现对通道的管理。I/O 指令比较简单,仅负责通道的启动和停止。② 来自通道的中断有两种:一种是数据传送结束中断,另一种是故障中断。

3. 通道的类型

根据通道的工作方式,可分为以下 3 种类型:

(1)字节多路通道

字节多路通道是一种简单的共享通道,用户连接与管理多台低速设备,以字节交叉方式传送信息,其传送方式如图 7-13 所示。字节多路通道先选择设备 A,为其传送一个字节 A_1;然后选择设备 B,传送字节 B_1;再选择设备 C,传送字节 C_1。再交叉地传送 A_2、B_2、C_2……一个字节多路通道包括多个分配型子通道,每个子通道连接一台 I/O 设备,各子通道按时间片轮转方式共享主通道。该通道主要用于连接大量的低速设备,如键盘、打印机等。

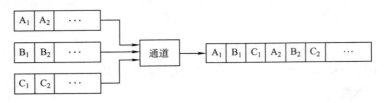

图 7-13　字节多路通道的数据传送方式

（2）选择通道

选择通道又称为高速通道，在物理上它也可以连接多个设备，但这些设备不能同时工作，在一段时间内通道只能选择一台设备进行工作。当某台设备占用了该通道时，便一直独占，直至该设备传送完毕释放该通道为止，如图 7-14 所示。选择通道先选择设备 A，成组连续地传送 $A_1A_2\cdots$，当设备 A 传送完毕后，选择通道又选择设备 B，成组连续地传送 $B_1B_2\cdots$，再选择设备 C，成组连续地传送 $C_1C_2\cdots$。

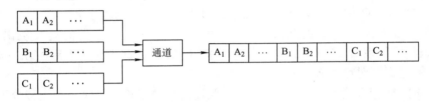

图 7-14　选择通道的数据传送方式

由于独占方式使得通道利用率比较低，故而选择通道主要用于连接高速外部设备，如磁盘、磁带等，信息以成组方式高速传输。

（3）数组多路通道

数组多路通道结合了字节多路通道可以分时并行操作和选择通道的传输速度高的优点，这使得它具有很高的传输速率的同时，又具有较高的通道利用率。它的基本思想：当某设备进行数据传输时，通道只为该设备服务；当设备在执行寻址等控制线动作时，通道暂时断开与这个设备的连接，挂起该设备的通道程序，转去为其他设备服务。

4．通道方式和 DMA 方式的区别

通道方式是在 DMA 方式上的进一步发展，通道实际上也是实现 I/O 设备和主存之间直接交换数据的控制器。二者的主要区别如下：

① DMA 控制器是通过专门设计的硬件控制逻辑来实现对数据传送的控制，而通道实际上是一个具有特殊功能的处理器，它具有自己的指令和程序，通过执行一个通道程序实现对数据传送的控制，故而通道具有更强的独立处理数据输入/输出的能力。

② DMA 控制器通常仅能控制一台或者少数几台同类设备，而通道则可以同时控制许多台同类或不同类的设备。

5．通道极限流量的计算

通道吞吐率又称为通道流量或通道数据传输率。它指一个通道在数据传送期间，单位时间内能够传送的最大数据量。一个通道在满负荷工作状态下的最大流量称为通道极限流量。通道极限流量主要与通道的工作方式、在数据传送期间通道选择一次设备所用的时间和传送

A. 只有 I　　　　B. 只有Ⅲ　　　C. I、Ⅲ　　　　D. Ⅱ、Ⅲ

13. 中断响应由高到低的优先次序宜用（　　）。

　　A. 访管→程序性→机器故障　　　　B. 访管→程序性→重新启动

　　C. 外部→访管→程序性　　　　　　D. 程序性→I/O→访管

14. 在具有中断向量表的计算机中，中断向量地址是（　　）。

　　A. 子程序入口地址　　　　　　　　B. 中断服务程序的入口地址

　　C. 中断服务程序入口地址的地址　　D. 中断程序断点

15. 中断响应是在（　　）。

　　A. 一条指令执行开始　　　　　　　B. 一条指令执行中间

　　C. 一条指令执行之末　　　　　　　D. 一条指令执行的任何时刻

16. 在下列情况下，可能不发生中断请求的是（　　）。

　　A. DMA 操作结束　　　　　　　　　B. 一条指令执行完毕

　　C. 机器出现故障　　　　　　　　　D. 执行"软中断"指令

17. 主存故障引起的中断是（　　）

　　A. I/O 中断　　　　　　　　　　　B. 程序性中断

　　C. 机器校验中断　　　　　　　　　D. 外中断

18. 在配有通道的计算机系统中，用户程序需要输入/输出时，引起的中断是（　　）。

　　A. 访管中断　　　B. I/O 中断　　　C. 程序性中断　　　D. 外中断

19. 某计算机有 4 级中断，优先级从高到低为 1→2→3→4。若将优先级顺序修改，改后 1 级中断的屏蔽字为 1101，2 级中断的屏蔽字为 0100，3 级中断的屏蔽字为 1111，4 级中断的屏蔽字为 0101，则修改后的优先顺序从高到低为（　　）。

　　A. 1→2→3→4　　　　　　　　　　B. 3→1→4→2

　　C. 1→3→4→2　　　　　　　　　　D. 2→1→3→4

20. 下列不属于程序控制指令的是（　　）。

　　A. 无条件转移指令　　　　　　　　B. 有条件转移指令

　　C. 中断隐指令　　　　　　　　　　D. 循环指令

21. 在中断响应周期中，CPU 主要完成的工作是（　　）。

　　A. 关中断，保护断点，发中断响应信号并形成向量地址

　　B. 开中断，保护断点，发中断响应信号并形成向量地址

　　C. 关中断，执行中断服务程序

　　D. 开中断，执行中断服务程序

22. 在中断周期中，由（　　）将允许中断触发器置 0。

　　A. 关中断指令　　　　　　　　　　B. 中断隐指令

　　C. 开中断指令　　　　　　　　　　D. 中断服务程序

23. CPU 响应中断时最先完成的步骤是（　　）。

　　A. 开中断　　　B. 保存断点　　　C. 关中断　　　　D. 转入中断服务程序

24. 设置中断屏蔽标志可以改变（　　）。

　　A. 多个中断源的中断请求优先级

　　B. CPU 对多个中断请求响应的优先次序

C. 多个中断服务程序开始执行的顺序

D. 多个中断服务程序执行完的次序

25. 在 CPU 响应中断时，保护两个关键的硬件状态是（　　）。

    A. PC 和 IR　　　　B. PC 和 PSW　　　　C. AR 和 IR　　　　D. AR 和 PSW

26. 在各种 I/O 方式中，中断方式的特点是（　　），DMA 方式的特点是（　　）。

    A. CPU 与外设串行工作，传送与主程序串行工作

    B. CPU 与外设并行工作，传送与主程序串行工作

    C. CPU 与外设串行工作，传送与主程序并行工作

    D. CPU 与外设并行工作，传送与主程序并行工作

27. 在 DMA 传送方式中，由（　　）发出 DMA 请求，在传送期间总线控制权由（　　）掌握。

    A. 外部设备、CPU　　　　　　　　　　B. DMA 控制器、DMA 控制器

    C. 外部设备、DMA 控制器　　　　　　D. DMA 控制器、内存

28. 下列叙述中（　　）是正确的。

    A. 程序中断方式和 DMA 方式中实现数据传送都需要中断请求

    B. 程序中断方式中有中断请求，DMA 方式中没有中断请求

    C. 程序中断方式和 DMA 方式中都有中断请求，但目的不同

    D. DMA 要等指令周期结束时才可以进行周期窃取

29. 以下关于 DMA 方式进行 I/O 的描述中，正确的是（　　）。

    A. 一个完整的 DMA 过程，部分由 DMA 控制器控制，部分由 CPU 控制

    B. 一个完整的 DMA 过程，完全由 CPU 控制

    C. 一个完整的 DMA 过程，完全由 DMA 控制器控制，CPU 不介入任何控制

    D. 一个完整的 DMA 过程，完全由 CPU 采用周期挪用法控制

30. CPU 响应 DMA 请求的条件是当前（　　）执行完。

    A. 机器周期　　　　　　　　　　　　B. 总线周期

    C. 机器周期和总线周期　　　　　　　D. 指令周期

31. 关于中断和 DMA，下列说法正确的是（　　）。

    A. DMA 请求和中断请求同时发生时，响应 DMA 请求

    B. DMA 请求、非屏蔽中断、可屏蔽中断都要在当前指令结束之后才能被响应

    C. 非屏蔽中断请求优先级最高，可屏蔽中断请求优先级最低

    D. 如果不开中断，所有中断请求就不能响应

32. 以下有关 DMA 方式的叙述中，错误的是（　　）。

    A. 在 DMA 方式下，DMA 控制器向 CPU 请求的是总线使用权

    B. DMA 方式可用于键盘和鼠标的数据输入

    C. 在数据传输阶段，不需要 CPU 介入，完全由 DMA 控制器控制

    D. DMA 方式要用到中断处理

33. 在主机和外设的信息传送中，（　　）不是一种程序控制方式。

    A. 直接程序传送　　　　　　　　　　B. 程序中断

    C. 直接存储器存取（DMA）　　　　　D. 通道控制

34．CPU 对通道的启动是通过（　　）实现的。

    A．自陷　　　　　　B．中断　　　　　C．I/O 指令　　　　D．通道指令字

35．通道对 CPU 的请求形式是（　　）。

    A．总线请求　　　　B．中断　　　　　C．通道命令　　　　D．通道状态字

36．通道程序结束时引起的中断是（　　）。

    A．机器校验中断　　　　　　　　　　B．I/O 中断

    C．程序性中断　　　　　　　　　　　D．外中断

37．在由多个通道组成的 I/O 系统中，I/O 系统的最大流量是（　　）。

    A．各通道最大流量的最大值　　　　B．各通道最大流量之和

    C．各通道实际流量的最大值　　　　D．各通道实际流量之和

38．中断发生时，程序计数器内容的保护和更新是由（　　）完成的。

    A．硬件自动　　　　　　　　　　　　B．进栈指令和转移指令

    C．访存指令　　　　　　　　　　　　D．中断服务程序

39．在 DMA 方式传送数据的过程中，由于没有破坏（　　）的内容，所有 CPU 可以正常工作（访存除外）。

    A．程序计数器　　　　　　　　　　　B．程序计数器和寄存器

    C．指令寄存器　　　　　　　　　　　D．堆栈寄存器

40．在 DMA 方式下，数据从内存传送到外设经过的路径是（　　）。

    A．内存→数据总线→数据通路→外设

    B．内存→数据总线→DMAC→外设

    C．内存→数据通路→数据总线→外设

    D．内存→CPU→外设

41．对于单通道工作过程，下列可以并行工作的是（　　）。

    A．程序和程序之间　　　　　　　　　B．程序和通道之间

    C．程序和设备之间　　　　　　　　　D．设备和设备之间

42．以下 4 个步骤在通道工作过程中的正确顺序是（　　）。

①组织 I/O 操作　②向 CPU 发出中断请求　③编制通道程序　④启动 I/O 通道

    A．①→②→③→④　　　　　　　　　B．②→③→①→④

    C．④→③→②→①　　　　　　　　　D．③→④→①→②

43．某数组多路通道最大数据传输率为 1MB/s，它有 10 个子通道，则每个子通道的最大数据传输率为（　　）。

    A．100KB/s　　　　　　　　　　　　B．1MB/s

    C．介于 A、B 之间　　　　　　　　　D．小于 100KB/s

二、综合应用题

1．在 DMA 方式下，主存和 I/O 设备之间有一条物理通路相连吗？

2．回答下列问题：

1）一个完整的指令周期包括哪些 CPU 工作周期？

2）中断周期前和中断周期后各是 CPU 的什么工作周期？

3）DMA 周期前和 DMA 周期后各是 CPU 的什么工作周期？

3. 假定某 I/O 设备向 CPU 传送信息最高频率为 4 万次/秒，而相应中断处理程序的执行时间为 40μs，则该 I/O 设备是否可采用中断方式工作？为什么？

4. 在程序查询方式的输入/输出系统中，假设不考虑处理时间，每一个查询操作需要 100 个时钟周期，CPU 的时钟频率为 50MHz。现有鼠标和硬盘两个设备，而且 CPU 必须每秒对鼠标进行 30 次查询，硬盘以 32 位字长为单位传输数据，即每 32 位被 CPU 查询一次，传输率为 2×2^{20}B/s。求 CPU 对这两个设备查询所花费的时间比率，由此可得出什么结论？

5. 【2009 年计算机联考真题】

某计算机的 CPU 主频为 500MHz，CPI 为 5（即执行每条指令平均需 5 个时钟周期）。假定某外设的数据传输率为 0.5MB/s，采用中断方式与主机进行数据传送，以 32 位为传输单位，对应的中断服务程序包含 18 条指令，中断服务的其他开销相当于 2 条指令的执行时间。请回答下列问题，要求给出计算过程。

1）在中断方式下，CPU 用于该外设 I/O 的时间占整个 CPU 时间的百分比是多少？

2）当该外设的数据传输率达到 5MB/s 时，改用 DMA 方式传送数据。假定每次 DMA 传送块大小为 5000B，且 DMA 预处理和后处理的总开销为 500 个时钟周期，则 CPU 用于该外设 I/O 的时间占整个 CPU 时间的百分比是多少？（假设 DMA 与 CPU 之间没有访存冲突）

6. 【2012 年计算机联考真题】

假定某计算机的 CPU 主频为 80MHz，CPI 为 4，平均每条指令访存 1.5 次，主存与 Cache 之间交换的块大小为 16B，Cache 的命中率为 99%，存储器总线宽带为 32 位。请回答下列问题。

1）该计算机的 MIPS 数是多少？平均每秒 Cache 缺失的次数是多少？在不考虑 DMA 传送的情况下，主存带宽至少达到多少才能满足 CPU 的访存要求？

2）假定在 Cache 缺失的情况下访问主存时，存在 0.0005%的缺页率，则 CPU 平均每秒产生多少次缺页异常？若页面大小为 4KB，每次缺页都需要访问磁盘，访问磁盘时 DMA 传送采用周期挪用方式，磁盘 I/O 接口的数据缓冲寄存器为 32 位，则磁盘 I/O 接口平均每秒发出的 DMA 请求次数至少是多少？

3）CPU 和 DMA 控制器同时要求使用存储器总线时，哪个优先级更高？为什么？

4）为了提高性能，主存采用 4 体低位交叉存储模式，工作时每 1/4 个存储周期启动一个体。若每个体的存储周期为 50ns，则该主存能提供的最大带宽是多少？

7. 设某计算机有 4 个中断源 1、2、3、4，其硬件排队优先次序按 1→2→3→4 降序排列，各中断源的服务程序中所对应的屏蔽字见表 7-2。

表 7-2　各中断源的服务程序中所对应的屏蔽字

中　断　源	屏　蔽　字			
	1	2	3	4
1	1	1	0	1
2	0	1	0	0
3	1	1	1	1
4	0	1	0	1

1）给出上述 4 个中断源的中断处理次序。

2）若 4 个中断源同时有中断请求，画出 CPU 执行程序的轨迹。

8．假设磁盘采用 DMA 方式与主机交换信息，其传输速率为 2MB/s，而且 DMA 的预处理需要 1000 个时钟周期，DMA 完成传输后处理中断需要 500 个时钟周期。如果平均传输的数据长度为 4KB，试问在硬盘工作时，50MHz 的处理器需用多大的时间比率进行 DMA 辅助操作（预处理和后处理）。

9．一个 DMA 接口可采用周期窃取方式把字符传送到存储器，它支持的最大批量为 400 个字节。若存取周期为 0.2μs，每处理一次中断需 5μs，现有的字符设备的传输率为 9600b/s。假设字符之间的传输是无间隙的，试问 DMA 方式每秒因数据传输占用处理器多少时间？如果完全采用中断方式，又需占处理器多少时间（忽略预处理所需时间）？

10．假设磁盘传输数据是以 32 位的字为单位，传输速率为 1MB/s，CPU 的时钟频率为 50MHz。回答以下问题：

1）采取程序查询方式，假设查询操作需要 100 个时钟周期，求 CPU 为 I/O 查询所花费的时间比率（假设进行足够的查询以避免数据丢失）。

2）采用中断方式进行控制，每次传输的开销（包括中断处理）为 80 个时钟周期。求 CPU 为传输硬盘所花费的时间比率。

3）采用 DMA 的方式，假定 DMA 的启动需要 1000 个时钟周期，DMA 完成时后处理需要 500 个时钟周期。如果平均传输的数据长度为 4KB，试问硬盘工作时处理器将用多少时间比率进行输入/输出操作？忽略 DMA 申请总线的影响。

11．一个计算机系统有 3 个 I/O 通道：①字节多路通道，带有数据传输率为 1.2KB/s 的 CRT 终端 5 台，传输率为 7.5KB/s 的打印机 2 台；②选择通道，带有传输率为 1000KB/s 的光盘 1 个，同时带有传输率为 800KB/s 的磁盘 1 个；③数组多路通道，带有传输率为 800KB/s 和 600KB/s 的磁盘各 1 个。则通道总的最大数据传输率为多少？

7.4.6 答案与解析

一、单项选择题

1．A

外部中断指的是 CPU 执行指令以外的事件产生的中断，通常是指来自 CPU 与内存以外的中断。A 中键盘输入属于外部事件，每次键盘输入 CPU 都需要执行中断以读入输入数据，所以能引起外部中断。B 中除数为 0 属于异常，也就是内中断，发生在 CPU 内部。C 中浮点运算下溢将按机器零处理，不会产生中断。而 D 访存缺页属于 CPU 执行指令时产生的中断，也不属于外部中断。所以能产生外部中断的只能是输入设备键盘。

2．A

在单级（或单重）中断系统中，不允许中断嵌套。中断处理过程为：①关中断；②保存断点；③识别中断源；④保存现场；⑤中断事件处理；⑥恢复现场；⑦开中断；⑧中断返回。其中，①～③由硬件完成，④～⑧由中断服务程序完成，故选 A。

3．D

高优先级置 0 表示可被中断，比该中断优先级低（相等）的置 1 表示不可被中断。从中断响应优先级看，L_1 只能屏蔽 L_3 和其自身，中断屏蔽字 $M_4M_3M_2M_1$=01010，故选 D。

4. C

每秒进行 200 次查询，每次 500 个时钟周期，则每秒最少占用 200×500=100000 个时钟周期，则占 CPU 时间的百分比为 100000÷50M=0.20%。

5. B

在响应外部中断的过程中，中断隐指令完成的操作包括：①关中断；②保护断点；③引出中断服务程序（形成中断服务程序入口地址并送 PC），所以只有 I、III 正确。II 中的保存通用寄存器的内容是在进入中断服务程序后首先进行的操作。

6. B

当有多个中断请求同时出现时，中断服务系统必须能从中选出当前最需要给予响应的且最重要的中断请求，这就需要预先对所有的中断进行优先级排队，这个工作可由中断判优逻辑来完成，排队的规则可由软件通过对中断屏蔽寄存器进行设置来确定。

7. B

独立请求方式的每个 I/O 接口都有各自的总线请求和总线同意线，共 $2n$ 根控制线以获得高响应速度，故 I 正确。在计数器定时方式下，n 个 I/O 接口就需要 $\lceil \log_2 n \rceil$ 根设备地址线，故 II 错误。总线仲裁方式是总线被争用的判优方式，从设备一般是 I/O 设备，但也可以是硬盘（外存），故 III 正确。中断判优逻辑可以通过硬件，也可以通过软件实现，故 IV 正确。

8. C

中断服务程序是处理器处理的紧急事件，可理解为是一种服务，是通过执行事先编好的某个特定的程序来完成的，一般属于操作系统的模块，以供调用执行，故 A 正确。中断向量由向量地址形成部件，也就是硬件产生，并且不同的中断源对应不同的中断服务程序，因此，通过该方法，可以较快速地识别中断源，故 B 正确。中断向量是中断服务程序的入口地址，中断向量地址是内存中存放中断向量的地址，即是中断服务程序入口地址的地址，故 C 错误。重叠处理中断的现象称为中断嵌套，故 D 正确。

9. C

外部事件是可以提出中断请求的，如可以通过敲击键盘来终止现在正在运行的程序这个就可以看做是一个中断，故 I 正确。Cache 属于存储设备，不能提出中断请求，故 II 错误。浮点数运算下溢，可以当做机器零处理，不需要中断来处理；而浮点数运算上溢，必须中断来做相应的处理，故 III 错误、IV 正确。

10. C

DMA 方式不需要 CPU 干预传送操作，仅仅是开始和结尾借用 CPU 一点时间，其余不占用 CPU 任何资源；中断方式是程序切换，每次操作需要保护和恢复现场，所以 DMA 优先级高于中断请求，这样可以加快处理效率，故 I 正确。从 I 的分析可知，程序中断需要中断现行程序，故需保护现场，以便中断执行完之后还能回到原来的点去继续没有完成的工作；DMA 方式不需要中断现行程序，无须保护现场，故 II 正确。III 的说法正好相反。

11. B

程序中断过程是由硬件执行的中断隐指令和中断服务程序共同完成的，故 I 正确。每条指令周期结束后，CPU 会统一扫描各个中断源，然后进行判优来决定响应哪个中断源，而不是每条指令的执行过程中，故 II 错误。CPU 会在每个存储周期结束后检查是否有 DMA 请求，而不是在指令执行过程的末尾，故 III 错误。中断服务程序的最后指令通常是中断返回指令，该指令在中断恢复之后也就是 CPU 中的所有寄存器都已经恢复到了中断之前的状态，因此该指令不需要进行无条件转移，故IV错误。

12．B

只有具有 DMA 接口的设备才能产生 DMA 请求，即使当前设备是高速设备或者是需要与主机批量交换数据，如果没有 DMA 接口的话，也是不能产生 DMA 请求的。

13．B

中断优先级由高至低为：访管→程序性→重新启动。重新启动应当等待其他任务完成后再进行，优先级最低，访管指令最紧迫，优先级最高。硬件故障优先级最高，访管指令优先级要高于外部中断。

14．C

中断向量地址是中断向量表的地址，由于中断向量表保存着中断服务程序的入口地址，所以中断向量地址是中断服务程序入口地址的地址。

15．C

CPU 响应中断必须满足下列 3 个条件：①CPU 接收到中断请求信号。首先中断源要发出中断请求，同时 CPU 还要收到这个中断请求信号。②CPU 允许中断。即开中断。③一条指令执行完毕，故中断响应是在指令执行末尾，C 正确。

16．B

当 DMA 操作结束、机器出现故障、执行"软中断"指令时都会产生中断请求。而一条指令执行完毕可能响应中断请求，但它本身不会引起中断请求。

17．C

主存故障引起的中断是机器校验中断，属于内中断，而外中断一般指主存和 CPU 以外的中断，如外设引起的中断等。

18．A

用户程序需要输入/输出时，需要调用操作系统提供的接口（请求操作系统服务），此时会引起访管中断，系统由用户态转为核心态。

19．B

中断屏蔽字"1"表示不可被中断，"0"表示可被中断。由 3 级中断的屏蔽字可知，它屏蔽所有中断，优先级最高；再由 1 级中断的屏蔽字可知，它屏蔽除 3 之外的其他所有中断，优先级次之；依此类推可知选 B。本题也可以根据中断屏蔽字中"1"的个数进行排序。

20．C

中断隐指令并不是一条由程序员安排的真正的指令，因此不可能把它预先编入程序中，只能在响应中断时由硬件直接控制执行，中断隐指令不在指令系统中，故不属于程序控制指令。

21．A

在中断响应周期，CPU 主要完成关中断，保护断点，发中断响应信号并形成中断向量地址的工作，即执行中断隐指令。

22．B

允许中断触发器置 0 表示关中断，由中断隐指令完成，即由硬件自动完成。

23．C

只有先关中断，才可以保护断点。若是先不保护断点，则可能会丢失当前程序的断点。同理，在恢复现场之前也要关中断。这个过程和操作系统中的信号量 PV 操作类似，都是将内部过程变为不可打断的原子操作。

24．D

中断屏蔽标志的一种作用是实现中断升级，即改变中断处理的次序（注意分清中断响应次序和中断处理次序，中断响应次序由硬件排队电路决定）。故其可以改变多个中断服务程序执行完的次序。

25．B

程序计数器（PC）的内容是被中断程序尚未执行的第一条指令地址，程序状态字（PSW）寄存器保存各种状态信息。CPU 响应中断后，需要保护中断的 CPU 现场，将 PC 和 PSW 压入堆栈，这样等到中断结束后，就可以将压入堆栈的原 PC 和 PSW 的内容恢复到相应的寄存器，原程序从断点开始继续执行。

26．B、D

在程序查询方式中，CPU 与外设串行工作，传送与主程序串行工作。在中断方式中，CPU 与外设并行工作，当数据准备好时仍需中断主程序以执行数据传送，因此传送与主程序仍是串行的。在 DMA 方式中，CPU 与外设、传送与主程序都是并行的。

27．C

在 DMA 传送方式中，由外部设备向 DMA 控制器发出 DMA 请求信号，然后由 DMA 控制器向 CPU 发出总线请求信号。在 DMA 方式中，DMA 控制器在传送期间有总线控制权，这时 CPU 不能响应 I/O 中断。

28．C

程序中断方式在数据传输时，首先要发出中断请求，此时 CPU 中断正在进行的操作，转而进行数据传输，直到数据传送结束，CPU 才返回中断前执行的操作。DMA 方式只是在 DMA 的前处理和后处理过程中需要用中断的方式请求 CPU 操作，但是在数据传送过程中，并不需要中断请求，故 A 错误。DMA 方式和程序中断方式都有中断请求，但目的不同，程序中断方式的中断请求是为了进行数据传送，而 DMA 方式中的中断请求只是为了获得总线控制权或者交回总线控制权，故 B 错误、C 正确。CPU 对 DMA 的响应可以在指令执行过程中的任何两个存取周期之间，故 D 错误。

29．A

一个完整的 DMA 过程主要由 DMA 控制器控制，但也需要 CPU 参与控制，只是 CPU 干预比较少，只需在数据传输开始和结束时干预，从而提高了 CPU 的效率。

30．A

每个机器周期结束后，CPU 就可以响应 DMA 请求。注意区别：DMA 在与主存交互数据时通过周期窃取方式时，窃取的是存取周期。

31．A

DMA 请求的优先级高于中断请求，以防止高速设备数据丢失，故 A 正确。中断必须在 CPU 执行指令结束时刻才可以被响应，而 DMA 请求在每个机器周期结束后应可以被响应，故 B 错误。DMA 的优先级要比外中断（非屏蔽中断、可屏蔽中断）高，故 C 错误。内中断是不可被屏蔽的，故即使不开中断，仍可响应内中断，故 D 错误。

32．B

DMA 方式只能用于数据传输，它不具有对异常事件的处理能力，不能中断现行程序，而键盘和鼠标均要求 CPU 立即响应，故无法采用 DMA 方式。

33．C

只有 DMA 方式是靠硬件电路实现的，直接程序传送、程序中断、通道控制都需要程序的干预，是三种基本的程序控制方式。

34．C

CPU 通过执行 I/O 指令及中断，实现对通道的管理。I/O 指令由 CPU 发出，实现对通道的启动。

35．B

通道通过中断向 CPU 发出请求。

36．B

I/O 中断是通道和 CPU 协调工作的一种手段。通道借助 I/O 中断请求 CPU 进行干预，CPU 根据产生的 I/O 中断事件了解输入/输出操作的执行情况。另外，程序性中断属于内中断。

37．B

该系统的最大流量是各个通道最大流量之和，即可并行传送。

38．A

中断发生时，程序计数器内容的保护和更新是由硬件自动完成的，即由中断隐指令完成。

39．B

DMA 方式传送数据时，挪用周期不会改变 CPU 现场，因此无须占用 CPU 的程序计数器和寄存器。

40．B

DMA 方式不经过 CPU，输出从内存，经数据总线，传送到 DMA 控制器的 DMAC 中，再传送给外设。类似这样的传输路径称为数据通路。

41．C

通道是一个具有特殊功能的处理器，它可以实现对外部设备的统一管理，以及外部设备与内存之间的数据传送。对于通道、DMA 方式而言，程序和设备可以并行工作；对于中断处理而言，处理器和设备可以并行工作。

42．D

在具体工作之前，应预先编制好通道程序（③）；之后由 CPU 通过管理程序组织一个通道程序，并启动通道（④）；之后通道处理机执行 CPU 为其组织的通道程序，完成数据输入/输出工作（①）；在通道程序结束后向 CPU 发出中断请求（②）。

43．B

数组多路通道以数据块为传输单位，一段时间内只能为一个子通道服务，子通道接受服务时的数据传输率即为通道的最大数据传输率，即 1MB/s。

二、综合应用题

1．解答：

没有。通常所说的 DMA 方式在主存和 I/O 设备之间建立一条"直接的数据通路"，使得数据在主存和 I/O 设备之间直接进行传送，其含义并不是说在主存和 I/O 之间建立一条物理直接通路，而是主存和 I/O 设备之间通过 I/O 设备接口、系统总线及总线桥接部件等相连接，建立起一个信息可以相互通达的通路，在逻辑上看成是直接相连的。其"直接"是相对于要通过 CPU 才能和主存相连这种方式而言的。

2．解答：

1）一个完整的指令周期包括取指周期、间址周期、执行周期和中断周期。其中取指周期和执行周期是每条指令均有的。

2）中断周期前是执行周期，中断周期后是下一条指令的取指周期。

3）DMA 周期前可以是取指周期、间址周期、执行周期或中断周期，DMA 周期后也可以是取指周期、间址周期、执行周期或中断周期。总之，DMA 周期前后都是机器周期。

3．解答：

I/O 设备传送一个数据的时间为 $1/(4\times10^4)$s=25μs，所以请求中断的周期为 25μs，而相应中断处理程序的执行时间为 40μs，大于请求中断的周期，会丢失数据（单位时间内 I/O 请求数量比中断处理的多，自然会丢失数据），所以不能采用中断方式。

4．解答：

1）CPU 每秒对鼠标进行 30 次查询，所需的时钟周期数为

$$100\times30=3000$$

CPU 的时钟频率为 50MHz，即每秒 50×10^6 个时钟周期，故对鼠标的查询占用 CPU 的时间比率为

$$[3000/(50\times10^6)]\times100\%=0.006\%$$

可见，对鼠标的查询基本不影响 CPU 的性能。

2）对于硬盘，每 32 位（4B）被 CPU 查询一次，故每秒查询次数为

$$2\times2^{20}\text{B}/4\text{B}=512\text{K}$$

则每秒查询的时钟周期数为

$$100\times512\times1024=52.4\times10^6$$

故对硬盘的查询占用 CPU 的时间比率为

$$[52.4\times10^6/(50\times10^6)]\times100\%=105\%$$

可见，即使 CPU 将全部时间都用于对硬盘的查询也不能满足磁盘传输的要求，因此 CPU 一般不采用程序查询方式与磁盘交换信息。

5．解答：

1）按题意，外设每秒传送 0.5MB，中断时每次传送 32bit=4B。由于 CPI 为 5，在中断方式下，CPU 每次用于数据传送的时钟周期为 $5\times18+5\times2=100$（中断服务程序+其他开销）。

为达到外设 0.5MB/s 的数据传输率，外设每秒申请的中断次数为 0.5MB/4B=125000。

1s 内用于中断的开销为 $100\times125000=12500000=12.5$M 个时钟周期。

CPU 用于外设 I/O 的时间占整个 CPU 时间的百分比为 12.5M/500M=2.5%。

2）当外设数据传输率提高到 5MB/s 时改用 DMA 方式传送，每次 DMA 传送一个数据块，大小为 5000B，则 1s 内需产生的 DMA 次数为 5MB/5000B=1000。

CPU 用于 DMA 处理的总开销为 $1000\times500=500000=0.5$M 个时钟周期。

CPU 用于外设 I/O 的时间占整个 CPU 时间的百分比为 0.5M/500M=0.1%。

6．解答：

本题综合涉及到多个考点：计算机的性能指标、存储器的性能指标、DMA 的性能分析，DMA 方式的特点，多体交叉存储器的性能分析。

1）平均每秒 CPU 执行的指令数为：80M/4=20M，故 MIPS 数为 20。平均每条指令访存 1.5 次，故平均每秒 Cache 缺失的次数=20M×1.5×(1−99%)=300k。当 Cache 缺失时，CPU 访问主存，主存与 Cache 之间以块为传送单位，此时，主存带宽为 16B×300k/s=4.8MB/s。在不考虑 DMA 传送的情况下，主存带宽至少达到 4.8MB/s 才能满足 CPU 的访存要求。

2）题中假定在 Cache 缺失的情况下访问主存，平均每秒产生缺页中断 300000×0.0005%=1.5 次。因为存储器总线宽度为 32 位，所以每传送 32 位数据，磁盘控制器发出一次 DMA 请求，故平均每秒磁盘 DMA 请求的次数至少为 1.5×4KB/4B=1.5K=1536。

3）CPU 和 DMA 控制器同时要求使用存储器总线时，DMA 请求优先级更高。因为 DMA 请求得不到及时响应，I/O 传输数据可能会丢失。

4）4 体交叉存储模式能提供的最大带宽为 4×4B/50ns=320MB/s。

7．解答：

1）中断屏蔽字"1"表示不可被中断，"0"表示可被中断。根据表 7-2 中"1"的个数的降序排列可知，4 个中断源的处理次序是 3→1→4→2。

2）当 4 个中断源同时有中断请求时，由于硬件排队的优先次序是 1→2→3→4，故 CPU 先响应 1 的请求，执行 1 的服务程序。该程序中设置了屏蔽字 1101，故开中断指令后转去执行 3 服务程序，且 3 服务程序执行结束后又回到了 1 服务程序。1 服务程序结束后，CPU 还有 2、4 两个中断源请求未响应。由于 2 的响应优先级高于 4，故 CPU 先响应 2 的请求，执行 2 服务程序。在 2 服务程序中由于设置了屏蔽字 0100，意味着 1、3、4 可中断 2 服务程序。而 1、3 的请求已经结束，因此在开中断指令之后转去执行 4 服务程序，4 服务程序执行结束后又回到 2 服务程序的断点处，继续执行 2 服务程序，直至该程序执行结束。CPU 执行程序的轨迹如下图所示。

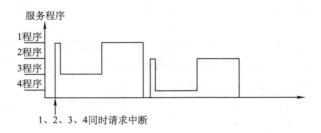

8．解答：

DMA 传送过程包括预处理、数据传送和后处理三个阶段。传送 4KB 的数据长度需时：

$$(4KB)/(2MB/s)=0.002s$$

如果磁盘不断进行传输，每秒所需 DMA 辅助操作的时钟周期数为：

$$(1000+500)/0.002s=750000$$

故 DMA 辅助操作占用 CPU 的时间比率为：

$$[750000/(50×10^6)]×100\%=1.5\%$$

9．解答：

根据字符设备的传输率为 9600bit/s，得每秒能传输：

9600/8=1200B，即 1200 个字符（本题中字符、字节不加以区分）

1）若采用 DMA 方式，传输 1200 个字符共需 1200 个存取周期，考虑到每传 400 个字符需中断处理一次，因此 DMA 方式每秒因数据传输占用处理器的时间是：

$$0.2\mu s \times 1200 + 5\mu s \times (1200/400) = 255\mu s$$

2）若采用中断方式，每秒因数据传输占用处理器的时间是：

$$5\mu s \times 1200 = 6000\mu s$$

10．解答：

1）采用程序查询方式，硬盘传输速率为 1MB/s，一个字为 32bit=4B，每秒查询的次数为 $1MB/4B=2.5\times10^5$，每秒查询所需的总时钟周期数为 $2.5\times10^5\times100=2.5\times10^7$，而 CPU 的时钟频率为 50MHz，故 I/O 查询所花费的时间比率为 $2.5\times10^7/50M=2.5\times10^7/5\times10^7=50\%$。

2）采用中断方式时，每传输一个字便进行一次中断处理。

每传输一个字的时间为 $32bit/(1MB/s)=4\times10^{-6}s$。

CPU 的时钟周期为 $1s/(50MHz)=0.02s/(1M)=0.02\times10^{-6}s$。

则花费的时间比率为 $(80\times0.02\times10^{-6})/(4\times10^{-6})=40\%$。

3）采用 DMA 方式时，输入/输出不需要 CPU 干预，CPU 所花时间仅为启动时间和后处理时间，也就是说，传输一次数据 CPU 所花时间为(1000+500)个时钟周期，等于 30μs。

DMA 的平均传送长度为 4KB，即启动一次 DMA 传输 4KB 的数据，所以所花时间为 $4KB/(1MB/s)=4ms=4000\mu s$。

故，CPU 为传送硬盘所花费时间的比率为 30μs/4000μs=0.75%。

11．解答：

字节多路通道的实际流量是连接在这个通道上的所有设备的数据传输率之和，即

$$f_{byte} = \sum f_i (i=1,2,3,4\cdots) = 5\times1.2KB/s + 2\times7.5KB/s = 21KB/s$$

选择通道与数组多路通道的实际流量就是连接在这个通道上的所有设备中数据流量最大的一个，即

$$f_{select} = \max(f_i)(i=1,2,3,4\cdots) = \max(1000KB/s, 800KB/s) = 1000KB/s$$

$$f_{block} = \max(f_i)(i=1,2,3,4\cdots) = \max(600KB/s, 800KB/s) = 800KB/s$$

为了保证通道不丢失数据，各种通道实际流量应该不大于通道的最大流量。在本题中，系统由 3 个不同的通道组成。这样系统的最大数据传输率等于所有通道的最大数据传输率之和。所以本系统的最大数据传输率为

$$f_{系统} = f_{byte} + f_{select} + f_{block} = 21KB/s + 1000KB/s + 800KB/s = 1821KB/s$$

7.5 常见问题和易混淆知识点

1．中断响应优先级和中断处理优先级分别指什么？

中断响应优先级是由硬件排队线路或中断查询程序的查询顺序决定的，不可动态改变；

而中断处理优先级可以由中断屏蔽字来改变，反映的是正在处理的中断是否比新发生的中断的处理优先级低（屏蔽位为"0"，对新中断开放），如果是的话，就中止正在处理的中断，转到新中断去处理，处理完后再回到刚才被中止的中断继续处理。

2．向量中断、中断向量、向量地址 3 个概念是什么关系？

中断向量：每个中断源都有对应的处理程序，这个处理程序称为中断服务程序，其入口地址称为中断向量。所有中断的中断服务程序入口地址构成一个表，称为中断向量表；也有的机器把中断服务程序入口的跳转指令构成一张表，称为中断向量跳转表。

向量地址：中断向量表或中断向量跳转表中每个表项所在的内存地址或表项的索引值，称为向量地址或中断类型号。

向量中断：是指一种识别中断源的技术或方式。识别中断源的目的就是要找到中断源对应的中断服务程序的入口地址的地址，即获得向量地址。

3．程序中断和调用子程序有何区别？

两者的根本区别主要表现在服务时间和服务对象上不一样。

1）调用子程序过程发生的时间是已知的和固定的，即在主程序中的调用指令（CALL）执行时发生主程序调用子程序过程，调用指令所在位置是已知的和固定的。而中断过程发生的时间一般是随机的，CPU 在执行某一主程序时收到中断源提出的中断申请，就发生中断过程，而中断申请一般由硬件电路产生，申请提出时间是随机的。也可以说，调用子程序是程序设计者事先安排的，而执行中断服务程序是由系统工作环境随机决定的。

2）子程序完全为主程序服务，两者属于主从关系。主程序需要子程序时就去调用子程序，并把调用结果带回主程序继续执行。而中断服务程序与主程序二者一般是无关的，不存在谁为谁服务的问题，两者是平行关系。

3）主程序调用子程序的过程完全属于软件处理过程，不需要专门的硬件电路；而中断处理系统是一个软、硬件结合的系统，需要专门的硬件电路才能完成中断处理的过程。

4）子程序嵌套可实现若干级，嵌套的最多级数受计算机内存开辟的堆栈大小限制；而中断嵌套级数主要由中断优先级来决定，一般优先级数不会很大。

从宏观上看，虽然程序中断方式克服了程序查询方式中 CPU "踏步"现象，实现了 CPU 与 I/O 并行工作，提高了 CPU 的资源利用率，但从微观操作分析，CPU 在处理中断服务程序时，仍需暂停原程序的正常运行，尤其是当高速 I/O 设备或辅助存储器频繁地、成批地与主存交换信息时，需不断打断 CPU 执行现行程序，而执行中断服务程序。

4．I/O 指令和通道指令的区别？

I/O 指令是 CPU 指令系统的一部分，是 CPU 用来控制输入/输出操作的指令，由 CPU 译码后执行。在具有通道结构的机器中，I/O 指令不实现 I/O 数据传送，主要完成启、停 I/O 设备、查询通道和 I/O 设备的状态及控制通道进行其他一些操作等。

通道指令是通道本身的指令，用来执行 I/O 操作，如读、写、磁带走带及磁盘找道等操作。

附录 A 王道集训营介绍

经常有人问我们："为什么不做考研培训？这个市场很大"

这里，算作一个简短的回答吧。王道尊重的不是考研，而是考研学生的精神，仅此而已。真正考上名校的学生，往往很少有报辅导班的，踏踏实实复习并结合适当的方法才是王道，辅导班反而影响了复习的效率，成为高分的瓶颈。甚至还有不少人报辅导班只是为了找个安慰，或许考研的决心还不够坚定。

而王道团队也只会专注于计算机这个领域，往其纵深发展，从高端编程培训，到求职推荐，再到 IT 猎头。从 2008 年初创办至今，王道创始团队，经历了从本科到考研成功，从硕士到社会历练，积累了不少经验和社会资源，但也走过不少弯路。

计算机是一个靠能力吃饭的专业。和很多现在的你们一样，当年的我们也经历过本科时的迷茫，而无非是自觉能力太弱，以致底气不足。学历只是敲门砖，同样是名校硕士，有人走上正确的方向，如鱼得水，成为 Offer 帝；有人却始终难入"编程与算法之门"，始终与好 Offer 无缘，再一次体会就业之痛，最后只能"将就"签约。即便是名校硕士，Offer 也有 8 万、15 万、20 万、25 万……三六九等。考研高分≠Offer 高薪，我们更欣赏技术上的牛人。

考研录取后的日子，或许是一段难得的提升编程能力的完整时光，趁着还有时间，也该去弥补本科期间应掌握的能力，也是追赶与那些大牛们的差距的时候了。

下面介绍王道集训营的一些基本要点。

你将从王道集训营获得

编程能力的迅速提升，结合项目实战，逐步帮你打下坚实的编程基础。系统的算法课程，启发式的教学，解决你在算法、编程思维上的不足。也是为未来的深入学习提供方向指导，掌握编程的学习方法，引导进入高端的"编程与算法之门"。

一系列的模拟面试，帮你认识到自身的不足，增强实战经验，并给予专业的建议，让你提前感受名企的面试法则，为你在日后参加名企面试时，能更从容。

将能获得百度/腾讯/阿里/淘宝/新浪/微软等一流 IT 企业实习和就业的机会。

……

王道集训营和鱼龙混杂的 IT 培训机构的区别

这里都是王道道友，他们信任王道，乐于分享与交流。

因为都是忠实的王道道友，都曾经历过考研……集训营的住宿、生活都在一起，其乐融融，很快大家也将成为互帮互助的好朋友、好同学。

本科+硕士起点。考研绝非人生的唯一出路。培训机构社招的学员素质层次不齐，专业以非计算机的专科生居多，抽烟、酗酒、游戏……集训营绝不允许这种影响他人的情况存在。而集中式的授课模式，也只能以水平最弱学生的学习能力为基准。

培训机构广告漫天、浮夸严重，部分讲师甚至就是曾经的学员，没有任何开发经验，和他们吹嘘的噱头相差太大。而他们也仅为完成正常工作日时间的教学任务。

　　而王道团队皆源自名校热心/优秀硕士，兼具多年的名企工作经验。王道人用自己的言行举止、自己的态度、自己的思维去感染集训营的学员，全天候一对一指导大家学习编程、调试，并随时解答大家的疑问……是对道友信任的回报，也是一种责任！

　　王道集训营，充分利用王道论坛与名校计算机的校友资源，无论是在培训中的学习指导，还是就业推荐方面，都将会助大家一臂之力！

集训营参与条件

1．面向就业

面临就业，但编程能力偏弱的计算机相关专业学生。

　　大学酱油模式度过，投简历如石沉大海，好不容易有次面试机会，又由于基础薄弱、编程太少，以至于面试时有口无言，面试结果可想而知。开始偿债吧，再不抓住当下，未来或将一片黑暗，逝去了的青春是无法复返的，后悔药我也帮问过药店确定没有。

2．面向硕士

提升能力，刚考上计算机相关专业的准研究生，或在读研究生。

　　名校研究生已没有什么可以值得骄傲的资本，我们身边所看到的都是名校硕士。同为名校，为什么有人能轻松拿到 MS、百度、腾讯等 offer，年薪 15～30W，发展前景甚好；有人却只能拿 6～10W 年薪的 offer，在房价/物价高企的年代，这点收入就等着月光吧。家中父母可能因有名校研究生的孩子而骄傲，可不知孩子其实在外面过得很辛苦。

王道集训营的主要教材

1．《C++ Primer》：C++编程圣经。
2．《鸟哥的 Linux 私房菜》：Linux 学习宝典。
3．《UNIX 高级环境编程》：UNIX 下开发的经典。
4．《Effective C++》：深入学习 C++必读。
5．《王道程序员求职宝典》王道论坛组编，即将出版。

2013 年王道集训营的核心团队

Bingwei：2001 级哈工大本科，2005 级哈工大硕士。目前就职于穆迪（世界三大评级机构）深圳研发中心，项目 leader，高级程序员。

　　鹰哥：本科吉大，2008 级哈工大硕士（保研）。腾讯公司 3 年开发经验。

　　靖难：王道超版，2010 级上海交大硕士，算法高手，Offer 帝。

　　凡客：王道版主，本科华北电力，2010 级哈工大硕士，多次主导王道系列图书的编写，编程基础扎实，为人热心负责。

　　周思华：哈工大软件学院应届本科，保研至本校。具有 Microsoft 亚太研发中心实习经验，扎实的编程、Linux 和算法基础，较强的学习能力。

　　风华：2008 级哈工大硕士，王道论坛站长。

2014 年将会有更多优秀人才加入。

参 考 文 献

[1] 汤子瀛. 计算机操作系统[M]. 西安：西安电子科技大学出版社，2001.

[2] 李善平. 操作系统学习指导和考试指导[M]. 杭州：浙江大学出版社，2004.

[3] William Stallings. 操作系统:精髓与设计原理[M]. 北京：机械工业出版社，2010.

[4] Tanenbaum. A.S. 现代操作系统[M]. 北京：机械工业出版社，2009.

[5] 本书编写组. 计算机专业基础综合考试大纲解析[M]. 北京：高等教育出版社，2009.

[6] 李春葆，等. 操作系统联考辅导教程[M]. 北京：清华大学出版社，2010.

[7] 崔巍，等. 计算机学科专业基础综合辅导讲义[M]. 北京：原子能出版社，2011.

[8] 翔高教育. 计算机学科专业基础综合复习指南[M]. 上海：复旦大学出版社，2009.

反侵权盗版声明

电子工业出版社依法对本作品享有专有出版权。任何未经权利人书面许可，复制、销售或通过信息网络传播本作品的行为；歪曲、篡改、剽窃本作品的行为，均违反《中华人民共和国著作权法》，其行为人应承担相应的民事责任和行政责任，构成犯罪的，将被依法追究刑事责任。

为了维护市场秩序，保护权利人的合法权益，我社将依法查处和打击侵权盗版的单位和个人。欢迎社会各界人士积极举报侵权盗版行为，本社将奖励举报有功人员，并保证举报人的信息不被泄露。

举报电话：（010）88254396；（010）88258888
传　　真：（010）88254397
E-mail：　dbqq@phei.com.cn
通信地址：北京市万寿路 173 信箱
　　　　　电子工业出版社总编办公室
邮　　编：100036